中文版

第2版

CATIA V5R21
完全实战技术手册

刘 健
梁春革 / 编著

U0387642

清華大學出版社
北京

内 容 简 介

CATIA V5R21是法国Dassault System公司（达索系统公司）出品的CAD/CAE/CAM一体化软件,居世界CAD/CAE/CAM领域的领导地位。CATIA源于航空航天业,广泛应用于航空航天、汽车制造、造船、机械制造、电子/电器、消费品行业。

本书基于CATIA V5R21软件的全功能模块进行全面细致的讲解,同时由浅入深、循序渐进地介绍了CATIA V5R21的基本操作及命令的使用方法,并配合大量的制作实例进行讲解。

本书共15章,从CATIA V5R21软件的安装和启动开始,详细介绍了CATIA V5R21的基本操作与设置、草图功能、实体特征设计、实体特征编辑与操作、创成式曲线设计、创成式曲面设计、装配体设计、工程图设计、运动仿真和结构有限元分析等内容。

本书结构严谨,内容翔实,知识全面,可读性强,实用性强,专业性强,步骤清晰,是广大读者快速掌握CATIA V5R21中文版软件的自学实用指导书,也可以作为大专院校计算机辅助设计课程的指导教材。

本书封面贴有清华大学出版社防伪标签,无标签者不得销售。

版权所有,侵权必究。举报: 010-62782989, beiqinquan@tup.tsinghua.edu.cn。

图书在版编目（CIP）数据

中文版CATIA V5R21完全实战技术手册 / 刘健, 梁春草编著. -- 2版. -- 北京 : 清华大学出版社, 2023.3
ISBN 978-7-302-62956-6

Ⅰ. ①中… Ⅱ. ①刘… ②梁… Ⅲ. ①机械设计－计算机辅助设计－应用软件－手册 Ⅳ. ①TH122-62

中国国家版本馆CIP数据核字(2023)第038518号

责任编辑: 陈绿春
封面设计: 潘国文
责任校对: 胡伟民
责任印制: 丛怀宇

出版发行: 清华大学出版社
　　　网　　　址: http://www.tup.com.cn, http://www.wqbook.com
　　　地　　　址: 北京清华大学学研大厦A座　　邮　编: 100084
　　　社 总 机: 010-83470000　　　　　　　　邮　购: 010-62786544
　　　投稿与读者服务: 010-62776969, c-service@tup.tsinghua.edu.cn
　　　质量反馈: 010-62772015, zhiliang@tup.tsinghua.edu.cn
印 装 者: 三河市人民印务有限公司
经　　　销: 全国新华书店
开　　　本: 188mm×260mm　　　印　　张: 31.25　　　字　　数: 882 千字
版　　　次: 2017年1月第1版　　2023年5月第2版　　印　　次: 2023年5月第1次印刷
定　　　价: 99.90元

产品编号: 096760-01

CATIA软件的全称是Computer Aided Tri-Dimensional Interface Application，是法国Dassault System公司（达索系统公司）的CAD/CAE/CAM一体化软件，居世界CAD/CAE/CAM领域的领导地位。为了使软件能够易学易用，该公司于1994年开始开发全新的CATIA V5软件。新软件的界面更加友好，功能也日趋完善，并且开创了一种CAD/CAE/CAM软件的全新风格，可以实现产品开发过程中的全部操作（包括概念设计、详细设计、工程分析、成品定义和制造，乃至成品在整个生命周期（PLM）的使用和维护），并能够实现工程人员和非工程人员之间的电子通信。CATIA源于航空航天业，广泛应用于航空航天、汽车制造、造船、机械制造、电子/电器、消费品行业。

本书对基于CATIA V5R21软件的全功能模块进行全面细致的讲解，并由浅到深、循序渐进地介绍了CATIA V5R21的基本操作及命令的使用方法，且配有大量的制作实例。

本书共15章，从软件的安装和启动开始，详细介绍了CATIA V5R21的基本操作与设置、草图功能、实体特征设计、实体特征编辑与操作、创成式曲线设计、创成式曲面设计、装配体设计、工程图设计、运动仿真和结构有限元分析等内容。

本书内容

全书分3部分共15章，内容安排如下。

- 第1部分（第1~3章）：主要介绍CATIA V5R21的界面、安装、基本操作与设置等内容，这些内容可以帮助用户熟练操作软件。
- 第2部分（第4~13章）：讲述的内容为CATIA的草图→实体建模→零件装配→工程图制作→运动仿真→结构有限元分析。这样一个循序渐进的讲解过程，可让读者轻松掌握CATIA V5R21机械零件设计功能。
- 第3部分（第14、15章）：主要进行行业应用的设计与实战案例分析，包括机械四大类零件设计和产品造型设计。

本书特色

本书突破了以往CATIA V5R21书籍的写作模式，主要针对CATIA V5R21的广大初中级用户，同时本书还配备了视频教学文件，将案例制作过程制作为视频文件进行讲解，讲解形式活泼，方便实用，便于读者学习使用。同时文件中还提供了所有实例及练习的源文件，按章节放置，以便读者练习使用。

本书结构严谨，内容翔实，知识全面，可读性强，实用性强，专业性强，步骤清晰，是广大读者快速掌握 CATIA V5R21 中文版软件的自学实用指导书，也可以作为大专院校计算机辅助设计课程的指导教材。

资源下载

本书的配套素材、视频教学请用微信扫描下面的二维码进行下载。如果在下载过程中碰到问题，请联系陈老师，联系邮箱为 chenlch@tup.tsinghua.edu.cn。

如果有技术性的问题。请扫描下面的技术支持二维码，联系相关技术人员进行处理。

配套素材 视频教学 技术支持

再版及作者信息

本书第 1 版于 2017 年 1 月出版后，收到了大量的读者反馈，本版参照读者提出的一些意见和建议进行了修订，并将原来的 26 章精心调整为现在的 15 章。

本书由广西区特种设备检验研究院的刘健和广西区特种设备检验研究院桂林分院的梁春革编写。感谢您选择了本书，希望我们的努力对您的工作和学习有所帮助，也希望您把对本书的意见和建议告诉我们。

编者
2023 年 4 月

第2部分

第 3 部分

第14章 机械零件设计实战

第15章　产品造型设计实战

第1部分

第 *1* 章　CATIA V5R21 入门

 项目导读

　　CATIA 的功能涵盖了产品从概念设计、工业设计、三维建模、分析计算、动态模拟与仿真、工程图的生成到生产加工成品的全过程，其中还包括大量的电缆和管道布线、各种模具设计与分析，以及人机交换等实用模块。CATIA 不但能够保证企业内部设计部门之间的协同工作，还可以提供企业高度集成的设计流程和端到端的解决方案。CATIA 大量应用于航空航天、汽车 / 摩托车、机械、电子、家电与 3C 产业及 NC 加工等方面。

　　本章主要介绍 CATIA V5R21 的基础知识，包括软件的安装和基本界面的操作。

项目分解

　　知识点 1：了解 CATIA V5R21
　　知识点 2：CATIA V5R21 用户界面

1.1　了解 CATIA V5R21

　　由于 CATIA 功能强大且完美，它几乎成为 3D CAD/CAM 领域的一面旗帜和争相遵从的标准，特别是在航空航天、汽车及摩托车领域，CATIA 一直居于统治地位。CATIA V5R21 是法国达索系统公司的产品开发旗舰解决方案。作为 PLM 协同解决方案的一个重要组成部分，它可以帮助制造商设计他们未来的产品，并支持从项目前期阶段、具体的设计、分析、模拟、组装到维护在内的全部工业设计流程。

1.1.1　CATIA 的发展历程

　　CATIA 是 Computer Aided Tri-Dimensional Interface Application 的缩写，是一种主流的 CAD/CAE/CAM 一体化软件。在 20 世纪 70 年代，Dassault Aviation 公司成为其第一个用户，CATIA 也应运而生。从 1982 年到 1988 年，CATIA 相继发布了 1 版本、2 版本、3 版本，并于 1993 年发布了功能强大的 4 版本，现在的 CATIA 软件分为 V4 版本和 V5 版本两个系列。V4 版本应用于 UNIX 平台，V5 版本应用于 UNIX 和 Windows 两种平台。V5 版本的开发始于 1994 年，为了使软件能够易学易用，该公司于 1994 年开始开发全新的 CATIA V5 版本，新软件的界面更加友好，功能也日趋完善，并且开创了 CAD/CAE/CAM 软件的一种全新风格。

　　法国 Dassault Aviation 公司是世界著名的航空航天企业，其产品以幻影 2000 和阵风战斗机最为著名。CATIA 的产品开发商 Dassault System 成立于 1981 年，而如今其在 CAD/CAE/CAM 及 PDM 领域的领导地位，已得到世界范围的认可，其销售利润从最开始的 100 万美元增长到现在的近 20 亿美元，雇员人数由 20 人发展到 2000 多人。CATIA 的集成解决方案覆盖所有的产品设计与制造领域，其特有的 DMU 电子样机模块及混合建模技术更是推动着企业竞争力和生产力的提高。CATIA 提供方便的解决方案，迎合所有工业领域的大、中、小型企业的需要，包括从大型的波音 747 飞机、火箭发动机到化妆品的包装盒，几乎涵盖了所有的制造业产品，在世界上有超过 13000 家用户选择了 CATIA。CATIA 源于航空航天行业，但其强大的功能已得到各行业的认可，在欧洲汽车业，已成为事实上的标准。CATIA 的著名用户包括波音、克莱斯勒、宝马、奔驰等一大批知名企业，其用户群体在世界制造业中具有举足轻重的地位。波音飞机公司使用 CATIA 完成了整个波音 777 的电子装配，创造了业界的一个奇迹，从而也确立了 CATIA 在 CAD/CAE/CAM 行业的领先地位。

CATIA V5 版本是 IBM 和达索系统公司长期以来在为数字化企业服务过程中不断探索的结晶。围绕数字化产品和电子商务集成概念进行系统结构设计的 CATIA V5 版本，可为数字化企业建立一个针对产品整个开发过程的工作环境。在这个环境中，可以对产品开发过程的各个方面进行仿真，并能够实现工程人员和非工程人员之间的电子通信。产品整个开发过程包括概念设计、详细设计、工程分析、成品定义和制造，乃至成品在整个生命周期中的使用和维护。

1.1.2　CATIA 的功能概览

CATIA V5 是在一个企业中实现人员、工具、方法和资源真正集成的基础，其特有的"产品／流程／资源（PPR）"模型和工作空间提供了真正的协同环境，可以激发员工的创造性、共享和交流 3D 产品信息，以及以流程为中心的设计流程信息。CATIA 内含的知识捕捉和重用功能既能实现最佳的协同设计经验，又能释放终端用户的创新能力。除了 CATIA V5 的 140 多个产品，CATIA V5 开放的应用架构也允许越来越多的第三方供应商提供针对特殊需求的应用模块。

根据产品或过程的复杂程度或技术需求的不同，针对这些特定任务或过程需求的功能层次也有所不同。为了实现这一目标，并能以最低成本实施，CATIA V5 的产品按以下三个层次进行组织。

- CATIA V5 P1 平台是一个低价的 3D PLM 解决方案，并具有能随企业未来的业务增长进行扩充的能力。CATIA P1 解决方案中的产品关联设计工程、产品知识重用、端到端的关联性、产品的验证，以及协同设计变更管理等功能，特别适合中小型企业使用。

- CATIA V5 P2 平台通过知识集成、流程加速器以及客户化工具，可实现设计到制造的自动化，并进一步优化 PLM 流程。CATIA P2 解决方案的应用包具有创成式产品工程能力。"针对目标的设计（design-to-target）"的优化技术可以让用户轻松捕捉并重用知识，同时也激发了更多的协同创新。

- CATIA V5 P3 平台使用专用性解决方案，最大限度地提高特殊的复杂流程的效率。这些独有的和高度专业化的应用，将产品和流程的专业知识集成起来，支持专家系统和产品创新。

由于 P1、P2 和 P3 应用平台都在相同的数据模型中操作，并使用相同的设计方法，所以 CATIA V5 具备超强的可扩展性，扩展型企业可以随业务需要以较低的成本进行扩充。多平台具有相同的用户界面，不但可以将培训成本降到最低，还可以大幅提高工作效率。系统扩展了按需配置功能，用户可以将 P2 产品安装在 P1 配置中。

1. 基础功能

（1）CATIA 交互式工程绘图产品。

CATIA 交互式工程绘图产品，可以满足二维设计和工程绘图的需求。交互式工程绘图产品是新一代的 CATIA 产品，可以满足二维设计和工程绘图的需求。该产品提供了高效、直观和交互的工程绘图系统。通过集成 2D 交互式绘图功能和高效的工程图修饰和标注环境，交互式工程绘图产品也丰富了创成式工程绘图产品。

（2）CATIA 零件设计产品。

可以在高效和直观的环境下设计零件。CATIA 零件设计产品（PD1）是 P1 产品，提供用于零件设计的混合造型方法。将广泛使用的关联特征和灵活的布尔运算方法相结合，该产品提供的高效和直观的解决方案允许设计者使用多种设计方法。

（3）CATIA 装配设计产品。

CATIA 装配设计产品（AS1）是高效管理装配的 CATIA P1 平台产品，它提供了在装配环境下可由用户控制关联关系的设计能力，通过使用自顶向下和自底向上的方法管理装配层次，可真正实现装配设计和单个零件设计之间的并行工程。装配设计产品通过使用鼠标动作或图形化的命令建立机械设计约束，可以方便直观地将零件放置到指定位置。

（4）实时渲染产品。

可以利用材质的技术规范，生成逼真的模型渲染图。实时渲染产品（RT1）可以利用材质的技术规范来生成模型的逼真渲染图像。纹理可以通过草图创建，也可以由导入的数字图像或选择库中的图案修改。材质库和零件指定的材质之间具有关联性，可以通过规范驱动方法或直接选择来指定材质。实时显示算法可以快速将模型转换为逼真的渲染图。

（5）CATIA 线架和曲面产品。

可以创建上下关联的线架结构元素和基本曲面。CATIA 线架和曲面产品（WS1）可在设计过程的初步阶段，创建线架模型的结构元素。通过使用线架特征和基本的曲面特征可以丰富现有的 3D 机械零件设计。它所采用的基于特征的设计方法提供了高效直观的设计环境，可以实现对设计方法与规范的捕捉与重用。

（6）CATIA 创成式零件结构分析产品。

此产品可以对零件进行清晰的、自动的结构分析，并将模拟仿真和设计规范集成在一起。CATIA 创成式零件结构分析产品（GP1）允许设计者对零件进行快速、准确的应力分析和变形分析。此产品所具有的模拟和分析功能，使在设计的初级阶段，就可以对零部件进行反复的设计和分析计算，从而达到改进和加强零件性能的目的。通过为许多专业化的分析工具提供统一的界面，此产品也可以在设计过程中完成简短的分析循环。又因为和几何建模工具的无缝集成而具有完美和统一的用户界面，CATIA 创成式零件结构分析产品（GP1）为产品设计人员和分析工程师提供了一种简便的应用和分析环境。

（7）CATIA 自由风格曲面造型产品。

可以帮助设计者创建风格造型和曲面。CATIA 自由风格曲面造型产品（FS1）是 P1 产品，提供使用方便的基于曲面的工具，用于创建符合审美要求的外形。通过草图或数字化的数据，设计人员可以高效创建任意的 3D 曲线和曲面，通过实时交互更改功能，可以在保证连续性规范的同时调整设计，使其符合审美要求和质量要求。为保证质量，软件提供了大量的曲线和曲面诊断工具进行实时质量检查。该产品也提供了曲面修改的关联性，曲面的修改会传送到所有相关的拓扑上，如曲线和裁剪区域。CATIA 自由风格曲面造型产品（FS1）可以与 CATIA V4 的数据进行交互操作。

2. 专业特殊功能

（1）CATIA 钣金设计产品。

该产品可以在直观和高效的环境下设计钣金零件。CATIA 钣金设计产品是专门用于钣金零件设计的新一代 CATIA 产品。其基于特征的造型方法提供了高效和直观的设计环境，允许在零件的折弯表示和展开表示之间实现并行工程。CATIA 钣金设计产品可以与当前和将来的 CATIA V5 应用模块，如零件设计、装配设计和工程图生成模块等结合使用。由于钣金设计可能从草图或已有实体模型开始，因此强化了供应商和承包商之间的信息交流。CATIA钣金设计产品和所有CATIA V5的应用模块一样，提供了同样简便的使用方法和界面，大幅减少了培训时间并释放了设计者的创造性。钣金设计产品既可以运行在Windows NT平台，又可以以同一界面运行在跨Windows NT和UNIX平台的混合网络环境中。

（2）CATIA焊接设计产品。

该产品可以在直观高效的环境中进行焊接装配设计。CATIA焊接设计产品（WD1）是有关焊接装配的应用产品，为用户提供了8种类型的焊接方法，用于创建焊接、零件准备和相关的标注，为机械和加工业提供了先进的焊接工艺。在3D数字样机中实现了焊接，可使设计者对数字化预装配、质量惯性、空间预留和工程图标注等进行管理。

（3）CATIA钣金加工产品。

该产品可以满足钣金零件的加工准备需求。CATIA钣金加工产品（SH1）是新一代的CATIA产品，用于满足钣金零件加工的准备工作需求。与钣金设计产品（SMD）结合，提供了覆盖钣金零件从设计到制造的整个流程的解决方案。CATIA钣金加工产品（SH1）可以将零件的3D折弯模型转换为展开的可制造模型，加强了OEM和制造承包商之间的信息交流。另外，该产品还包括钣金零件可制造性的检查工具，并拥有与其他外部钣金加工软件的接口。因而，CATIA钣金加工产品（SH1）特别适合工艺设计部门和钣金制造承包商使用。

（4）CATIA阴阳模设计产品。

该产品可以进行模具阴阳模的关联性定义，评估零件的可成型性、加工可行性，以及阴阳模模板的详细设计。CATIA阴阳模设计产品（CCV）使用户可以快速、经济地设计模具生产和加工中用到的阴模和阳模。这个产品提供了快速分模工具，可将曲面或实体零件分割为带滑块和活络模芯的阴阳模。CATIA阴阳模设计产品（CCV）是一个卓越的产品，它的技术标准（是否可用模具成型）可以决定零件是否可以被加工。该产品也允许用户在阴阳模曲面上填补技术孔、识别分模线、生成分模曲面。

（5）CATIA航空钣金设计产品。

该产品可以针对航空业的钣金零件设计。CATIA航空钣金设计产品是专门用于设计航空业钣金零件的产品，用来定义航空业液压成型或冲压成型的钣金零件。它能捕捉企业有关方面的数据，包括设计和制造的约束信息。该产品以特征造型技术为基础，使用为航空钣金件预定义的一系列特征进行设计。基于规范驱动和创成式方法，该产品可以方便地描述典型的液压成型航空零件，同时创建零件的三维和展开模型。这些零件在基本造型工具中设计需要数小时或数天，使用该产品设计可能几分钟就能取得同样的结果。

（6）CATIA汽车A级曲面造型产品。

该产品可以使用创造性的曲面造型技术，如真实造型、自由关联和对设计意图的捕获等，创建具有美感和符合人机工程要求的形状，提高A级曲面造型的模型质量。CATIA汽车A级曲面造型产品使用真实造型、自由关联和捕获设计意图等多种创造性的曲面造型技术，创建具有美感和符合人机工程学要求的曲面形状，提高A级曲面造型的模型质量，因此大幅提升了A级曲面设计流程的生产率，并在总开发流程中达到更高层次的集成。

（7）CATIA汽车白车身接合产品。

该产品可以在汽车装配环境中进行白车身零部件的接合设计。CATIA汽车白车身接合产品是实现汽车白车身接合设计的CATIA新一代产品，它支持焊接技术、铆接技术、胶粘技术、密封技术等。汽车白车身接合产品为用户提供直观的工具来创建和管理如焊点一样的接合位置。在需要的情况下，用户能够将3D点的形状定义转换为3D半球形状规范。除了设置接合，该产品还可以从应用中发布报告，以列出相关内容，包括接合位置坐标和每一个接合位置的连接件属性（接合厚度和翻边材料、翻边标准、连接件叠放顺序等）。当零件的设计（改变翻边的形状、翻边厚度或材料属性）或装配件结构（移动连接件、替换连接件）发生改变时，CATIA V5的创成式特征基础结构，支持接合特征位置的关联更新。

3. 开发和增值服务功能

（1）CATIA 对象管理器。

该管理器可以提供一个开放的可扩展的产品协同开发平台，采用非常先进的技术，而且是对工业标准开放的。新一代的 CATIA V5 解决方案建立在一个全新的可扩展的体系结构之上，将 CATIA 现有的技术优势与新一代技术标准紧密地结合了起来。它提供一个单独的系统，让用户可以在 Windows NT 环境或 UNIX 环境中使用，而且可扩展的环境使其可以满足数字化企业各方面的需求，从数字化样机到数字化加工、数字化操作、数字化厂房设计等。V5 系统结构提供了一个可扩展的环境，用户可以选择最合适的解决方案包，根据使用对象或项目的复杂性及其相应的功能需求订制特殊的 CAD 产品配置。三个可选平台分别是 CATIA P1、CATIA P2 和 CATIA P3。

（2）CATIA CADAM 接口产品。

该产品可以共享 CADAM 和 CATIA V5 的工程绘图信息，CATIA CADAM 接口产品（CC1）提供给用户一个集成的工具，用来共享 CADAM 工程图（CCD）和 CATIA V5 工程图之间的信息。这个集成的工具使 CCD 用户可以平稳地把 CATIA V5 产品包很容易地集成到他们的环境中，而同时可以继续维持他们目前的经验并使用 CCD 产品的工作流程。

（3）CATIA IGES 接口产品。

该产品可以帮助用户使用中性格式，在不同 CAD/CAM 系统之间交换数据。CATIA-IGES 接口是 P1 产品，可以转换符合 IGES 格式的数据，从而有助于用户在不同的 CAD/CAM 环境中进行工作。为了实现几何信息的再利用，用户可以读取或输入一个 IGES 文件，以生成 3D 零件或 2D 工程图中的基准特征（线框、曲面和裁剪的曲面），同时可以写入或输出 3D 零件或 2D 工程图的 IGES 文件。使用与 Windows 界面一致的"打开"和"另存为"方式存取 IGES 文件，并使用直接和自动的存取方式，用户可在不同的系统中完成可靠的双向 2D 和 3D 数据转换。

（4）CATIA STEP 核心接口产品。

该产品可以交互式读写 STEP AP214 和 STEP AP203 格式的数据。CATIA STEP 核心接口产品（ST1）允许用户通过交互的方式读取或写入 STEP AP214 和 STEP AP203 格式的数据。为了方便数据的读写操作，CATIA V5 对所有支持的格式提供了相似的用户界面，采用 Windows 标准用户界面操作方式（例如"文件" → "打开"，"文件" → "另存为"），能对 STEP 文件类型自动识别。

（5）DMU 运动机构模拟产品。

该产品可以定义、模拟和分析各种规模的电子样机的机构运动。DMU 运动机构模拟产品（KIN）使用多个种类的运动副来定义各种规模的电子样机的机构，或者从机械装配约束中自动生成。DMU 运动机构模拟产品也可以通过基于鼠标的操作，轻易地模拟机械运动，用来验证结构的有效性。DMU 运动机构模拟产品（KIN）可以通过检查干涉和计算最小距离分析机构的运动。为了进一步的设计，它可以生成移动零件的轨迹和扫掠过的包络体积。同时，它可以通过和其他的 DMU 产品集成来共同应用。针对从机构设计到机构的功能校验，DMU 运动机构模拟产品（KIN）适合各个行业。

（6）CATIA 创成式零件结构分析产品。

该产品可以对零件进行清晰、自动的结构应力分析和振动分析，同时集成了模拟仿真功能，以及自动跟踪设计更改的规范。CATIA 创成式零件结构分析产品（GPS）拥有先进的前处理、求解和后处理的能力。它可以使用户很好地完成机械部件性能评估中所要求的应力分析和振动分析，其中还包括接触分析。对于实体部件、曲面部件和线框结构部件都可以在此产品中实现结构分析。在一个非常直观的环境中，用户可以对零件进行清晰、自动的应力分析（包括接触应力分析）和模态频率分析。这个环境也可以完成对模型部件的交互式定义。CATIA 创成式零件结构分析产品（GPS）自适应技术支持应力计算时的局部细化。此产品对于计算结果也提供先进的分析功能，例如动态的剖面。作为分析运算的核心模块，CATIA 创成式零件结构分析产品（GPS）是一个平台，它集成了一系列更高级的可订制专业级分析求解工具，此外该产品也与知识工程产品相集成。

（7）CATIA V5 快速曲面重建产品。

该产品可以通过 CATIA 数字化外形编辑产品（DSE）导入数字化数据，快速方便地重建曲面。CATIA 快速曲面重建产品（QSR）可以根据数字化数据，方便快速地重建曲面，而这些数字化数据是经过数字化外形编辑产品剔除了坏点和网格划分后的数据。快速曲面重建产品提供多种方法重构曲面，这些方法取决于外形的类型，如自由曲面拟合、机械外形识别（平面、圆柱、球体、锥体）和原始曲面延伸等。QSR 是用于分析曲率和等斜率特性的工具，使用户可以方便地在有关的曲面区域中创建多边形线段。同时，快速曲面重建产品还包含它自身的质量检查工具。

（8）数字化外形编辑产品。

该产品可以解决数字化数据导入、坏点剔除、匀化、横截面、特征线、外形和带实时诊断的质量检查等问题。CATIA 数字化外形编辑产品（DSE）用于逆向工程周期的开始阶段，在数字测量机测量之后，在 CATIA V5 的其他产品进行机械设计、自由风格曲面设计、加工等过程之前，通过联合使用云图点和 CAD 模型，这个检查过程可以用该产品直接处理。

（9）照片工作室产品。

可以通过使用光线追踪引擎产生高品质、逼真的数字化样机的图像与动画。照片工作室产品（PHS）通过使用强大的光线追踪引擎产

生高品质、逼真的数字化样机的图像与动画。这一引擎通过计算柔和的阴影和精确的光线折射和反射，极大地提高了图像的逼真程度。PHS 用来管理可重用的场景设置和产生强大的动画功能，通过给出一个模型的仿真外观，它可以用来确认产品的最终设计。因此，照片工作室产品能够给那些想在客户环境下展现产品的公司提供竞争优势。

（10）CATIA 自由风格曲面优化产品。

该产品可以扩展 CATIA 自由风格曲面造型产品（FSS）的外形和曲面造型功能，针对复杂多曲面外形进行变形设计。CATIA 自由风格曲面优化产品（FSO）扩展了 CATIA 自由风格曲面造型产品（FSS）的外形和曲面造型功能，主要针对复杂的多曲面外形进行变形设计。设计者可以像处理一个曲面片一样对多曲面进行整体更改，而同时保持每个曲面先前规定的设计品质。系统能够使一个设计和其他的几何（如一个物理样机的扫描形状）匹配。为检验曲面的设计质量，用户可以创建一个虚拟展室，通过计算出的反射光线对曲面进行检查。

1.1.3　安装 CATIA V5R21 软件

使用 CATIA V5R21 之前要进行设置，并安装相应的插件。安装过程比较简单，可以轻松完成。

我们通常使用的操作系统是 Windows，因此安装 CATIA V5R21 版本，需要在 Windows 7、Windows 8 或 Windows 10 系统下进行安装。

动手操作——安装步骤

01 在 CATIA V5R21 安装目录（本书不提供安装软件，请在正规途径购买）中启动 setup.exe，弹出"CATIA P3 V5R21 欢迎"的安装界面窗口，如图 1-1 所示。

图 1-1

02 单击"下一步"按钮，在"CATIA P3 选择目标位置"窗口中可以重新指定软件的安装位置，如图 1-2 所示。也可以单击"浏览"按钮选择安装路径。单击"下一步"按钮，如果安装路径下没有安装过CATIA软件，将会弹出"确认创建目录"对话框，如图 1-3 所示，单击"是"按钮。

图 1-2

图 1-3

03 在安装界面的"环境目录"文本框中输入存储位置，如图 1-4 所示，或者单击"浏览"按钮进行选择，单击"下一步"按钮。

图 1-4

04 在"CATIA P3 V5R21 安装类型"窗口中，选择"完全安装 - 将安装所有软件"单选按钮，如果有特殊需要可以选择"自定义安装 - 您可以选择您想要安装的软件"单选按钮，如图 1-5 所示。

图 1-5

05 单击"下一步"按钮，选择需要自定义安装的软件配置与产品，如图 1-6 所示。

图 1-6

06 单击"下一步"按钮，选择额外产品，如图 1-7

所示。

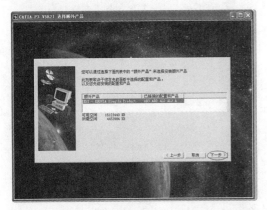

图 1-7

07 单击"下一步"按钮，输入 Orbix 配置相关信息（保持默认设置即可），如图 1-8 所示。

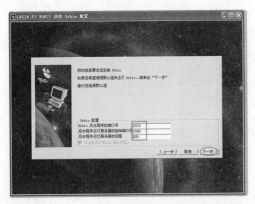

图 1-8

08 单击"下一步"按钮，选中"是的，我想安装 ENOVIA 电子仓客户机"复选框（保持默认设置即可），如图 1-9 所示。

图 1-9

09 单击"下一步"按钮，选中"设置通信端口（强烈建议）"复选框并设置"通信端口"信息，如图 1-10 所示。

图 1-10

10 单击"下一步"按钮，取消选中"我想要安装联机文档"复选框，从而不安装联机文档，如图 1-11 所示。

图 1-11

技术要点：

如果是新手，可以选中此复选框，使用CATIA向用户提供的帮助文档，完成学习计划。

11 单击"下一步"按钮，查看要安装的所有配置，如图 1-12 所示。

12 单击"安装"按钮开始安装，如图 1-13 所示。

13 安装完成后单击"完成"按钮，结束安装操作，如图 1-14 所示。

图 1-12

图 1-14

图 1-13

1.2　CATIA V5R21 用户界面

启动 CATIA V5R21 后，初次显示的用户界面是产品结构设计界面，该界面元素包括标题栏、菜单栏、工具栏、罗盘、命令提示栏、绘图区和特征树等，可以将 CATIA 用户界面的窗口分为以下六个区域，分别如下。

- 窗口顶部为菜单栏。
- 窗口左侧为特征树。
- 窗口中部为绘图区（或称为"图形区"）。
- 窗口右侧为放置工作台工具指令的工具栏。
- 窗口下方为 CATIA 标准工具栏。
- 窗口底部为信息提示栏（或称为"状态栏"）。

1.2.1　启动 CATIA V5R21

双击桌面上的 CATIA V5R21 的快捷方式图标 启动软件，启动后进入默认的工作环境界面（产品结构设计界面），如图 1-15 所示。

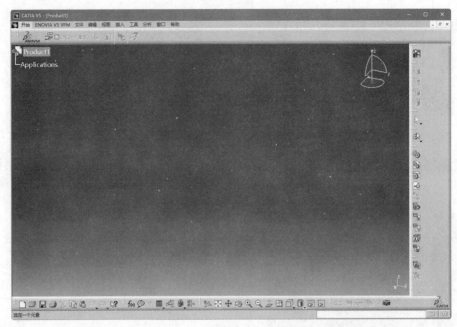

图 1-15

　　CATIA V5R21 与其旧版本保持相同的界面风格，也可以将界面风格设置为 CATIA V6 的全新风格。在菜单栏中执行"工具"|"选项"命令，打开"选项"对话框。在"常规"设置页面中选择"P3"单选按钮，并在"显示"设置页面中选中"构造历程"单选按钮，即可设置为CATIA V6 的新界面风格，如图 1-16 所示。

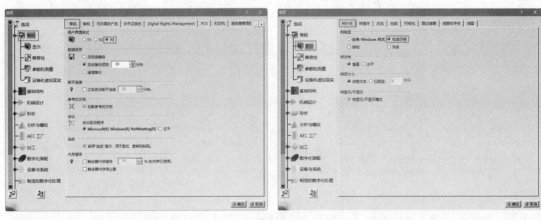

图 1-16

技术要点：

本书是《中文版CATIA V5R21完全实战技术手册》第2版，升级的原因是现在新用户的计算机的系统大多升级到了Windows10或Windows11，导致软件环境发生了变化。

　　CATIA V5R21 界面风格经过设置成为新版本风格后，软件中的各模块指令与 CATIA V5 相比相差无几。重新启动 CATIA V5R21 软件，全新的 CATIA V6 界面如图 1-17 所示。

提示：

为便于新老用户阅读本书，建议使用经典界面风格。

开始 ENOVIA V5 VPM 文件 编辑 视图 插入 工具 分析 窗口 帮助
Product1 Applications
选定一个元素

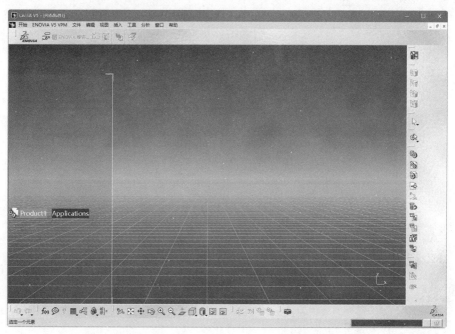

图 1-17

1.2.2 熟悉菜单栏

CATIA 的菜单栏位于用户界面主视图的顶部，系统将各项工具命令按照操作对象、软件界面控制等进行分类并放置于各个菜单中，如图 1-18 所示。

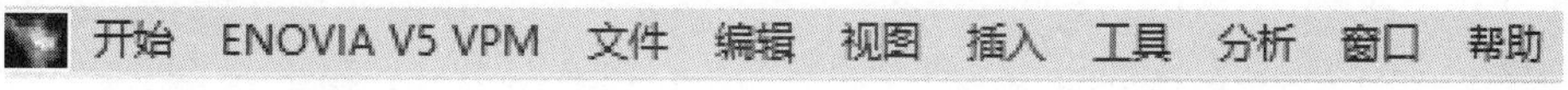

开始 ENOVIA V5 VPM 文件 编辑 视图 插入 工具 分析 窗口 帮助

图 1-18

1. “开始”菜单

展开“开始”菜单，如图 1-19 所示，其中包含了 CATIA 所有的行业及专业的模块子菜单，每个模块子菜单中又包含多个专业小模块。

技术要点：

“开始”菜单中的中文菜单命令是将原来的非完全汉化的中英语言包进行完全汉化后的结果，在本例源文件夹中提供了完全中文汉化语言包Simplified_Chinese，将其复制并粘贴到软件安装路径X:\Program Files（x86）\Dassault Systemes\B21\intel_a\resources\msgcatalog中覆盖同名文件夹即可。

（1）“基础结构”模块子菜单。

“基础结构”模块子菜单管理着 CATIA 的基础架构模块，包括“产品结构”“材料库”“实时渲染”“过滤产品数据”和“特征词典编辑器”等子模块，如图 1-20 所示。

图 1-19

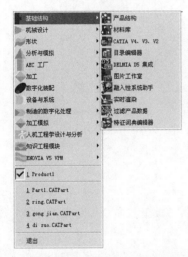

图 1-20

（2）"机械设计"模块子菜单。

"机械设计"模块子菜单包含用于机械设计的全专业小模块，如常见的"零件设计""装配设计""草图编辑器""钣金件设计""型芯＆型腔设计"和"工程制图"等，如图 1-21 所示。

（3）"形状"模块子菜单。

"形状"模块子菜单中的专业模块用于产品外形（以曲面形式表现外观）造型设计，包括常见的"自由曲面""创成式外形设计""逆向曲面重建""外形雕塑"和"逆向点云编辑"等专业模块，如图 1-22 所示。

图 1-21

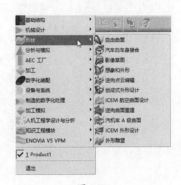

图 1-22

（4）"分析与模拟"模块子菜单。

"分析与模拟"模块子菜单中有两个专业设计模块——"高级网格化工具"和"基本结构分析"，前者用于有限元分析时的网格划分与修复，后者是基于 Abaqus 核心算法的结构有限元分析模块，如图 1-23 所示。

图 1-23

（5）"AEC 工厂"模块子菜单。

"AEC 工厂"模块子菜单提供工厂厂房设备的布局设计及配置规划功能，如图 1-24 所示。

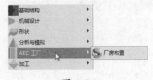

图 1-24

（6）"加工"模块子菜单。

"加工"模块子菜单中的加工模块用于车床加工、二轴半加工、曲面加工、高级加工及STL快速成型等，如图1-25所示。

图 1-25

（7）"数字化装配"模块子菜单。

"数字化装配"模块子菜单提供了动态机构仿真、装配分析、产品功能分析与最佳化等功能模块，如图1-26所示。

图 1-26

（8）"设备与系统"模块子菜单。

"设备与系统"模块子菜单提供了各种系统设备连接配置、管路及线路设计和电子零件装配等功能，如图1-27所示。

图 1-27

（9）"制造的数字化处理"模块子菜单。

"制造的数字化处理"模块子菜单提供了"程序公差和标注"模块，可以在三维空间中对产品特征、公差与装配进行尺寸和文字注释，如图1-28所示。

图 1-28

（10）"加工模拟"模块子菜单。

"加工模拟"模块子菜单提供了"NC机床模拟"和"NC机床定义"专业模块，主要用于当NC加工程序创建后，对虚拟的零件进行机床仿真模拟，如图1-29所示。

图 1-29

（11）"人机工程学设计与分析"模块子菜单。

"人机工程学设计与分析"模块子菜单提供了人体模型行为分析、人体模型姿势分析等功能模块，如图1-30所示。

图 1-30

（12）"知识工程模块"模块子菜单。

"知识工程模块"模块子菜单提供了知识工程的相关顾问和专家功能，以便解决工作中遇到的问题，如图 1-31 所示。

图 1-31

2. "文件"菜单

"文件"菜单包含新建、打开、关闭、保存和打印等常用的文件操作命令，如图 1-32 所示。

3. "编辑"菜单

"编辑"菜单中包含所有的对象操作命令，如撤销、复制、粘贴、选择集等命令，如图 1-33 所示。

4. "视图"菜单

"视图"菜单中的命令用于当前界面中的视图操作、控制和渲染等，如图 1-34 所示。

5. "插入"菜单

"插入"菜单中包含所有常见的几何体、草图、基准和特征的创建、编辑等命令，如图 1-35 所示。

6. "工具"菜单

"工具"菜单中包含各种绘图和绘图环境的参数设定工具，其中"选项"是进行软件环境配置的命令；"自定义"是用户定义界面工具栏、工作台及快捷键的命令，如图 1-36 所示。

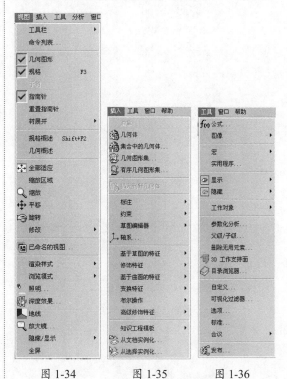

图 1-34　　　　图 1-35　　　　图 1-36

7. "窗口"菜单和"帮助"菜单

"窗口"菜单如图 1-37 所示，"帮助"菜单如图 1-38 所示。"窗口"菜单提供不同的窗口放置方式；"帮助"菜单可以帮助使用者更好地学习软件的使用方法。

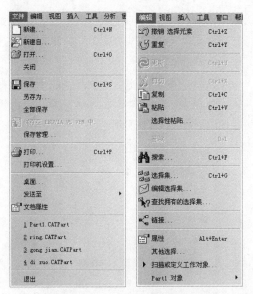

图 1-32　　　　图 1-33

图 1-37

图 1-38

1.2.3　熟悉并操作工具栏

CATIA 创建不同的模型，有不同的工具栏与其对应，下面主要介绍零件设计工作台环境中的工具栏。在菜单栏中执行"开始" | "机械设计" | "零件设计"命令，进入零件设计工作台。

图 1-39 所示为零件设计工作台界面，各种工具栏默认在绘图区边缘固定放置。当需要显示更多的工具栏时，可以将隐藏的工具栏拖出并放置到绘图区的任意位置，如图 1-40 所示。

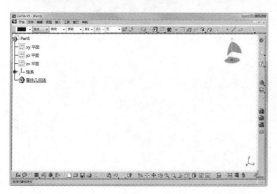
图 1-39

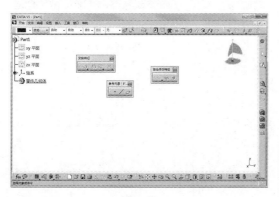
图 1-40

如果要关闭工具栏，只需要单击工具栏右上角的"关闭"按钮，也可以在任何工具栏中右击，在弹出的快捷菜单中选择相应的选项。例如选择"3Dx 设备"选项，如图 1-41 所示，则弹出"3Dx 设备"工具栏，如图 1-42 所示。

图 1-41

图 1-42

有的工具栏还有次级工具栏，打开"视图"工具栏的视图样式下拉列表，可以进行多个同类别项目的选择，如图 1-43 所示。

图 1-43

在每个绘图环境中都有"标准"工具栏，如图 1-44 所示，它是文件打开、保存、新建、打印及前进、后退等基础命令的工具栏。

技术要点：

用户会看到有些命令和按钮处于非激活状态（呈灰色，即暗显示色），这是因为其目前还没有处在能发挥作用的环境中，一旦它们进入相关的环境，便会自动激活。

图 1-44

1.2.4 命令提示栏与特征树

命令提示栏位于软件界面底部，如图1-45所示，在鼠标无操作时是选择状态，命令提示栏提示当前的状态为选定元素的状态，而右侧的命令文本框可以输入各种绘图命令。

图1-45

如果鼠标放到某一按钮上，如放置在"草图编辑器"工具栏中的"草图"按钮 上，命令提示栏会提示当前按钮的作用和下一步操作内容，如图1-46所示。

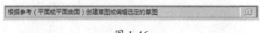

图1-46

特征树是用户创建模型时的特征创建与操作的工作区域，它以"树"的形式表现模型中各特征的相互关系和特征建立的先后顺序。下面以案例方式介绍特征树的基本操作方法。

动手操作——熟悉特征树

01 打开本章练习文件夹中的Part1.CATPart文件，如图1-47所示。

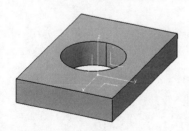

图1-47

02 特征树中包含了零件的所有特征信息，如图1-48所示。

03 在特征树中单击"零件几何体"的加号按钮（或称为"展开按钮"），即可打开特征树项目，如图1-49所示。

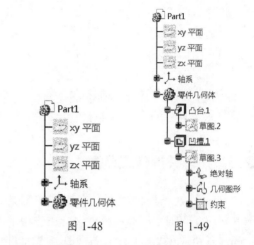

图1-48　　图1-49

04 单击特征树上的"凹槽1"特征，则可以选中零件的凹槽特征，如图1-50所示。

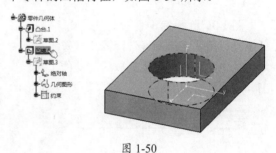

图1-50

05 在特征树中，右击"凹槽1"特征，弹出快捷菜单，如图1-51所示，选择"删除"选项，弹出"删除"对话框，如图1-52所示，单击"确定"按钮即可删除此特征，如图1-53所示。

图1-51　　　　图1-52

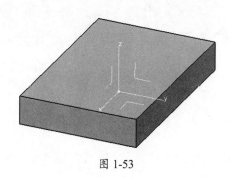

图 1-53

06 在菜单栏中执行"编辑"|"撤销删除"命令，或者按快捷键 Ctrl+Z，可以撤销刚才的删除操作。

1.3　习题

1. 练习一

打开本章练习文件夹中的 zhechi 零件模型，如图 1-54 所示，根据以下提示进行相关操作。

（1）熟悉菜单栏、工具栏、命令提示栏和特征树，并观察在操作过程中它们的变化。

（2）调出"插入"和"图形属性"工具栏。

（3）调整工具栏位置到适合自己绘图的状态。

（4）在特征树上删除特征并撤销操作。

（5）修改后保存文件到不同的位置。

2. 练习二

打开本章练习文件夹中的 diaohuan 模型，如图 1-55 所示，根据以下提示进行相关操作。

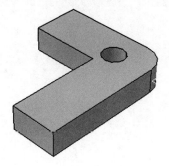

图 1-54

图 1-55

（1）调出"插入"和"图形属性"工具栏。

（2）调整工具栏位置到适合自己绘图的状态。

（3）在特征树上删除特征并撤销操作。

（4）操作完成之后保存文件。

第 2 章 踏入 CATIA V5R21 的第一步

项目导读

CATIA 的基本操作包括辅助操作，新建、打开、保存和退出文件等操作，还包括鼠标的操作，利用指南针进行操作，使用视图和窗口的调整功能进行绘图，这些基本操作是学习 CATIA 的基础，本章将进行详细介绍。

项目分解

知识点 1：文件的操作
知识点 2：辅助操作工具
知识点 3：视图的操作与显示

2.1 文件的操作

文件的操作包括新建文件、打开文件、保存文件和退出文件，下面结合实例进行介绍。

2.1.1 新建文件

新建文件是进入相关设计环境时建立数据文件的操作，下面以实例的形式介绍两种建立新 CATIA 数据文件的方法。

动手操作——新建文件

（1）选择文件类型来建立新文件。

此种方式要求用户首先明确要创建什么类型的文件，选择文件类型后再进入相应的设计工作台进行数据的建立。也就是说，如果用户选择了 part 零件文件类型，就只能进入零件设计工作台建立零件模型数据。

01 启动 CATIA，进入初始界面。

02 在菜单栏中执行"文件"|"新建"命令，弹出"新建"对话框。在"类型列表"列表中选择合适的文件类型（如选择 Part 类型），单击"确定"按钮，如图 2-1 所示。

图 2-1

03 在打开的"新建零件"对话框中输入新的零件名称或者保持默认名称 Part1，单击"确定"按钮进入零件设计工作台，如图 2-2 和图 2-3 所示。

图 2-2

图 2-3

技术要点：

"新建零件"对话框中的主要选项含义如下。

- 启用混合设计：选中此复选框的意义在于，用户可在零件设计工作台中收集草图曲线、实体边界，收集的这些二维和三维对象可同时进行实体特征、线框和曲面设计。若不选中，则只能创建实体特征，或者只能创建线框和曲面。
- 创建几何图形集：选中此复选框，进入零件设计工作台后，可将线框曲线和曲面特征收集在"几何图形集"节点中，便于用户操作和管理。
- 创建有序几何图形集：选中此复选框，进入零件设计工作台后，将草图曲线收集在"有序几何图形集"节点中，也就是将原本属于特征子元素的草图曲线单独形成一个对象集，以便用在其他特征中。
- 不要在启动时显示此对话框：选中此复选框，新建零件文件时将不会显示"新建零件"对话框。系统会按照对话框关闭之前的设置直接进入零件设计工作台。

（2）从"开始"菜单的模块中建立新文件。

这种方式是快速建立和设计目的很明确的一种便捷方式，可以在不同设计工作台中进行快速切换，而不用每次重新建立新数据文件。

01 在菜单栏中执行"开始"|"机械设计"|"零件设计"命令，弹出"新建零件"对话框，如图 2-4 所示。这一步直接省略了文件类型选择，因为在菜单栏中执行"零件设计"命令时，其实就选择了零件文件类型。

图 2-4

02 在该对话框中输入新零件名称并设置选项后，单击"确定"按钮进入零件设计工作台。

03 同理，在菜单栏中执行其他专业设计模块的相关菜单命令，即可进入相应的设计工作台并自动创建文件。

2.1.2 打开与保存文件

对于零基础的初学者来说，打开和保存CATIA 文件是相当重要的环节。下面以案例操作的形式介绍如何打开文件和保存文件。

1. 打开文件

打开文件就是打开之前创建的数据文件，包括零件文件、装配体文件、工程图文件或者草图文件等。

动手操作——打开文件

01 单击"标准"工具栏中的"打开"按钮，或者在菜单栏中执行"文件"|"打开"命令，弹出"选择文件"对话框。通过搜索文件或者直接进入文件所在的磁盘位置，找到 ring.CATPart 文件并单击"打开"按钮，如图 2-5 所示。

图 2-5

02 在 CATIA 零件设计工作台中显示打开的零件，如图 2-6 所示。

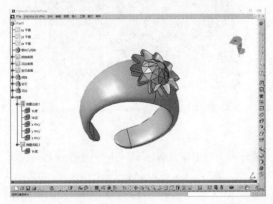

图 2-6

03 可以继续打开新的数据文件，打开的新文件会覆盖之前打开的文件，每一个文件将以独立窗口的形式进行展示。可以在"窗口"菜单中切换选择要查看的文件，如图 2-7 所示。

图 2-7

04 当然，也可以单击绘图区右上角的"向下还原"按钮 ，将所有文件窗口还原到重叠显示的状态，如图 2-8 所示。要打开某个文件窗口，在该文件窗口右上角单击"最大化"按钮 即可。

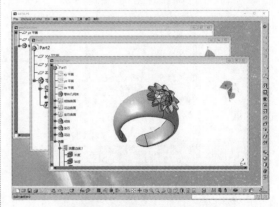

图 2-8

2. 保存文件

保存文件是当用户完成设计或者某一阶段工作后，将数据文件进行保存或者另存为其他格式文件的操作。

动手操作——保存文件

01 将前一个案例中打开的模型进行编辑，编辑后在菜单栏中执行"文件"|"保存"命令，将编辑的数据文件保存，如图 2-9 所示。这种直接保存的方式是将修改后的数据文件覆盖原来的数据文件。

图 2-9

02 如果希望保留原数据文件，可以使用"另存为"命令进行保存。在菜单栏中执行"文

件"|"另存为"命令,弹出"另存为"对话框。在打开的"另存为"对话框的"保存类型"下拉列表中,选择要保存的数据文件类型,在"文件名"文本框中可修改文件名,如图2-10所示。

图 2-10

03 当用户依次对 CATIA 中的多个文件窗口中的模型数据进行编辑后,可以执行"全部保存"命令保存所有的文件数据。在菜单栏中执行"文件"|"全部保存"命令,将多个数据同时保存,如图2-11所示。保存的数据文件将覆盖原文件。

图 2-11

2.1.3 退出文件

退出文件就是关闭当前工作环境的文件窗口,并非将软件窗口关闭。文件窗口和软件窗口不是同一窗口,关闭窗口的控制按钮也是不同的,如图2-12所示。

图 2-12

如果数据文件没有保存,单击文件窗口中的"关闭"按钮 ✖ 会弹出"关闭"对话框,提示进行保存,如图2-13所示。若无须保存,则单击"否"按钮即可;若单击"取消"按钮,则返回工作界面。

图 2-13

2.2 辅助操作工具

CATIA V5R21 软件以鼠标操作为主,用键盘输入数值为辅。执行命令时主要是用鼠标单击工具按钮,也可以通过选择菜单命令或用键盘输入代码来执行命令。

2.2.1 鼠标的操作

与其他 CAD 软件类似,CATIA 提供各种鼠标按钮的组合功能,包括执行命令、选择对象、编辑对象以及对视图和树的平移、旋转和缩放等。

在 CATIA 工作界面中选中的对象被加亮(显示为橙色),选择对象时,在图形区与在特征树上选择相同,并且是相互关联的。利用鼠标也可以操作几何视图或特征树,要使几何视图或特征树成为当前操作的对象，可以单击特征树或窗口右下角的坐标轴图标。

移动视图是最常用的操作，如果每次都单击工具栏中的按钮，将会浪费很多时间，可以通过鼠标快速完成视图的移动。

CATIA中鼠标操作的说明如下。

- 缩放图形区：按住鼠标中键，单击左键或右键，向前移动鼠标可以放大图形，向后移动鼠标可以缩小图形。
- 平移图形区：按住鼠标中键，移动鼠标，可以移动图形。
- 旋转图形区：按住鼠标中键，然后按住鼠标左键或右键，可以旋转图形。

动手操作——鼠标操作

01 打开本例源文件夹中的 ring.CATPart 文件，如图 2-14 所示。

图 2-14

02 鼠标左键用于执行命令或选择对象。在模型上选择一个面特征后，在特征树上也会高亮显示该特征，如图 2-15 所示。反之，若在特征树中选择一个特征（例如"花边"特征），在模型中该特征也会高亮显示，如图 2-16 所示。

03 在特征树中右击"花边"特征，在弹出的快捷菜单中选择"隐藏"选项，花边特征会隐藏，结果如图 2-17 所示。

图 2-15

图 2-16

图 2-17

04 在特征树中右击"花边"特征，在弹出的快捷菜单中选择"属性"选项，弹出"属性"对话框。分别切换到"特征属性"和"图形"

选项卡，查看和更改特征属性和图形属性，如图 2-18 所示。

图 2-18

05 按住鼠标中键，拖动鼠标可以对模型进行平移，此时的鼠标指针显示状态如图 2-19 所示。

图 2-19

2.2.2 使用指南针

图 2-20 所示的指南针是一个重要的视图

操作工具，通过它可以对视图进行旋转和移动等操作，还可以将指南针拖至模型对象中进行视图操作。

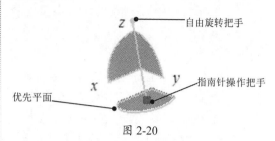

图 2-20

指南针位于图形区的右上角，并且总是处于激活状态，也可以执行"视图"|"指南针"命令来隐藏或显示指南针。使用指南针既可以对特定的模型进行特定的操作，也可以对视点进行操作。

图 2-20 所示字母 x、y、z 表示坐标轴，z 轴起到定位的作用：靠近 z 轴的点称为"自由旋转把手"，用于旋转指南针，同时图形区中的模型也将随之旋转；红色方块是指南针操纵把手，用于拖动指南针，并且可以将指南针置于物体上进行操作，也可以使物体绕该点旋转；指南针底部的 xy 平面是系统默认的优先平面，也就是基准平面。

技术要点：

指南针可用于操纵未被约束的物体，也可以操纵彼此之间有约束关系，但属于同一装配体的一组物体。

1. 视点操作

视点操作是指使用鼠标对指南针进行简单的拖动，从而实现对图形区的模型进行平移或旋转操作，操作方法如下。

- 将鼠标指针移至指南针处，鼠标指针由 ↖ 变为 👆，并且鼠标指针所过之处，坐标轴、坐标平面的弧形边缘以及平面本身皆会以亮色显示。

- 单击指南针上的轴线（此时鼠标指针变为 ↻）并按住鼠标拖动，图形区中的模型会沿着该轴线移动，但指南针本身并不会移动。

- 单击指南针上的平面并按住鼠标拖动，则图形区中的模型和空间也会在此平面内移动，但是指南针本身不会移动。

- 单击指南针平面上的弧线并按住鼠标左键拖动，图形区中的模型会绕该法线旋转，同时，指南针本身也会旋转，而且鼠标离红色方块越近旋转越快。

- 单击指南针上的自由旋转把手并按住鼠标左键拖动，指南针会以红色方块为中心点自由旋转，且图形区中的模型和空间也会随之旋转。

- 单击指南针上的 x、y 或 z 字母，则模型在图形区以垂直于该轴的方向显示，再次单击该字母，视点方向会变为反向。

2. 模型操作

使用鼠标和指南针不仅可以对视点进行操作，而且可以把指南针拖至装配体的某个零件上，对零件进行操作。

- 将鼠标移至指南针操纵把手处（此时鼠标指针变为），然后拖动指南针至模型上，此时指南针会附着在模型上，且字母 x、y、z 变为 w、u、v，这表示坐标轴不再与文件窗口右下角的绝对坐标一致。此时，即可按上面介绍的对视点的操作方法对物体进行操作。

- 在对零件进行操作的过程中，移动的距离和旋转的角度均会在图形区显示。显示的数据为正，表示与指南针指针的正向相同；显示的数据为负，表示与指南针指针的正向相反。

- 将指南针恢复到默认位置。拖动指南针操纵把手到离开物体的任意位置，释放鼠标按键，指南针就会回到图形区右上角的位置，但是不会恢复为默

认的方向。

- 将指南针恢复到默认方向。将其拖至窗口右下角的绝对坐标系处，在拖动指南针离开物体的同时按 Shift 键，且先释放鼠标左键。执行"视图"|"重置指南针"命令。

3. 其他操作

右击指南针，弹出如图 2-21 所示的快捷菜单。快捷菜单中的选项含义如下。

图 2-21

- 锁定当前方向：即固定目前的视角，这样，即使执行菜单命令，也不会回到原来的视角，而且将指南针拖动的过程中以及指南针拖至模型上以后，都会保持原来的方向。欲重置指南针的方向，只需再次选择该选项即可。

- 将优先平面方向锁定为与屏幕平行：指南针的坐标系同当前自定义的坐标系保持一致。如果无当前自定义坐标系，则与文件窗口右下角的坐标系保持一致。

- 使用局部轴系：指南针的优先平面与屏幕方向平行，这样，即使改变视点或者旋转模型，指南针也不会发生改变。

- 使 UV 成为优先平面：使指南针中的 UV 平面成为优先的工作平面，系统默认选用此平面。

- 使 VW 成为优先平面：使指南针中的

VW 平面成为优先的工作平面。

- 使 WV 成为优先平面：使指南针中的 WV 平面成为优先的工作平面。
- 使优先平面最大程度可视：使指南针的优先平面为可见程度最大的平面。
- 自动捕捉选定的对象：使指南针自动移至指定的未被约束的物体上。
- 编辑：可以实现模型的平移和旋转等操作。

2.2.3　对象的选择方法

在 CATIA V5R21 中常用的几种选择对象的方法如下。

1. 选择单个对象

直接用鼠标的左键单击需要选择的对象。

在"特征树"中单击对象的名称，即可选择对应的对象，被选中的对象会高亮显示。

2. 选择多个对象

按住 Ctrl 键，单击多个对象，可选择多个对象。

3. 利用"选择"工具栏选择对象

利用如图 2-22 所示的"选择"工具栏中的工具选择对象。

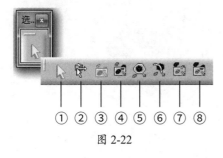

图 2-22

"选择"工具栏中的工具说明如下。

① 选择。选择系统自动判断的元素。

② 几何图形上方的选择框。

③ 矩形选择框。选择矩形包含的元素。

④ 相交矩形选择框。选择与矩形相交的元素。

⑤ 多边形选择框。用鼠标绘制任意一个多边形，选择多边形包含的元素。

⑥ 手绘的选择框。用鼠标绘制任意形状，选择其包含的元素。

⑦ 矩形选择框之外。选择矩形外部的元素。

⑧ 相交于矩形选择框之外。选择与矩形相交的元素及矩形以外的元素。

4. 利用"搜索"功能选择对象

"搜索"工具可以根据名称、类型、颜色等信息快速选择对象。在菜单栏中执行"编辑"|"搜索"命令，弹出"搜索"对话框，如图 2-23 所示。

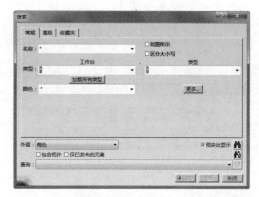

图 2-23

使用搜索功能需要先打开模型文件，并在"搜索"对话框中输入查找内容，单击"搜索"按钮，对话框下方则显示符合条件的元素，如图 2-24 所示。

图 2-24

技术要点

"搜索"对话框中的*是通配符，代表任意字符，可以是一个字符也可以是多个字符。

2.3 视图的操作与显示

模型的视图操作包括视图显示操作和多窗口的操作，视图的操作和显示样式在绘图中十分重要，下面进行讲解。

2.3.1 视图的基本操作

视图的基本操作包括飞行模式、平移、旋转、缩放、全部适应等。视图操作工具在"视图"工具栏中，如图 2-25 所示。

动手操作——视图操作

01 单击"视图"工具栏中的"飞行模式"按钮💢，进入飞行模式，此时"视图"工具栏中列出操作飞行模式的工具，如图 2-26 所示。

图 2-25   图 2-26

技术要点

飞行模式的作用是通过相机环绕的方式对模型进行观察，视角变化比较大，适合观察超大装配体模型。

02 单击"视图"工具栏中的"转头"按钮💢，按住鼠标左键并拖动，可以从视图中心点对模型进行环视观察，如图 2-27 所示。

图 2-27

03 单击"视图"工具栏中的"飞行"按钮💢，按住鼠标左键并拖动，拖动时模型如图 2-28 所示，绿色箭头显示移动速度和方向。单击"视图"工具栏中的"加速"按钮💢或"减速"按钮💢，可以加快或减慢飞行模式的平移速度。单击"视图"工具栏中的"检查模式"按钮💢，结束飞行模式。

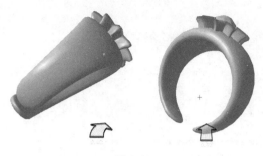

图 2-28

04 如果不小心将视图缩放到无法观察的程度，可单击"视图"工具栏中的"全部适应"按钮，恢复模型视图的最佳显示状态，即自动调整到合适大小并居于绘图区正中，如图 2-29 所示。

图 2-29

05 单击"视图"工具栏中的"平移"按钮，按住鼠标左键并拖动，可以对模型进行平移，如图 2-30 所示。

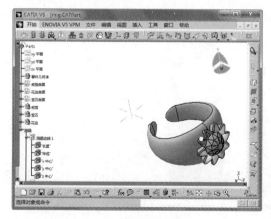

图 2-30

06 单击"视图"工具栏中的"旋转"按钮，按住鼠标左键并拖动，可以对模型进行旋转，如图 2-31 所示。

图 2-31

07 单击"视图"工具栏中的"放大"按钮或"缩小"按钮，按住鼠标左键并拖动，可以对视图进行缩放，如图 2-32 所示为将视图缩小的操作。

图 2-32

08 选择一个模型平面，单击"视图"工具栏中的"法线视图"按钮，可以沿选定平面的法线方向调整模型视图，如图 2-33 所示。

图 2-33

09 单击打开"视图"工具栏中的视图方向的下拉列表，单击"已命名的视图"按钮，弹出"已命名的视图"对话框，如图 2-34 所示，输入新视图名称为Camera1，单击"添加"按钮，即可添加当前视图为新的视图。单击"属性"按钮，可以查看视图的属性，如图 2-35 所示。

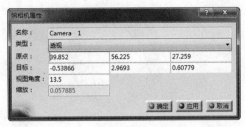

图 2-34   图 2-35

2.3.2 视图窗口的操作

视图窗口的操作包括视图窗口（也是文件窗口）的创建、拆分、平铺和层叠操作。

动手操作——窗口操作

01 单击"视图"工具栏中的"创建多视图"按钮⊞，图形区的视图窗口将拆分成 4 部分，每部分就是一个新视图，分别为前视图、右视图、俯视图和等轴侧视图，如图 2-36 所示。

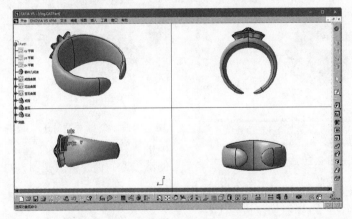

图 2-36

02 选中不同的视图，指南针就会平移到该视图中，然后利用指南针进行视图操作，如图 2-37 所示。

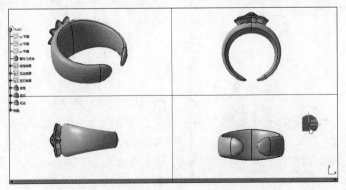

图 2-37

03 执行"窗口"|"新窗口"命令，可以创建一个新的文件窗口，如图2-38所示。

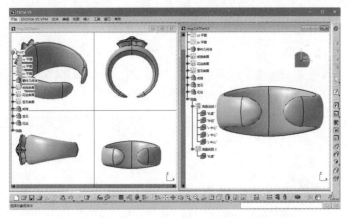

图 2-38

04 在菜单栏中分别执行"窗口"|"水平窗口"命令、"窗口"|"垂直窗口"命令、"窗口"|"层叠"命令，根据所选命令的不同进行窗口布局，如图2-39~图2-41所示。

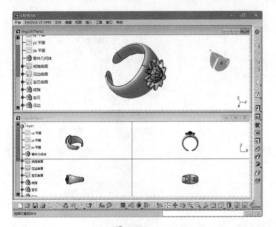

图 2-39

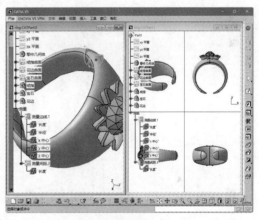

图 2-40

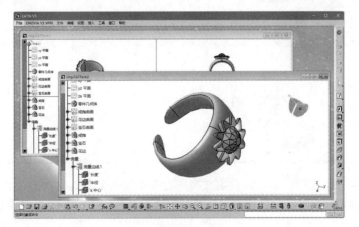

图 2-41

2.3.3　视图在屏幕上的显示

三维实体在屏幕上有两种显示方式——视图显示与着色显示。

1. 视图显示

视图显示一般为 7 个基本视图，包括正、背、左、右、俯、仰和等轴侧，如表 2-1 所示。

表 2-1　7 个基本视图

视图名	状态	视图名	状态
正视图		背视图	
左视图		右视图	
俯视图		仰视图	
等轴侧视图			

除了上述 7 种标准视图，还可以自定义视图。在视图菜单中执行"已命名的视图"命令，弹出"已命名的视图"对话框。通过此对话框可以添加新的视图，如图 2-42 所示。

图 2-42

2. 着色显示

CATIA V5R21 提供了 6 种标准显示模式工具，如图 2-43 所示。分别以模型的着色为例，表达如图 2-44 所示的各种着色模式。

含边线和隐藏边线着色

含材料着色

视图模式

图 2-43

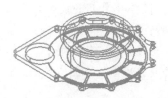

边框

图 2-44（续）

着色

若单击"自定义视图参数"按钮，则弹出"视图模式自定义"对话框，如图 2-45 所示。通过此对话框可以对视图的边线和点进行详细设置。

含边线着色

含边线但不光顺边线

图 2-44

图 2-45

2.4 习题

1. 填空题

（1）在 CATIA 绘图过程中，是通过 _____ 工具栏中的工具对模型的不同视角进行查看的。

（2）_____ 是 CATIA 绘图坐标系的名称。

（3）用命令行进行操作，是通过 _____ 来实现的。

（4）鼠标 _____ 是选择键。

2. 问答题

（1）在 CATIA 操作中，鼠标中键有什么作用？

（2）如何实现多窗口操作？

3. 操作题

通过如图 2-46 所示的装配体 gong jian 模型进行基本操作。

（1）打开、关闭、另存零件模型。

（2）改变模型的各种状态，包括各种视图和窗口。

（3）选择模型的特征和改变模型的显示。

图 2-46

第 3 章　踏入 CATIA V5R21 的第二步

项目导读

　　正确设置工作环境可以提升软件操作性能，并带来更舒适的软件工作环境。本章将重点讲解
CATIA 的工作环境设置、自定义界面设置、模型参考、修改图形属性等知识。

项目分解

　　知识点 1：设置工作环境
　　知识点 2：用户自定义
　　知识点 3：创建模型参考
　　知识点 4：修改图形属性

3.1　设置工作环境

　　合理设置工作环境，可以提高工作效率并带来更舒适的操作环境。当用户掌握了一定的软
件基础技能之后，会按照设计要求或工作需要来订制个性化的工作环境。下面仅介绍基本环境、
草图环境、特征建模环境、工程制图环境的设置方法。

3.1.1　常规选项设置

　　常规选项设置包括界面环境样式设置、特征树样式与操作设置、可视化设置、模型精度设置
等。下面以案例形式进行讲解。
　　"选项"对话框左侧为"选项"结构树，右侧区域为工作环境的选项和参数设置区域。在"选
项"结构树中选择要设置的选项后，右侧将会显示该选项的所有参数定义页面。

动手操作——"常规"设置

01 启动 CATIA V5R21 软件，新建一个机械零件文件，进入零件设计工作台。

02 在菜单栏中执行"工具"|"选项"命令，弹出"选项"对话框，如图 3-1 所示。

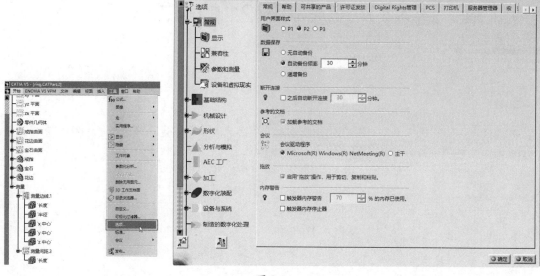

图 3-1

03 在"选项"结构树中选中"常规"选项，在右侧选项设置区域的"常规"选项卡中可定义用户界面样式、数据保存、断开连接、参考的文档、会议、拖放、内存警告等选项，如图 3-2 所示。例如，要将用户界面样式定义为旧版本样式，可以选中"P1"单选按钮；如果担心自己创建的数据会因计算机死机或软件无故退出而造型数据丢失，可以设置"自动备份频率"的间隔，默认是 30 分钟，可以设置为 5 分钟或 2 分钟，这样即可保存更及时的数据。

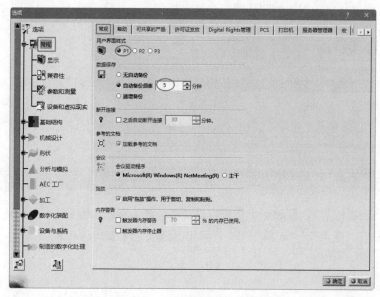

图 3-2

04 切换到"许可证发放"选项卡，可以在"可用的配置或产品列表"列表中将部分产品许可证取消或添加。例如 DIC、ED2 和 I3D 许可证可以取消，如果不取消将不能保存数据文件，如图 3-3 所示。

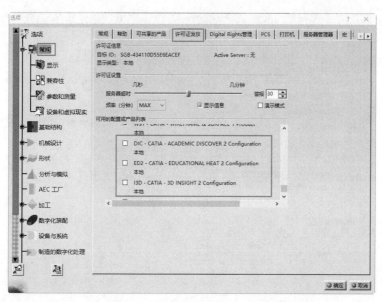

图 3-3

05 在"常规"选项节点下选中"显示"选项，然后在右侧的"树外观"选项卡中设置"树类型"选项，例如要将树类型定义为 CVTIA V6 样式，就选中"构造历程"单选按钮，如图 3-4 所示。

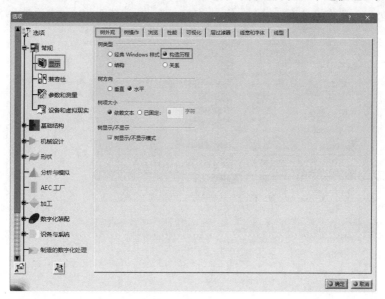

图 3-4

06 切换到"性能"选项卡。在"3D 精度"选项组中，选中"固定"单选按钮，设置参数为 0.10；在"2D 精度"选项组中进行同样的设置，如图 3-5 所示。

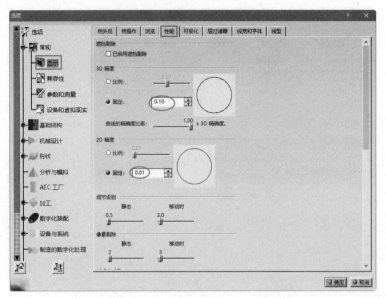

图 3-5

07 切换到"可视化"选项卡，可以更改图形区背景颜色，例如更改为白色，如图 3-6 所示。背景更改为白色后，一定要将曲线、模型边的颜色设置成黑色，这样才能保证建模过程中的可视性不受影响。另外，要设置"抗锯齿"选项，避免模型边和曲线显示不圆滑，影响模型外观质量。

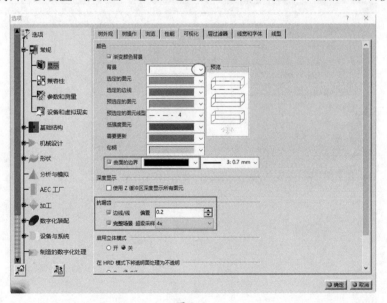

图 3-6

08 选中"常规"选项节点下的"参数和测量"选项，在右侧的"约束和尺寸"选项卡中设置约束样式，如图 3-7 所示。

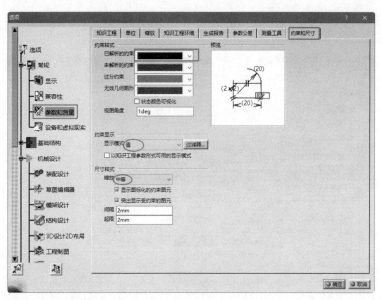

图 3-7

3.1.2 机械设计选项设置

机械设计选项设置主要用于机械设计各专业模块的环境配置，一般情况下主要对草图编辑器、装配设计、工程制图等模块进行选项设置。

动手操作——"机械设计"设置

01 选中"机械设计"选项节点下的"装配设计"选项，在右侧的"常规"选项卡中设置选项，如图3-8所示，选中"自动"单选按钮，其他选项保持默认设置。

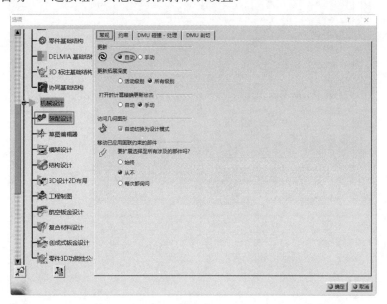

图 3-8

02 选中"机械设计"选项节点下的"草图编辑器"选项，在右侧的"草图编辑器"选项卡中设置选项，保持默认设置，如图3-9所示。

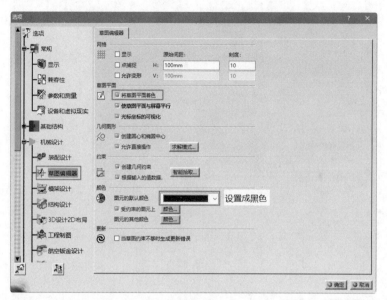

图 3-9

03 选中"机械设计"选项节点下的"工程制图"选项，在右侧的"常规"选项卡中设置选项，如图3-10所示。

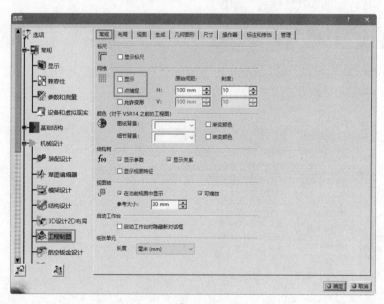

图 3-10

04 切换到"几何图形"选项卡设置选项，如图3-11所示。

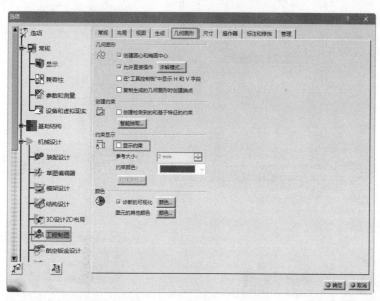

图 3-11

3.2　用户自定义

CATIA 允许用户根据自己的习惯和喜好对"开始"菜单、用户工作台、工具栏和命令等进行设置，称为"用户自定义设置"。

3.2.1　自定义"开始"菜单

从之前介绍的开始菜单可以看出，有些专业设计子模块的启动需要进入三级菜单才能完成，如果某个专业子模块需要经常使用，可将其设置为二级菜单，这样可以减少操作步骤，提升工作效率。例如，在菜单栏中执行"开始"|"机械设计"|"零件设计"命令，经过用户自定义"开始"菜单后，可以变成在菜单栏中执行"开始"|"零件设计"命令。

动手操作——自定义菜单

01 在菜单栏中执行"工具"|"自定义"命令，弹出"自定义"对话框。在"开始菜单"选项卡中，左侧的"可用的"列表列出了所有的专业设计模块，右侧"收藏夹"列表中则显示自定义的专业设计子模块，默认时"收藏夹"列表中没有可用的子模块。

02 在"可用的"列表中选择"零件设计"子模块，单击 ⟶ 按钮后将其转移到"收藏夹"列表中。如果需要更快速地启动"零件设计"子模块，可为其定义加速器（即快捷键），在"加速器"文本框中输入 Alt+S，关闭"自定义"对话框后即可使用这个自定义设置，如图 3-12 所示。

03 在菜单栏中展开"开始"菜单，查看自定义的"开始"菜单命令，如图 3-13 所示。在创建新零件文件时，可以按快捷键 Alt+S，打开"新建零件"对话框，无须再到菜单栏中执行命令。

04 同理，将其他常用的子模块也进行自定义设置。

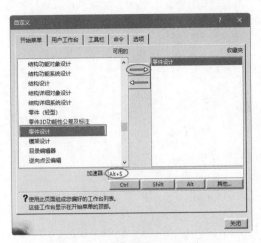

图 3-12

图 3-13

3.2.2　自定义工具栏

经常使用 CATIA 的用户很清楚，CATIA 设计工作台中的很多命令是隐藏在工具栏中的，并且有些常用的工具栏因为软件边栏的位置限制被收缩或隐藏，造成工作效率低下。此时，我们就可以新建一个工具栏，将经常使用的命令按钮放置到新工具栏中，方便后期工作时调用命令。

动手操作——自定义工具栏

01 在"自定义"对话框的"工具栏"选项卡中，单击"新建"按钮，弹出"新工具栏"对话框，为新工具栏命名为"常用工具"，单击"确定"按钮完成新工具栏的创建，如图 3-14 和图 3-15 所示。

图 3-14

图 3-15

技术要点：

如果需要删除此工具栏，在"工具栏"列表中选择该工具栏后再单击"删除"按钮即可。

02 新建的工具栏中是没有任何命令按钮的，需要添加命令。在"开始菜单"选项卡中单击"添加命令"按钮，弹出"命令列表"对话框。在命令列表中选择要添加的命令，单击"确定"按钮，可见到新建的"常用工具"工具栏中添加的新命令，如图 3-16 所示。一次可以添加多个命令。

图 3-16

图 3-16（续）

03 如果要删除命令，单击"开始菜单"选项卡中的"删除命令"按钮，弹出"命令列表"对话框，选择要移除的命令，再单击"确定"按钮即可删除该命令，如图 3-17 所示。

图 3-17

3.2.3 自定义命令

自定义命令主要是为 CATIA 的工具栏添加、删除命令按钮，也可以为工具命令定义快捷键，也就是 CATIA 中的"加速器"。

动手操作——自定义命令

01 新建工具栏后，在"命令"选项卡的"类别"列表中选择一种类别，并在右侧的"命令"列表中找到要添加的命令，选中此命令并拖至新工具栏中，即可完成命令的添加，如图 3-18 所示。

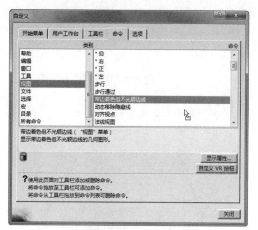

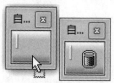

图 3-18

技术要点：

不能将命令添加到菜单栏的各菜单中，也不能添加到"标准"工具栏和"视图"工具栏。

02 要想将工具栏中的命令按钮移除，可将命令从工具栏拖至"自定义"对话框"命令"选项卡的"命令"列表中。

03 为命令创建快捷键是高效建模的常用方法。在"命令"列表中选择要创建快捷键的命令，单击"显示属性"按钮，展开该命令的所有属性选项设置，如图 3-19 所示。

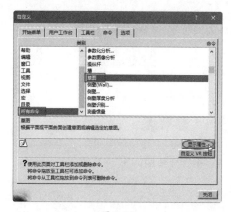

图 3-19

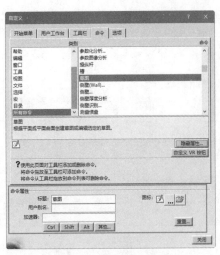

图 3-19（续）

对话框，创建的快捷键随即生效。

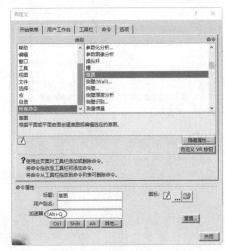

图 3-20

04 在加速器文本框中输入快捷键 Alt+Q，即可添加快捷键，如图 3-20 所示。关闭"自定义"

3.3 创建模型参考

用户在建模的过程中，经常会利用 CAITA 的参考图元（基准工具）工具创建基准特征，包括基准点、基准线、基准平面和轴系（参考坐标系）。创建基准的"参考图元（扩展的）"工具栏如图 3-21 所示。

技术要点：

"参考图元（扩展的）"工具栏在图形区右侧的工具栏区域，由于工具栏区域有限并没有显示该工具栏，而是被收缩隐藏了，需要将能显示的其他工具栏拖入图形区，"参考图元（扩展的）"工具栏才会显示。

图 3-21

3.3.1 参考点

参考点的用途如下。

- 用作样条曲线的经过点。
- 用作平面上的参考点。
- 用作坐标系的位置参照。
- 用作曲面上的参考点。

- 用作圆心或椭圆心。
- 用作曲线的切点。

参考点的创建方法较多，下面逐一列举。在菜单栏中执行"开始"|"机械设计"|"零件设计"命令，进入零件设计工作台。在"参考图元（扩展的）"工具栏中单击"点"按钮■，打开"点定义"对话框，如图 3-22 所示。

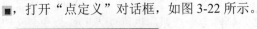

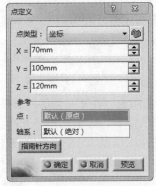

图 3-22

技术要点：

"点类型"旁有一个锁定按钮，可以防止在选择几何图形时自动更改该类型。只需单击此按钮，锁就变为红色。例如，如果选择"坐标"类型，则无法选择曲线。如果想选择曲线，要在下拉列表中选择其他类型。

1."坐标"方法

此方法是以输入当前工作坐标系的坐标参数来确定点在空间中的位置。输入值是根据参考点和参考轴系进行的。

动手操作——以"坐标"方法创建参考点

01 单击"点"按钮■，打开"点定义"对话框。

02 默认情况下，参考点以绝对坐标系原点作为参考进行创建。可以激活"点"参考收集器，选择绘图区中的一个点作为参考，那么输入的坐标值就是以此点进行参考的，如图3-23所示。

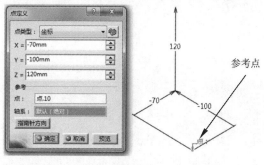

图 3-23

技术要点：

如果需要删除指定的参考点或轴系，可以右击，在弹出的快捷菜单中选择"清除选择"选项。

03 在"点类型"列表中选择"坐标"类型，程序自动将绝对坐标系设为参考，输入新点的坐标值，如图3-24所示。

04 当然用户也可以在绘图区中右击，在弹出的快捷菜单中选择"创建轴系"选项，临时新建一个参考坐标系，如图3-25所示。

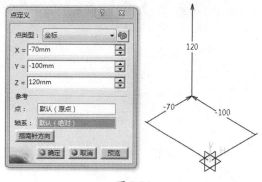

图 3-24

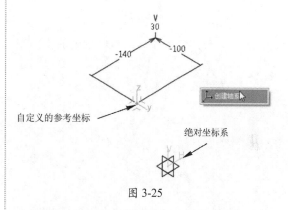

自定义的参考坐标

绝对坐标系

图 3-25

技术要点：

CATIA软件中的"轴系"，就是图形学中的"坐标系"。

05 单击"确定"按钮，完成参考点的创建。

2."曲线上"方法

此方法是在指定的曲线上创建点，采用此方法的"点定义"对话框如图3-26所示。

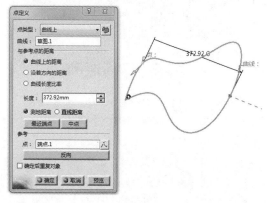

图 3-26

定义"曲线上"方法的主要参数选项含义如下。

- 曲线上的距离：位于沿曲线到参考点的给定距离处，如图3-27所示。

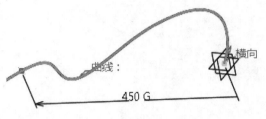

图 3-27

- 沿着方向的距离：沿着指定的方向来设置距离，如图3-28所示，可以指定直线或平面作为方向参考。

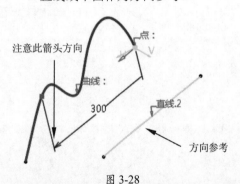

图 3-28

技术要点：

要指定方向参考，如果是直线，且直线必须与点所在曲线的方向大致相同，此外还要注意参考点的方向（图3-28中的偏置值上的尺寸箭头）。若相反，则会弹出"更新错误"对话框，如图3-29所示。如果是选择平面，那么点所在的曲线必须在该平面上，或者与平面平行，否则不能创建点。

图 3-29

- 曲线长度比率：参考点和曲线的端点之间的给定比率，最大值为1。
- 测地距离：从参考点到要创建的点，两者之间的最短距离（沿曲线测量的距离），如图3-30所示。

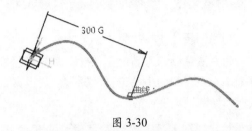

图 3-30

- 直线距离：从参考点到要创建的点之间的直线距离（相对于参考点测量的距离），如图3-31所示。

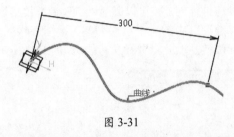

图 3-31

技术要点：

如果距离或比率值定义在曲线外，则无法创建直线距离的点。

- 最近端点：单击此按钮，将在所在曲线的端点上创建点，参考点与端点如图3-32所示。

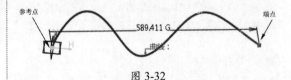

图 3-32

- 中点：单击此按钮，将在曲线的中点位置创建点，如图3-33所示。

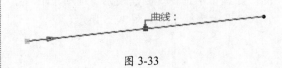

图 3-33

- 反向：单击此按钮，改变参考点的位置。
- 确定后重复对象：如果需要创建多个点或者平分曲线，可以选中此复选框。随后打开"点面复制"对话框，如图 3-34 所示。通过此对话框设置复制的个数，即可创建复制的点。如果选中"同时创建法线平面"复选框，还会创建这些点与曲线垂直的平面，如图 3-35 所示。

图 3-34

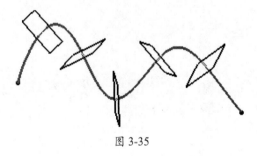

图 3-35

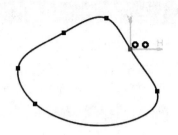

图 3-36

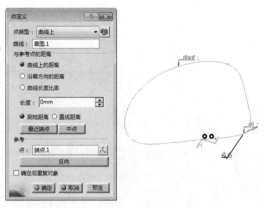

图 3-37

03 由于程序自动选择了草图作为曲线参考，随后选中"与参考点的距离"中的"曲线长度比率"单选按钮，并输入"比率"值为 0.5。

04 保留其余选项的默认设置，单击"确定"按钮完成参考点的创建，如图 3-38 所示。

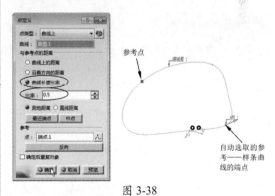

图 3-38

动手操作——以"曲线上"方法创建参考点

01 进入零件设计工作台，单击"草图"按钮 ✐，选择 xy 平面作为草图平面，并绘制如图 3-36 所示的样条曲线。

02 退出草图工作台后，单击"点"按钮，打开"点定义"对话框。选择"曲线上"类型，图形区中显示默认选择的元素，如图 3-37 所示。

3. "平面上"方法

选择"平面上"选项来创建点，需要选择一个参考平面，平面可以是默认坐标系中的 3 个几何平面之一，也可以是用户自定义的平面或者选择模型上的平面。

动手操作——以"平面上"方法创建参考点

01 新建文件并进入零件设计工作台。

02 单击"点"按钮 ■，打开"点定义"对话框。选择"平面上"类型，然后选择 xy 平面作为参考平面，并拖移点到平面中的相对位置，如图 3-39 所示。

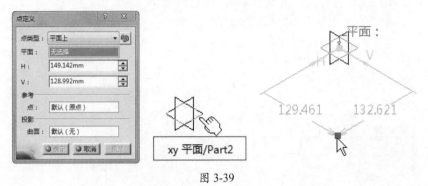

图 3-39

03 在"点定义"对话框中修改 H 和 V 值，再单击"确定"按钮完成参考点的创建，如图 3-40 所示。

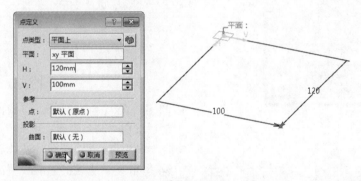

图 3-40

技术要点：

当然，也可以选择一个曲面作为点的投影参考，平面上的点将自动投影到指定的曲面上，如图3-41所示。

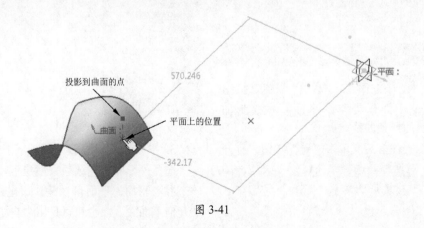

图 3-41

4. "曲面上"方法

在曲面上创建点，需要指定曲面、方向、距离和参考点。打开"点定义"对话框，如图3-42所示。

图 3-42

"点定义"对话框中主要选项含义如下。

- 曲面：要创建点的曲面。
- 方向：在曲面中需要指定一个点的放置方向，点将在此方向上通过输入"距离"值来确定具体位置。
- 距离：输入沿参考方向的距离。
- 点：此参考点为输入距离的起点参考。默认情况下，程序采用曲面的中点作为参考点。
- 动态定位：用于选择定位点的方法，包括"粗略的"和"精确的"。"粗略的"表示在参考点和鼠标单击位置之间计算的距离为直线距离，如图3-43所示；"精确的"表示在参考点和鼠标单击位置之间计算的距离为最短距离，如图3-44所示。

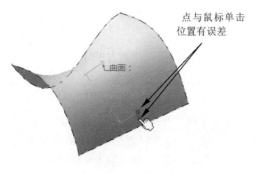

图 3-43

点与鼠标单击位置有误差

点与鼠标单击位置重合

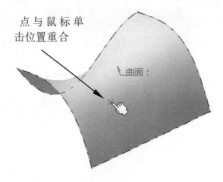

图 3-44

技术要点：

在"粗略的"定位方法中，距离参考点越远，定位误差就越大。在"精确的"定位方法中，创建的点精确位于鼠标单击的位置，而且在曲面上移动鼠标时，操作器不更新，只有在单击曲面时才更新。在"精确的"定位方法中，有时最短距离计算会失败。在这种情况下，可能会使用直线距离，因此创建的点可能不位于鼠标单击的位置。使用封闭曲面或有孔曲面时的情况就是这样。建议先分割这些曲面，再创建点。

5. "圆/球面/椭圆中心"方法

此方法只能在圆曲线、球面或椭圆曲线的中心点位置创建点，如图3-45所示，选择球面，在鼠标单击位置自动创建点。

图 3-45

6. "曲线上的切线"方法

"曲线上的切线"正确理解为在曲线上创建切点，例如在样条曲线中创建如图3-46所示的切点。

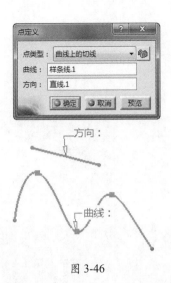

图 3-46

7. "之间"方法

此方式是在指定的两个参考点之间创建点。可以输入比率来确定点在两者之间的位置，也可以单击"中点"按钮，在两者之间的中点位置创建点，如图 3-47 所示。

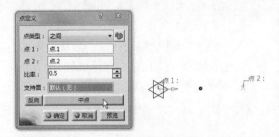

图 3-47

技术要点：

单击"反向"按钮，可以改变比率的计算方向。

3.3.2　参考直线

参考直线实际上是参考轴，主要用于旋转轴、镜像中心线、角平分线、曲线的切线及空间曲线等。

利用"直线"命令可以定义多种方式的直线。在"参考图元（扩展的）"工具栏中单击"直线"按钮 ，打开"直线定义"对话框，如图 3-48 所示。

图 3-48

下面详解 6 种直线的定义方式。

1. 点 - 点

此种方式是在两点的连线上创建直线。默认情况下，程序将在两点之间创建直线段，如图 3-49 所示。

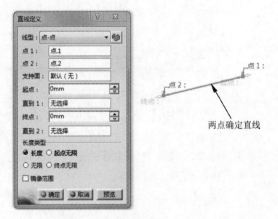

图 3-49

此方式的主要选项含义如下。

- 点 1：选择起点。
- 点 2：选择终点。
- 支持面：参考曲面。如果是在曲面上的两点之间创建直线，当选择支持面后会创建曲线，如图 3-50 所示。

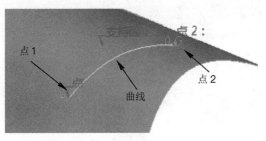

图 3-50

- 起点：超出点 1 的直线端点，也是直线起点。可以输入超出距离，如图 3-51 所示。

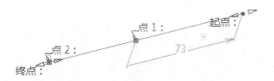

图 3-51

- 直到 1：可以在起点位置选择超出直线的截止参考，截止参考可以是曲面、曲线或点。
- 终点：超出选定的第 2 点直线的端点，也是直线终点，如图 3-52 所示。

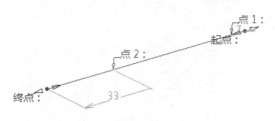

图 3-52

- 直到 2：可以在终点位置选择超出直线的截止参考，截止参考可以是曲面、曲线或点。
- 长度类型：即直线类型。如果是"长度"，表示将创建有限距离的直线段。若是"无限"，则创建无端点的无限直线。

技术要点：

如果超出两点的距离为 0，那么起点、终点与两个指定点重合。

- 镜像范围：选中此复选框，可以创建起点与终点相同距离的直线，如图 3-53 所示。

图 3-53

动手操作——以"点 - 点"方式创建参考直线

01 打开本例素材源文件 3-1.CATPart，并进入零件设计工作台，如图 3-54 所示。

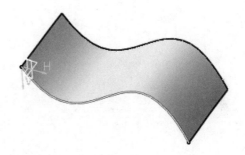

图 3-54

02 在"参考图元（扩展的）"工具栏中单击"点"按钮 ■，打开"点定义"对话框。

03 选中曲面，然后输入"距离"值为 50mm，其余选项保持默认设置，单击"确定"按钮完成第 1 个参考点的创建，如图 3-55 所示。

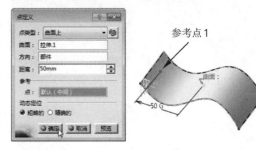

图 3-55

04 同理，继续在此曲面上创建第 2 个参考点，如图 3-56 所示。

05 在"参考图元（扩展的）"工具栏中单击"直线"按钮 ／，打开"直线定义"对话框，选择"点 - 点"线类型，如图 3-57 所示。

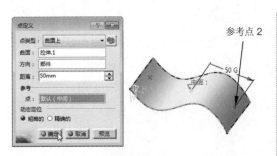

图 3-56

图 3-57

06 激活"点 1"文本框，选择第 1 个参考点，如图 3-58 所示。激活"点 2"文本框，再选择第 2 个参考点，选择两个参考点后将显示直线预览，如图 3-59 所示。

图 3-58

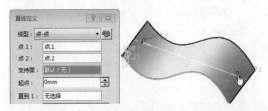

图 3-59

07 激活"支持面"文本框，再选择曲面作为支持面，直线将依附在曲面上，如图 3-60 所示。

08 单击"确定"按钮完成参考直线的创建。

图 3-60

2. 点和方向

"点和方向"是根据参考点和参考方向创建直线的方式，如图 3-61 所示。此直线一定与参考方向平行。

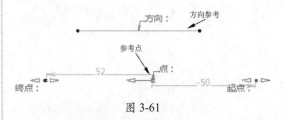

图 3-61

3. 曲线的角度 / 法线

此方式可以创建与指定参考曲线成一定角度的直线，或者与参考曲线垂直的直线，如图 3-62 所示。

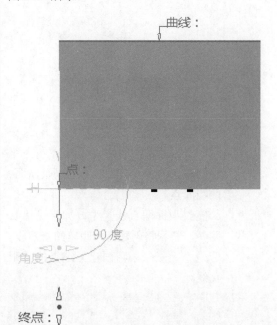

图 3-62

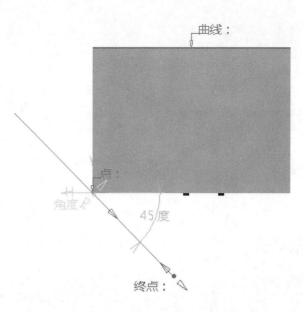

图 3-62（续）

如果需要创建多条角度、参考点和参考曲线相同的直线，可以选中"确定后重复对象"复选框，如图 3-63 所示。

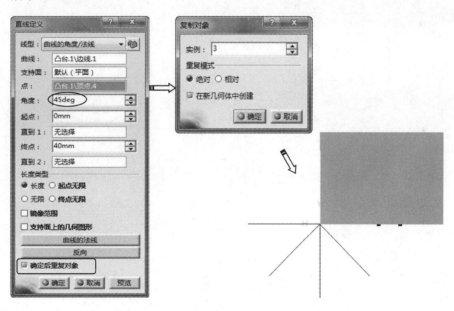

图 3-63

技术要点：

如果选择一个支持曲面，将在曲面上创建曲线。

4. 曲线的切线

"曲线的切线"方式通过指定相切的参考曲线和参考点来创建直线，如图 3-64 所示。

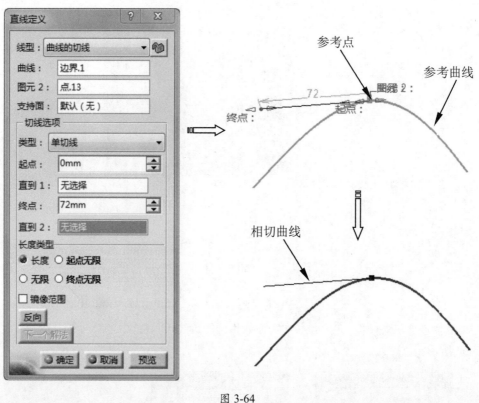

图 3-64

技术要点：

当参考曲线为两条及以上时，那么就有可能产生多个可能的解法，可以直接在几何体中选择一个（以红色显示），或者单击"下一个解法"按钮，如图3-65所示。

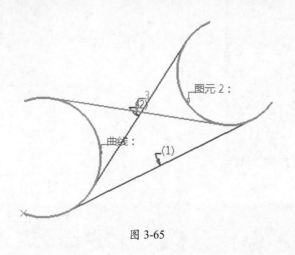

图 3-65

5. 曲面的法线

"曲面的法线"方式是在指定的位置点上创建与参考曲面法向垂直的直线，如图3-66所示。

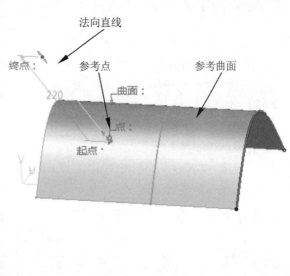

图 3-66

技术要点：

如果点不在支持曲面上，则计算点与曲面之间的最短距离，并在结果参考点显示与曲面垂直的向量，如图3-67所示。

6. 角平分线

"角平分线"方式是在指定的具有一定夹角的两条相交直线中间创建角平分线，如图 3-68 所示。

技术要点：

如果两条直线仅存角度而没有相交，将不会创建角平分线。当存在多个解时，可以在对话框中单击"下一个解法"按钮，确定合理的角平分线，图3-68中就存在两个解法，可以确定"直线2"是我们所需的角平分线。

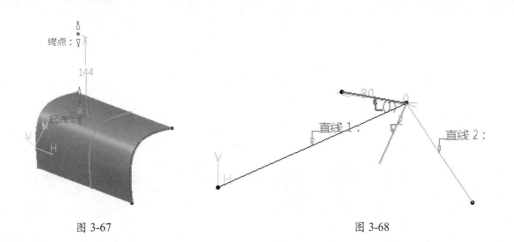

图 3-67   图 3-68

3.3.3 参考平面

参考平面是 CATIA 建模的模型参照平面，建立某些特征时必须创建参考平面，如凸台、旋转体、实体混合等。CATIA 零件设计模式中有 3 个默认建立的基准平面——xy 平面、yz 平面和 zx 平面。下面所讲的平面是在建模过程中创建特征时所需的参考平面。

单击"平面"按钮 ，会弹出如图 3-69 所示的"平面定义"对话框。

图 3-69

该对话框中包括 11 种平面创建类型，表 3-1 中列出了这些类型的创建方法。

表 3-1 平面定义类型

平面类型	图解方法	说明
偏置平面		指定参考平面进行偏置，得到新平面 注意：选中"确定后重复对象"复选框可以创建多个偏置平面
平行通过点		指定一个参考平面和一个放置点，平面将建立在放置点上
与平面成一定角度或垂直		指定参考平面和旋转轴，创建与产品平面成一定角度的新平面 注意：该轴可以是任何直线或隐式元素，例如圆柱面轴。要选择后者，需要在按住 Shift 键的同时，将鼠标指针移至元素上方并单击
通过 3 个点		指定空间中的任意 3 个点，可以创建新平面
通过两条直线		指定空间中的两条直线，可以创建新平面 注意：如果是同一平面的直线，可以选中"不允许非共面曲线"复选框进行排除

平面类型	图解方法	说明
通过点和直线	 点: 移动 直线:	通过指定一个参考点和参考直线来建立新平面
通过平面曲线	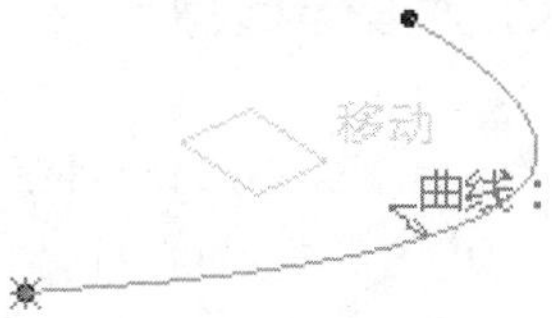 移动 曲线:	通过指定平面曲线来建立新平面 注意:"平面曲线"是指该曲线是在一个平面中创建的
曲线的法线	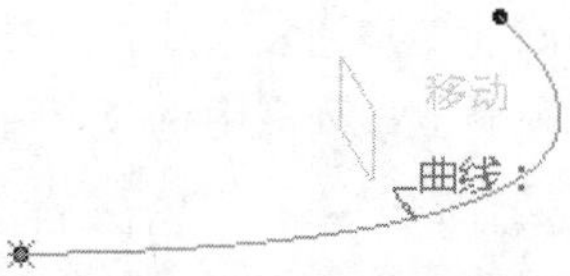 移动 曲线:	通过指定曲线来创建法向垂直参考点的新平面 注意:如果没有指定参考点,程序将自动拾取该曲线的中点作为参考点
曲面的切线	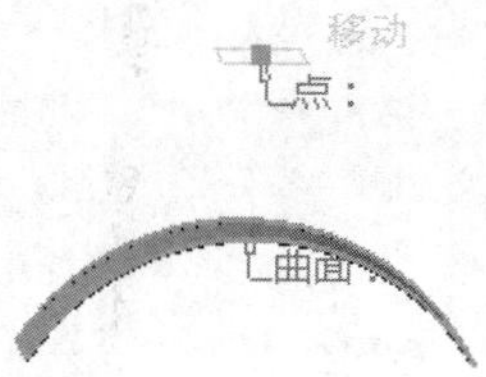 移动 点: 曲面:	通过指定参考曲面和参考点,使新平面与参考曲面相切
方程式	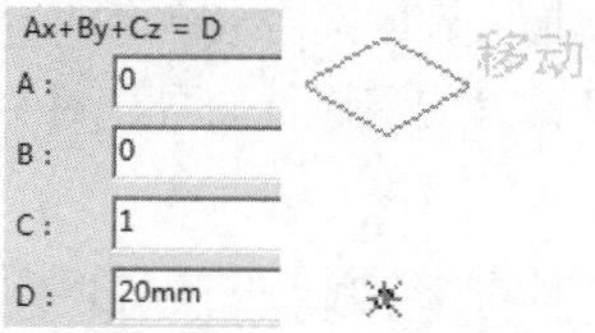 Ax+By+Cz = D A: 0 B: 0 C: 1 D: 20mm 移动	通过输入多项式方程式中的变量值来控制平面的位置
平均通过点	移动	通过指定 3 个或 3 个以上的点,以通过这些点显示平均平面

3.4 修改图形属性

CATIA 还提供了图形的属性修改功能,如修改几何对象的颜色、透明度、线宽、线型、图层等。

3.4.1 通过工具栏修改属性

用于图形属性修改的功能工具栏如图 3-70 所示。

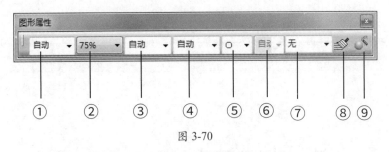

图 3-70

首先选择要修改图形特性的几何对象，通过下列控件选择新的图形特性，然后单击作图区的空白处即可。

① 修改几何对象颜色：单击该列表框，从弹出的下拉列表中选择一种颜色。

② 修改几何对象的透明度：单击该列表框，从弹出的下拉列表中选择一个透明度比例值，100% 表示不透明。

③ 修改几何对象的线宽：单击该列表框，从弹出的下拉列表中选择一种线宽。

④ 修改几何对象的线型：单击该列表框，从弹出的下拉列表中选择一种线型。

⑤ 修改点的式样：单击该列表框，从弹出的下拉列表中选一种点式样。

⑥ 修改对象的着色显示：单击该列表框，从弹出的下拉列表中选择一种着色模式。

⑦ 修改几何对象的图层：单击该列表框，从弹出的下拉列表中选择一个图层。

技术要点：

如果列表内没有合适的图层名，选择该列表的"其他层"选项，在弹出的"已命名的层"对话框中建立新的图层即可，如图3-71所示。

⑧ 格式刷：单击此按钮，可以复制格式（属性）到所选对象。

⑨ 图层属性向导：单击此按钮，可以从打开的"图层属性向导"对话框中设置自定义的属性，如图 3-72 所示。

图 3-71

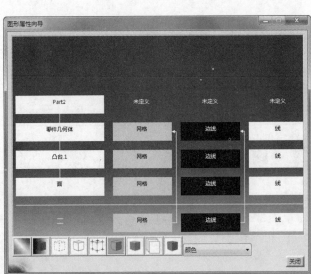

图 3-72

3.4.2 通过快捷菜单修改属性

用户也可以在绘图区中选中某个特征，然后右击，在弹出的快捷菜单中选择"属性"选项，即可打开"属性"对话框。通过此对话框，也可以设置颜色、线型、线宽、图层等图形属性，如图 3-73 所示。

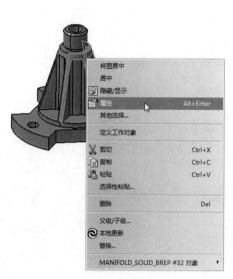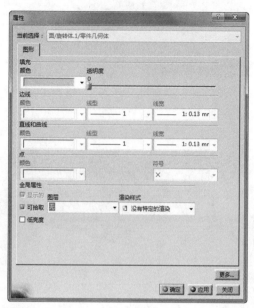

图 3-73

3.5 习题

1. 创建参考点
打开本练习的素材源文件 3-1.CATPart，并在模型表面创建两个参考点，如图 3-74 所示。

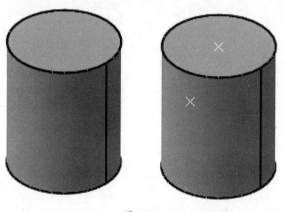

图 3-74

2. 创建参考直线
打开本练习的素材源文件 3-2.CATPart，并在模型表面上创建两条参考直线，如图 3-75 所示。

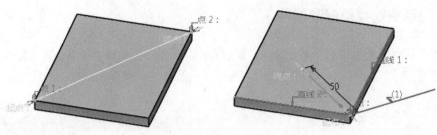

图 3-75

3. 创建参考平面

打开本练习的素材源文件 3-3.CATPart，并利用"曲线的法线"方式创建参考平面，如图 3-76 所示。

图 3-76

第2部分

第4章 草图绘图指令

 项目导读

　　绘制草图是零件建模的基础，也是 3D 建模的必备技能。在草绘器中，使用草绘工具命令勾勒出实体模型的截面轮廓，然后使用零件设计功能生成实体模型。

　　本章主要讲解 CATIA 草图的基本绘制方法，包括草图环境的介绍、草图的智能捕捉、草图图形的基本命令等。

 项目分解

　　知识点 1：认识草图工作台

　　知识点 2：智能捕捉

　　知识点 3：基本绘图命令

　　知识点 4：绘制预定义轮廓线

4.1　认识草图工作台

　　草绘工作台是 CAITA V5R21 进行草图绘制的专业模块，与其他模块配合进行 3D 模型的绘制。

4.1.1　进入草图工作台

　　CAITA V5R21 中有 3 种进入草图工作台（也可称为"草绘环境"或"草绘模式"）的方式。

1. 在零件模式中创建草图

　　在零件设计模式下，执行"插入" | "草图编辑器" | "草图"命令，或者在"草图编辑器"工具栏中单击"草图"按钮，并选择一个草图平面后自动进入草图工作台，草图工作台如图 4-1 所示。

2. 以"基于草图的特征"方式进入

　　当用户利用 CATIA 的基本特征命令——凸台、旋转体等来创建特征时，通过单击对话框中的"草图平面定义"按钮，进入草图工作台，如图 4-2 所示。

技术拓展

什么是草图？

草图（Sketch）是三维造型的基础，绘制草图是创建零件的第一步。草图多是二维的，也有三维草图。在创建二维草图时，必须先确定草图所依附的平面，即草图坐标系确定的坐标面，这样的平面可以是一种"可变的、可关联的、用户自定义的坐标面"。

在三维环境中绘制草图时，三维草图用作三维扫掠特征、放样特征的三维路径，在复杂零件造型、电线电缆和管道中常用。草图不仅是为三维模型准备的轮廓，也是设计思维表达的一种手段。

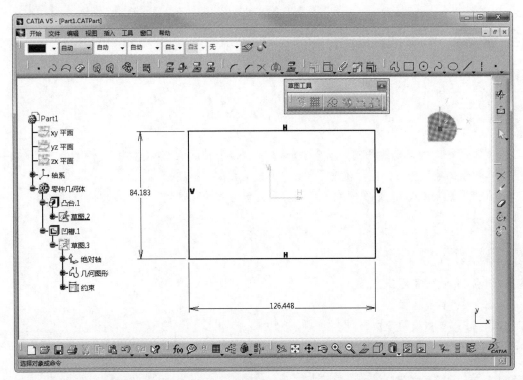

图 4-1

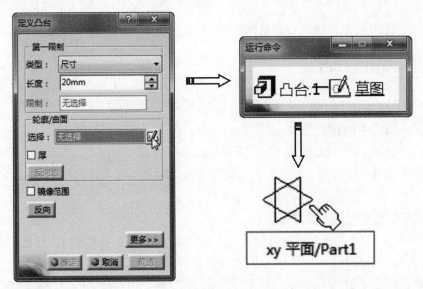

图 4-2

3. 新建草图文件

首先执行"开始"|"机械设计"|"草图编辑器"命令，打开如图 4-3 所示的"新建零件"对话框，单击"确定"按钮进入草图环境；然后选择草图平面，自动进入草图工作台。

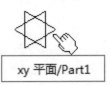

图 4-3

4.1.2 草图绘制工具

在草图工作台中，主要使用"草图工具""轮廓""约束"和"操作"工具栏。工具栏中显示常用的工具按钮，单击工具右侧的三角形，展开下一级工具栏。

1. "草图工具"工具栏

如图 4-4 所示，该工具栏包括网格、点对齐、构造 / 标准元素、几何约束和尺寸约束 5 个常用的工具按钮，该工具栏显示的内容随着执行的命令不同而不同，同时还是唯一可以进行人机交互的工具栏。

2. "轮廓"工具栏

如图 4-5 所示，该工具栏包括点、线、曲线、预定义轮廓线等绘制工具。

图 4-4

图 4-5

3. "约束"工具栏

如图 4-6 所示，该工具栏是实现点、线几何元素之间约束的工具集合。

4. "操作"工具栏

如图 4-7 所示，该工具栏中的工具是对绘制的轮廓曲线进行编辑修改的工具集合。

图 4-6

图 4-7

4.2 智能捕捉

在 CATIA V5 的草图模式中，使用"智能捕捉"功能可以帮助设计者在使用大多数草绘命令创建几何外形时准确定位，可以大幅提高工作效率，降低为定位这些元素所必需的交互操作次数。

"智能捕捉"功能使用以下几种方式来实现。

4.2.1 捕捉点

要实现智能捕捉点，可以在如图 4-8 所示的"草图工具"工具栏中单击"点对齐"按钮▦，然后在绘制草图的过程中就能精确捕捉点了。

可以在网格中捕捉点，捕捉的间隔刻度为 10，如图 4-9 所示。

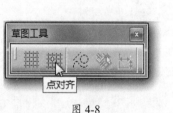

图 4-8

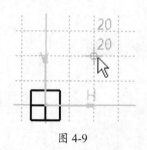

图 4-9

如果需要设置刻度的大小，可以执行"工具"|"选项"命令，打开"选项"对话框设置草图编辑器中的网格显示，如图 4-10 所示。

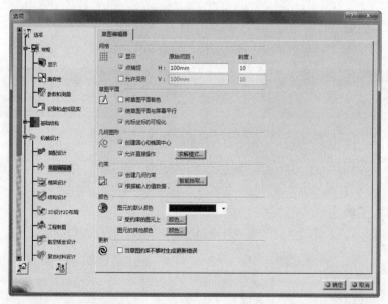

图 4-10

技术要点：

也可以在图4-10的设置网格的选项中选中"点捕捉"复选框，与此前单击"点对齐"按钮所起的作用相同。

如果绘图区中已经存在图形，当绘制新图形时，可以捕捉已有图形中的点，图 4-11 所示为鼠标指针捕捉到图形上的点。

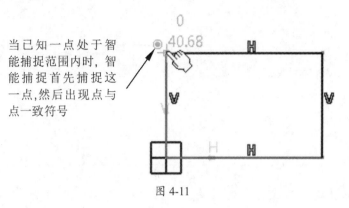

当已知一点处于智能捕捉范围内时，智能捕捉首先捕捉这一点，然后出现点与点一致符号

图 4-11

利用智能捕捉，可以捕捉以下点。

- 任意点。
- 坐标位置点。
- 已知一点。
- 曲线上的极点。
- 直线中点。
- 圆或椭圆中心点。
- 曲线上任意点。
- 两条曲线交点。
- 垂直或水平位置点。
- 假想的通过已知直线端点的垂直线上任意点。
- 任何以上几种可能情况的组合。

技术要点：

以捕捉圆心点为例，由于智能捕捉会产生多种可能的捕捉方式，因此可以右击，在弹出的快捷菜单中选择或按住Ctrl键对捕捉方式予以固定，如图4-12所示。

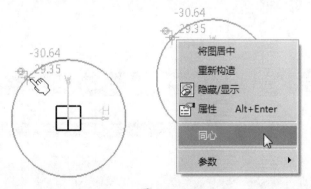

图 4-12

表 4-1 中根据快捷菜单的指示，显示几何元素的可能捕捉，这些捕捉与现有几何图形相关。

表4-1 根据快捷菜单显示的可能捕捉

当前创建的元素	点	直线	圆	椭圆	圆锥	样条线
点	◉	中点最近的一个端点	中心最近的一个端点	中心最近的一个端点	否	否
直线	⊖	└⨯ ⊖	◎	└	└	└
椭圆	◉⊖		◎	否	否	否

4.2.2 坐标输入

坐标输入也是一种精确控制点的方式，如图4-13所示，执行"直线"命令时，"草图工具"工具栏中会显示坐标文本框。

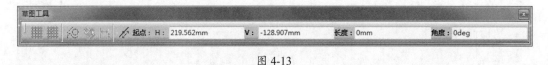

图4-13

其中，H值表示在X轴方向上的坐标值；V值表示在Y轴方向上的坐标值；"长度"表示直线长度；"角度"表示直线与X轴之间的角度。

技术要点：

不同的轮廓命令，会显示不同的坐标文本框。

通过输入坐标值定义所需位置，如果在H文本框中输入一个数值，智能捕捉将锁定H数值，当移动鼠标指针时V值将随之变化，如图4-14所示。

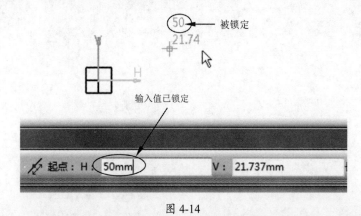

图4-14

技术要点：

假如想重新输入H、V值，可在空白处右击，在弹出的快捷菜单中选择"重置"选项后重新输入。

4.2.3　在 H、V 轴上捕捉

当移动鼠标指针时，若出现水平的假想蓝色虚线表明 H 值为 0，若出现垂直的假想蓝色虚线表明 V 值为 0，如图 4-15 所示。

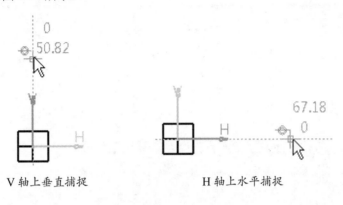

V 轴上垂直捕捉　　　　　　　　　H 轴上水平捕捉

图 4-15

动手操作——利用智能捕捉绘制图形

下面用一个草图的绘制实例，详解如何利用智能捕捉进行草图绘制，要绘制的草图如图 4-16 所示。

01 启动 CATIA，在菜单栏中执行"开始"|"机械设计"|"草图编辑器"命令，新建一个名为 4-1 的零件文件，如图 4-17 所示。

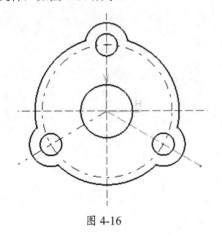

图 4-16

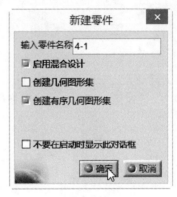

图 4-17

02 选择 XY 平面作为草图平面，进入草绘模式。在"轮廓"工具栏中单击"轴"按钮 ，然后捕捉 V 轴（移动鼠标指针到蓝色虚线上），绘制长度为 150 的中心线，如图 4-18 所示。

技术要点：

当捕捉到V轴或H轴时，若要输入准确数值，必须使鼠标指针停止移动，按Tab键切换并激活数值文本框。

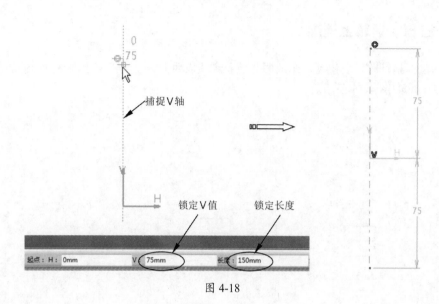

图 4-18

03 同理，捕捉 H 轴，绘制长度为 150 的中心线，如图 4-19 所示。

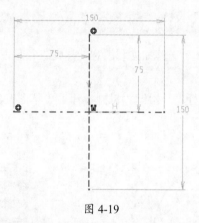

图 4-19

04 单击"圆"按钮⊙，然后捕捉坐标系中心，使其成为圆心，绘制的圆如图 4-20 所示。

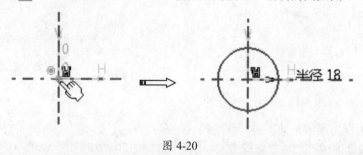

图 4-20

技术要点：

要想精确绘制半径为18的圆，必须在"草图工具"工具栏中按Tab键切换到R文本框中输入18。

05 单击"圆"按钮⊙，捕捉第 1 个圆的圆心，然后绘制半径为 45 的第 2 个圆，如图 4-21 所示。

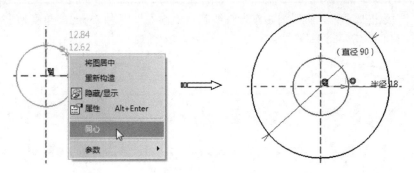

图 4-21

06 同理，捕捉圆心再绘制如图 4-22 所示的第 3 个同心圆。

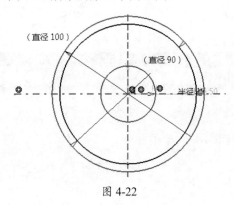

图 4-22

07 第 2 个同心圆仅作为定位使用，非轮廓线。因此，选中直径为 90 的圆，然后右击，在弹出的快捷菜单中选择"属性"选项，修改此圆的线型为 4 号线型（点画线），修改线宽为最小线宽，结果如图 4-23 所示。

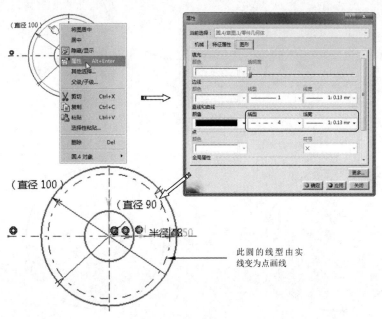

图 4-23

08 单击"轴"按钮 ，然后捕捉圆心作为轴线起点，输入长度为75mm，角度为330deg（或者
−30deg），绘制的轴线如图4-24所示。

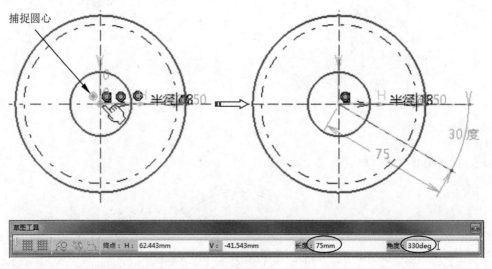

图 4-24

09 同理，再绘制一条轴线，如图4-25所示。

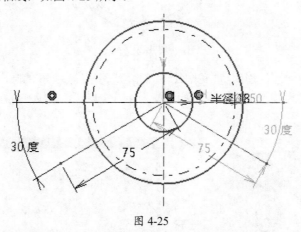

图 4-25

10 单击"圆"按钮 ，然后捕捉轴线与直径为90的圆的交点，绘制直径为15的小圆，如图4-26
所示。

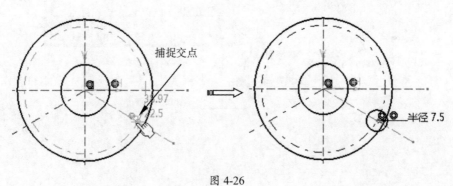

图 4-26

11 同理，在另两条轴线与圆的交点上，再绘制两个直径为 15 的小圆，结果如图 4-27 所示。

12 继续绘制同心圆。捕捉 3 个半径为 7.5 的小圆的圆心，依次绘制半径为 15 的 3 个同心圆，结果如图 4-28 所示。

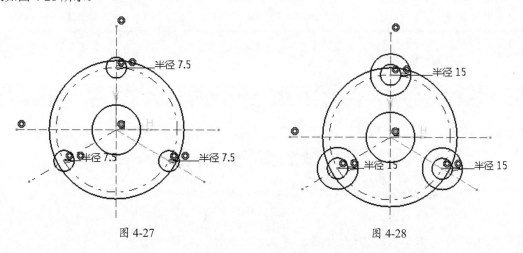

图 4-27　　　　　　　　　　　　　　　　　图 4-28

13 单击"快速修剪"按钮 _◢_，然后修剪图形，得到的最终结果如图 4-29 所示。

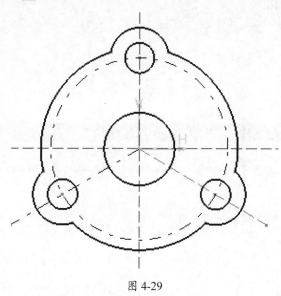

图 4-29

4.3　基本绘图命令

　　本节介绍如何利用"轮廓"工具栏生成草图轮廓的方法。CATIA V5R20 提供了 8 类草图轮廓供用户选用，它们是轮廓、预定义轮廓、圆、样条线、二次曲线、直线、轴线和点。绘制草图的方法有两种，即精确绘图和非精确绘图。精确绘图，只需要在"草图工具"工具栏中相应的文本框中输入参数，按 Enter 键完成；非精确绘图，则使用鼠标在绘图区中单击，确定图形参数位置点即可。本节重点介绍非精确绘图方法，对精确绘图的"草图工具"工具栏中的参数只进行简单介绍。

4.3.1 绘制点

单击"通过单击创建点"按钮 ·，右侧的三角形，展开如图4-30所示的"点"工具栏，其中提供了通过单击创建点、使用坐标创建点、等距点、相交点和投影点工具。

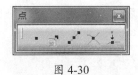

图 4-30

动手操作——通过单击创建点

01 单击"点"工具栏中的"通过单击创建点"按钮 ·，展开"草图工具"工具栏，如图4-31所示。

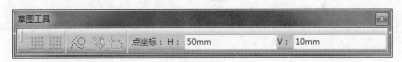

图 4-31

02 在绘图区中，任意单击确定点的位置，完成点的创建。

技术要点：

在"草图工具"工具栏中输入点的直角坐标值（H和V），按Enter键，即可完成点的创建。

技术要点：

所绘制的点，可以通过"图形属性"工具栏中相应的选项设置点的形状，如图4-32所示。

图 4-32

动手操作——通过坐标系创建点

01 单击"点"工具栏中的"通过坐标系创建点"按钮 ·，打开"点定义"对话框，如图4-33所示。

技术要点：

通过在"点定义"对话框的"直角"选项卡中输入H和V值创建点，与使用"通过单击创建点"按钮，在"草图工具"工具栏中输入H和V值创建点的使用方法和效果相同。

02 单击"极"标签，切换到"极"选项卡。

03 在"半径"文本框中输入100mm，在"角度"文本框中输入45mm。

04 单击"确定"按钮，完成通过坐标系创建点的操作。

05 通过任何方法创建的点，只需双击该点，系统就会弹出如图4-34所示的"点定义"对话框，对该点进行编辑。

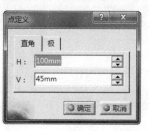

图 4-33　　　　　　　　　　　　　　　　图 4-34

动手操作——创建等距点

01 单击"点"工具栏中的"等距点"按钮 。

02 在绘图区中，选择创建等距点的直线或曲线，弹出如图 4-35 所示的"等距点定义"对话框。

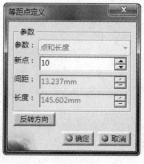

图 4-35

03 在"等距点定义"对话框中的"新点"文本框中输入 5。

技术要点：

创建等距点为5，则对曲线或线段进行6等分。

04 单击"确定"按钮，完成等距点的创建，效果如图 4-36 所示。

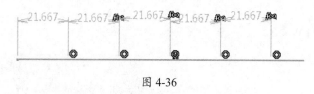

图 4-36

动手操作——创建相交点

01 单击"点"工具栏中的"相交点"按钮 。

02 在绘图区中，选择创建相交点的两个几何图元，完成相交点的创建，效果如图 4-37 所示。

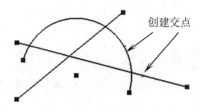

图 4-37

动手操作——创建投影点

01 单击"点"工具栏中的"投影点"按钮 ，"草图工具"工具栏展开投影选项按钮，如图4-38所示。

图 4-38

02 按下"草图工具"工具栏中的"正交投影"开关按钮 。

03 在绘图区中，选择被投影点。

技术要点：

系统默认为按下"正交投影"开关按钮，如果以前按下了"沿某一方向"开关按钮 ，则需要执行该步骤；如果按下了"沿某一方向"开关按钮 ，"草图工具"工具栏中显示定义投影方向的H、V和角度参数文本框。

04 在绘图区中，选择投影到其上的元素，完成投影点的创建，效果如图4-39所示。投影元素可以是点、线、面等几何元素。

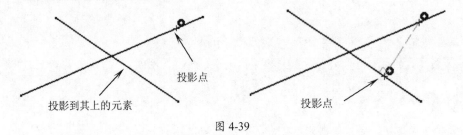

图 4-39

4.3.2 直线、轴

直线工具中有5种直线定义方式，如图4-40所示。

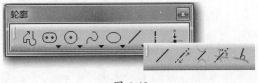

图 4-40

1. 直线

单击"直线"工具栏中的"直线"按钮 ，"草图工具"工具栏显示起点参数文本框，如图4-41所示。

图 4-41

技术要点：

只有设置完起点，"草图工具"工具栏才会显示终点的设置控件。

可以在绘图区中创建任意位置的直线，也可以通过输入坐标的方式来绘制直线，如图 4-42 所示。

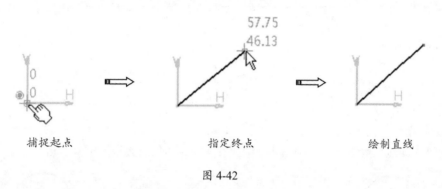

捕捉起点　　　　　　　指定终点　　　　　　　绘制直线

图 4-42

2. 无限长线

无限长线就是没有起点和终点，也没有长度限制的直线。无限长线可以是水平的、垂直的或通过两点的。单击"无限长线"按钮，"草图工具"工具栏中显示如图 4-43 所示的文本框。

图 4-43

H 和 V 值为无限长线通过点的坐标值。

默认情况下，将绘制水平的无限长线。单击"垂直线"按钮，可以绘制垂直的无限长线，如图 4-44 所示。单击"通过两点的直线"按钮，选择两个参考点确定无限长线的定位和方向，如图 4-45 所示。

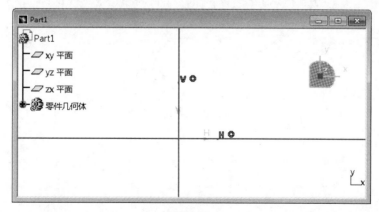

图 4-44

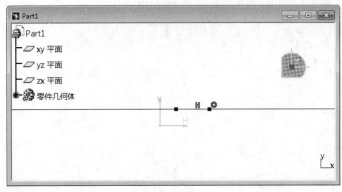

图 4-45

3. 双切线

单击"双切线"按钮 ✓ ，绘制与两个圆或圆弧同时相切的直线，如图 4-46 所示。

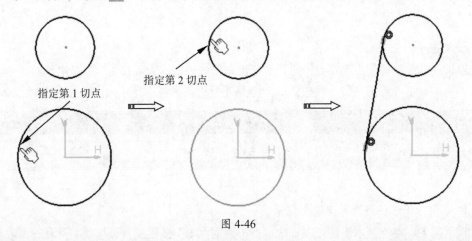

图 4-46

技术要点：

鼠标指针所选位置确定了切线的位置，若第2切点在圆的右侧，那么绘制的双切线如图4-47所示。

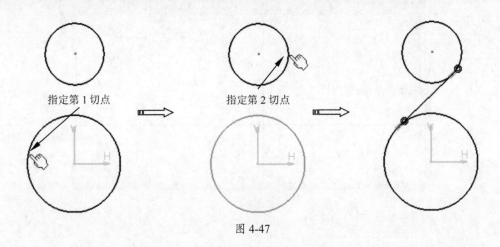

图 4-47

4. 角平分线

"角平分线"就是通过单击两条现有直线上的两点来创建无限长角平分线。两条直线可以是相交的，也可以是平行的。

绘制过程如下。

（1）单击"角平分线"按钮 。

（2）选择直线 1。

（3）选择直线 2。

（4）自动创建两条直线的角平分线，如图 4-48 所示。

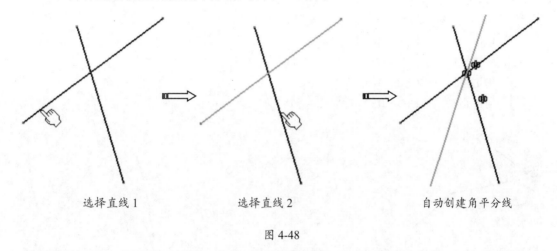

选择直线 1　　　　　　选择直线 2　　　　　　自动创建角平分线

图 4-48

技术要点：

选择不同的位置会产生不同的结果，如两条相交直线，会有两条角平分线，另一条角平分线由选择的位置来确定，如图4-49所示。

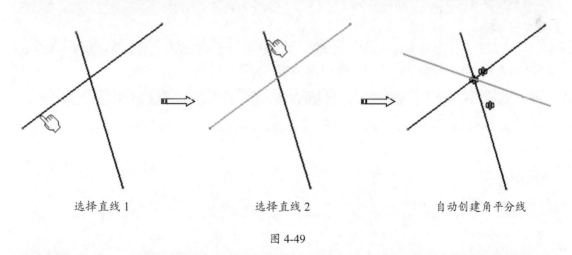

选择直线 1　　　　　　选择直线 2　　　　　　自动创建角平分线

图 4-49

技术要点：

如果选定的两条直线相互平行，将在这两条直线之间创建一条新直线，如图4-50所示。

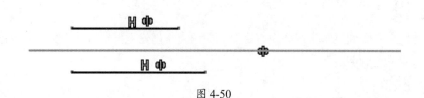

图 4-50

5. 曲线的法线

"曲线的法线"就是在指定曲线的点位置上创建与该点垂直的直线。直线的长度可以拖动控制，也可以指定直线终止的参考点。

创建曲线的法线的过程如下。

（1）单击"曲线的法线"按钮 。

（2）选择法线的起点位置。

（3）指定参考点以确定法线的终点。

（4）随后自动创建曲线的法线，如图 4-51 所示。

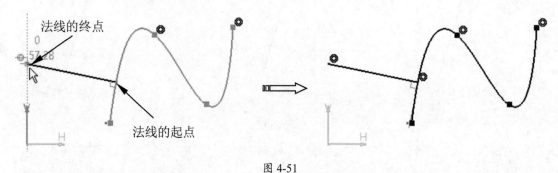

图 4-51

6. 创建轴

草图模式中的"轴"，也称为"中心线"，用来作为草图中的尺寸基准和定位基准。轴线的线型是点画线。

在"轮廓"工具栏中单击"轴"按钮 ，即可绘制轴线。轴线与直线的绘制方法相同，这里就不再重复讲解其操作过程了，绘制轴的设置参数如图 4-52 所示。

图 4-52

技术要点：

也可以修改直线的属性，使其线型变为点画线，由此直线变成轴线（即中心线），如图4-53所示。

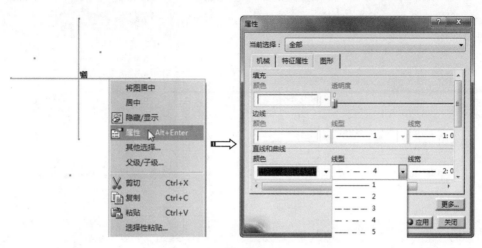

图 4-53

4.3.3　绘制圆

　　单击"直线圆"按钮⊙右侧的三角形，展开如图 4-54 所示的"圆"工具栏，其中提供了绘制圆和圆弧的各种方法按钮。

图 4-54

动手操作——绘制圆

01 单击"圆"工具栏中的"圆"按钮⊙，"草图工具"工具栏展开输入圆的圆心、半径参数的文本框，如图 4-55 所示。

图 4-55

02 在绘图区中，任意单击确定圆心位置，"草图工具"工具栏展开输入圆上点直角坐标和半径的文本框。

03 在绘图区中，单击确定圆的位置，即所绘制圆上的一点，完成圆的绘制。

技术要点：

　　如果有确定的圆参数，在"草图工具"工具栏中输入参数值并按Enter键，即可完成圆的绘制。

04 双击该圆，弹出如图 4-56 所示的"圆定义"对话框，可以通过该对话框设置圆心坐标值和圆的半径。

05 单击"圆定义"对话框中的"确定"按钮，
完成圆的修改。

图 4-56

动手操作——绘制三点圆

01 单击"圆"工具栏中的"三点圆"按钮○，"草图工具"工具栏展开输入圆上第一点的直角
坐标值的文本框，如图4-57所示。

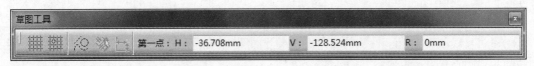

图 4-57

02 在绘图区中，任意单击确定圆上的第 1 点，"草图工具"工具栏展开输入圆上第 2 点的直角
坐标值的文本框。

03 在绘图区中，移动鼠标指针到合适位置，单击确定圆上的第 2 点，"草图工具"工具栏展开
输入圆上第 3 点的直角坐标值的文本框。

04 在绘图区中，移动鼠标指针到合适位置，单
击确定圆上的最后一点，完成圆的绘制，效果
如图 4-58 所示。

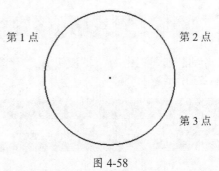

图 4-58

动手操作——使用坐标创建圆

01 单击"圆"工具栏中的"使用坐标创建圆"按钮○，弹出如图4-59所示的"圆定义"对话框。

02 单击"极"标签，切换到"极"选项卡。

03 在"极"选项卡的"半径"文本框中输入 20，"角度"文本框中输入 45，"半径"文本框中
输入 15。

04 单击"圆定义"对话框中"确定"按钮，完成通过坐标创建圆的绘制，效果如图 4-60 所示。

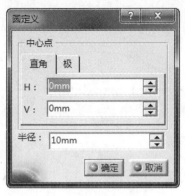

图 4-59

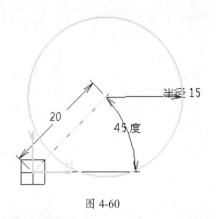

图 4-60

动手操作——绘制三切线圆

01 单击"圆"工具栏中的"三切线圆"按钮 ⊙。

02 在绘图区中，选择第一相切图形。

03 在绘图区中，选择第二相切图形。

04 在绘图区中，选择第三相切图形，完成三切线圆的创建，效果如图 4-61 所示。

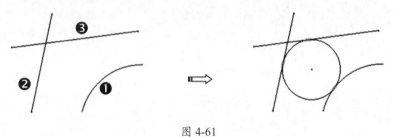

图 4-61

4.3.4 绘制圆弧

单击"直线圆"按钮 ⊙ 右侧的三角形，展开"圆"工具栏，其中提供了绘制圆和圆弧的各种方法按钮。

动手操作——绘制三点弧

01 单击"圆"工具栏中的"三点弧"按钮 ↻，"草图工具"工具栏展开输入起点直角坐标的文本框，如图 4-62 所示。

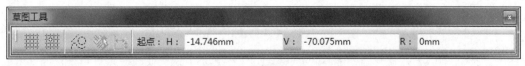

图 4-62

02 在绘图区中，任意单击确定圆弧的起点，"草图工具"工具栏展开输入圆弧上第 2 点直角坐标的文本框。

03 在绘图区中，移动鼠标指针到合适位置，单击确定圆弧的第二点，"草图工具"工具栏展开输入圆弧上终点直角坐标的文本框。

04 在绘图区中，移动鼠标指针到合适位置，单击确定圆弧的终点，完成圆弧的创建，效果如图4-63所示。

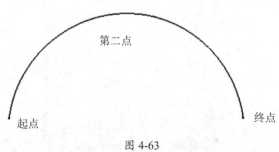

图 4-63

动手操作——绘制起始受限的三点弧

01 单击"圆"工具栏中的"三点弧"按钮，"草图工具"工具栏展开输入起点直角坐标的文本框。

02 在绘图区中，任意单击确定圆弧的起点，"草图工具"工具栏展开输入终点直角坐标的文本框。

03 在绘图区中，移动鼠标指针到合适位置，单击确定圆弧的终点，"草图工具"工具栏展开输入圆弧第二点直角坐标的文本框。

04 在绘图区中，移动鼠标指针到合适位置，单击确定圆弧的第二点，完成圆弧的创建，效果如图4-64所示。

图 4-64

技术要点：

三点弧和起始受限的三点弧的参照相同，即起点、终点和第二点，只是绘制的顺序不同。

动手操作——绘制弧

01 单击"圆"工具栏中的"弧"按钮，"草图工具"工具栏展开定义圆弧参数的文本框，如图4-65所示，即圆心（H，V）、半径（R）、圆心与圆弧起点的连线与H轴之间的夹角（A）、圆弧的圆心角（S）。

图 4-65

02 在绘图区中，任意单击确定圆弧中心，"草图工具"工具栏展开输入圆弧起点直角坐标的文本框。

03 在绘图区中，移动鼠标指针到合适位置，单击确定为圆弧的起点，"草图工具"工具栏展开输入圆弧终点直角坐标的文本框。

04 在绘图区中，移动鼠标指针到圆弧终点，单击完成圆弧的绘制，效果如图4-66所示。

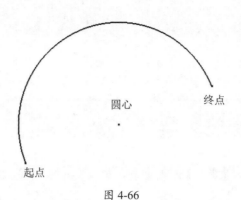

图 4-66

4.4 绘制预定义轮廓线

　　CATIA V5 提供了 9 种预定义轮廓，方便用户生成一些常见的图形。单击"矩形"按钮□右侧的三角形，展开如图 4-67 所示的"预定义的轮廓"工具栏。

图 4-67

动手操作——绘制矩形

01 单击"预定义的轮廓"工具栏中的"矩形"按钮□，"草图工具"工具栏展开输入第一点坐标值的文本框。

02 在绘图区中，单击确定第一点，即矩形一个角点，"草图工具"工具栏展开如图 4-68 所示的输入第二点参数的文本框，即第二点的直角坐标（H，V），或者宽度和高度（指定宽度和高度后，按 Enter 键，以第一点与当前鼠标所在位置之间生成矩形）。

技术要点：

矩形是由对角线两端点确定的。

图 4-68

03 在绘图区中，移动鼠标指针到所绘制矩形对角线另一点，单击完成矩形的绘制，效果如图 4-69 所示。

图 4-69

动手操作——绘制斜置矩形

01 单击"预定义的轮廓"工具栏中的"斜置矩形"按钮◇，"草图工具"工具栏展开如图4-70所示的输入第一角参数的文本框，即矩形顶点（H，V）、矩形边长（W）、矩形边与H夹角（A）。

技术要点：

斜置矩形是由矩形的3个顶点确定的。

图 4-70

02 在绘图区中，任意单击确定斜置矩形的第一角点，"草图工具"工具栏展开输入第二角直角坐标的文本框。

03 在绘图区中，移动鼠标指针到合适位置，单击确定斜置矩形的第二角点，"草图工具"工具栏展开输入第三角直角坐标的文本框。

04 在绘图区中，移动鼠标指针到合适位置，单击确定斜置矩形的第三角点，完成斜置矩形的绘制，效果如图4-71所示。

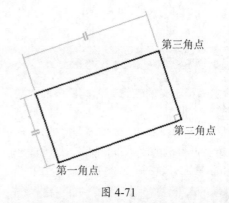

图 4-71

动手操作——绘制平行四边形

01 单击"预定义的轮廓"工具栏中的"平行四边形"按钮▱，"草图工具"工具栏展开输入第一角点参数的文本框，即矩形顶点（H，V）、矩形边长（W）、矩形边与H夹角（A）。

02 在绘图区中，任意单击确定平行四边形的第一个角点，"草图工具"工具栏展开输入第二角点直角坐标的文本框。

03 在绘图区中，移动鼠标指针到合适位置，单击确定平行四边形的第二个角点，"草图工具"工具栏展开输入第三角点直角坐标的文本框。

04 在绘图区中，单击确定平行四边形的第三个角点，完成平行四边形的绘制，效果如图4-72所示。

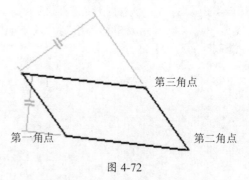

图 4-72

动手操作——绘制延长孔

01 单击"预定义的轮廓"工具栏中的"延长孔"按钮⬚，"草图工具"工具栏展开如图 4-73 所示的输入延长孔参数的文本框，即第一中心点的直角坐标（H，V）、半径、两圆心距离（长度）、两圆心连线与 H 之间的夹角（角度）。

图 4-73

02 在绘图区中，任意单击确定第一中心位置，"草图工具"工具栏展开输入第二中心直角坐标的文本框。

03 在绘图区中，移动鼠标指针到合适位置，单击确定第二中心位置，"草图工具"工具栏展开输入延长孔上的点直角坐标的文本框。

04 在绘图区中，移动鼠标指针到合适位置，单击确定延长孔的半径，完成延长孔的绘制，效果如图 4-74 所示。

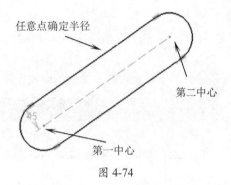

图 4-74

动手操作——绘制圆柱形延长孔

01 单击"预定义的轮廓"工具栏中的"圆柱形延长孔"按钮⬚，"草图工具"工具栏展开如图 4-75 所示的输入圆柱形延长孔参数的文本框，即延长孔半径、圆心直角坐标（H，V）、圆柱半径（R）、第一中心和圆柱中心连线与 H 之间的夹角（A）、圆柱形延长孔的圆心角（S）。

技术要点：

圆柱形延长孔由5个参数确定，在绘图中只需4点就能完成圆柱形延长孔的绘制。

图 4-75

02 在绘图区中，任意单击确定圆柱圆心的位置。

03 在绘图区中，移动鼠标指针到合适位置，单击确定第一中心位置。

04 在绘图区中，移动鼠标指针到合适位置，单击确定第二中心位置。

05 在绘图区中，移动鼠标指针到合适位置，单击确定圆柱形延长孔的半径，完成圆柱形延长孔的绘制，效果如图 4-76 所示。

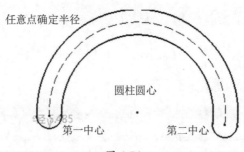

图 4-76

01 单击"预定义的轮廓"工具栏中的"钥匙孔轮廓"按钮 🔾，"草图工具"工具栏展开输入圆心位置参数的文本框，即第一圆心直角坐标（H，V）、钥匙孔轮廓两圆中心长度（L）、钥匙孔轮廓两圆中心连线与 H 之间的夹角（A）。

02 在绘图区中，任意单击确定钥匙孔轮廓的第一个圆心。

03 在绘图区中，移动鼠标指针到合适位置，单击确定第二个圆心，"草图工具"工具栏展开如图 4-77 所示的输入小半径参数的文本框，即钥匙孔轮廓上任意点直角坐标（H，V）。

图 4-77

04 在绘图区中，移动鼠标指针到合适位置，单击确定钥匙孔轮廓小半径。

05 在绘图区中，移动鼠标指针到合适位置，单击确定钥匙孔轮廓大半径，完成钥匙孔轮廓的绘制，效果如图 4-78 所示。

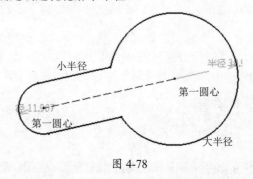

图 4-78

01 单击"预定义的轮廓"工具栏中的"正六边形"按钮 ⬡，"草图工具"工具栏展开输入六边形中心直角坐标的文本框。

02 在绘图区中，任意单击确定六边形中心位置，"草图工具"工具栏展开如图 4-79 所示的输入六边形边上的中心坐标参数的文本框（只需输入 H、V 值或者尺寸、角度值）。

技术要点：

六边形边的中心坐标是由直角坐标（H，V）确定的，或者由极坐标参数尺寸和角度确定。

图 4-79

03 在绘图区中，移动鼠标指针到合适位置，单击确定六边形边上的中点，完成六边形的绘制，效果如图 4-80 所示。

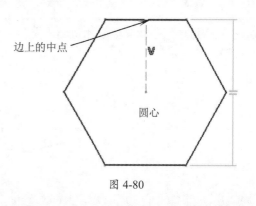

边上的中点

圆心

图 4-80

动手操作——绘制居中矩形

01 单击"预定义的轮廓"工具栏中的"居中矩形"按钮 ▭，"草图工具"工具栏展开输入矩形中心直角坐标参数的文本框。

02 在绘图区中，任意单击确定矩形中心，"草图工具"工具栏展开如图 4-81 所示的输入第二点（矩形的一个顶点）参数的文本框。

技术要点：

居中矩形是由中心和一个顶点两个参数确定的，顶点可以使用直角坐标（H，V）或者高度、宽度确定。

图 4-81

03 在绘图区中，移动鼠标指针到合适位置，单击确定矩形的顶点，完成居中矩形的绘制，效果如图 4-82 所示。

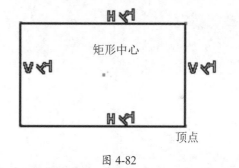

矩形中心

顶点

图 4-82

动手操作——绘制居中平行四边形

01 单击"预定义的轮廓"工具栏中的"居中平行四边形"按钮 ▱。

02 在绘图区中，选择一条直线。

03 在绘图区中，选择另一条直线。

技术要点：

居中平行四边形的边是与两条不平行的直线段平行而生成的平行四边形。

04 在绘图区中，移动鼠标指针到合适位置，单击确定平行四边形的顶点，完成居中平行四边形的绘制，效果如图 4-83 所示。

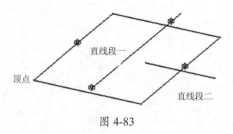

图 4-83

4.4.1 绘制样条线

单击"轮廓"工具栏中的"样条线"按钮 右下的三角形，展开如图 4-84 所示的"样条线"工具栏。

图 4-84

动手操作——绘制样条线

01 单击"样条线"工具栏中的"样条线"按钮 ，"草图工具"工具栏展开输入控制点直角坐标的文本框。

02 在绘图区中，连续单击确定样条线的控制点，按 Esc 键或者单击其他按钮，完成样条线的绘制，效果如图 4-85 所示。

技术要点：

要绘制封闭的样条线，在绘图区空白处右击，从弹出的快捷菜单中选择"封闭样条线"选项，完成样条线的绘制，效果如图4-86所示。

图 4-85

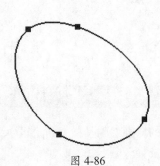

图 4-86

03 双击所绘制的样条线，弹出如图 4-87 所示的"样条线定义"对话框，在该对话框中可以添加、移除或替换控制点。选中列表框中的点，对其切线和曲率进行设置，还可以设置样条线是否封闭。

图 4-87

动手操作——绘制连接样条线

01 单击"样条线"工具栏中的"连接"按钮 ，"草图工具"工具栏展开如图 4-88 所示的样条线控制按钮。

图 4-88

02 "连接"是对两条曲线或直线进行连接的工具按钮，连接方式有以下几种。

- 用弧连接：按下"草图工具"工具栏中的"用弧连接"开关按钮，以圆弧的形式连接。
- 用样条线连接：按下"草图工具"工具栏中的"用样条线连接"开关按钮，以样条线的形式连接。以样条线连接时有三种曲线连续性可供选择：点连续（G0 连续）、相切连续（G2 连续）和曲率连续（G2 连续）。

03 按下"草图工具"工具栏中的"用样条线连接"开关按钮和"相切连接"开关按钮。
04 在绘图区中，选择创建连接样条线的第一条曲线。

技术要点：

生成的样条线可以参照最近的端点进行连接，也可以选择创建连接样条线的曲线上的点，以选择的点进行连接。

05 在绘图区中，选择创建连接样条线的第二条曲线上的点，完成连接样条线的绘制，效果如图 4-89 所示。

06 双击所绘制的连接样条线，弹出如图 4-90 所示的"连接曲线定义"对话框，可以通过该对话框设置两条曲线的连接方式和张度等参数。

07 单击"连接曲线定义"对话框中的"确定"按钮，完成连接曲线的修改。

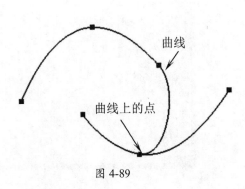

曲线

曲线上的点

图 4-89

图 4-90

4.4.2　绘制二次曲线

单击"轮廓"工具栏中"椭圆"按钮 ◯ 右下的三角形，展开如图 4-91 所示的"二次曲线"工具栏。

图 4-91

动手操作——绘制椭圆

01 单击"二次曲线"工具栏中的"椭圆"按钮 ◯，"草图工具"工具栏展开如图 4-92 所示的输入椭圆参数的文本框，即中心直角坐标（H，V）、长轴半径、短轴半径、长轴与 H 之间的夹角（A）。

图 4-92

02 在绘图区中，任意单击确定椭圆中心，"草图工具"工具栏展开输入长半轴端点参数的文本框。

03 在绘图区中，移动鼠标指针到合适位置，单击确定长轴半径，"草图工具"工具栏展开输入短半轴端点参数的文本框。

04 在绘图区中，移动鼠标指针到合适位置，单击确定短轴半径，完成椭圆的绘制，效果如图 4-93 所示。

技术要点：

在绘图区中，单击确定长轴半径的点就是长轴与椭圆的交点，单击确定短轴半径的点位于椭圆上任意点。

05 双击所绘制的椭圆，弹出如图 4-94 所示的"椭圆定义"对话框，通过该对话框可以设置中心点、长轴半径、短轴半径以及长轴半径与 H 之间的夹角。

06 单击"椭圆定义"对话框中的"确定"按钮，完成椭圆的修改。

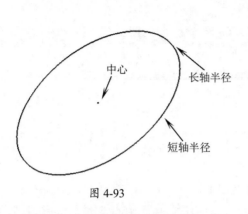

图 4-93

图 4-94

动手操作——绘制抛物线

01 单击"二次曲线"工具栏中的"通过焦点创建抛物线"按钮 ，"草图工具"工具栏展开输入焦点直角坐标的文本框。

02 在绘图区中，任意单击确定焦点，"草图工具"工具栏展开输入顶点直角坐标的文本框。

03 在绘图区中，移动鼠标指针到合适位置，单击确定顶点，"草图工具"工具栏展开输入起点直角坐标的文本框。

04 在绘图区中，移动鼠标指针到合适位置，单击确定起点，"草图工具"工具栏展开输入终点直角坐标的文本框。

05 在绘图区中，移动鼠标指针到合适位置，单击确定终点，完成抛物线的绘制，效果如图4-95所示。

06 双击所绘制的抛物线，弹出如图4-96所示的"抛物线定义"对话框，通过该对话框可以设置焦点和顶点坐标参数。

07 单击"抛物线定义"对话框中的"确定"按钮，完成抛物线的修改。

图 4-96

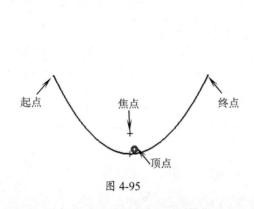

图 4-95

动手操作——绘制双曲线

01 单击"二次曲线"工具栏中的"通过焦点创建双曲线"按钮 ，"草图工具"工具栏展开如图4-97

所示的输入焦点直角坐标的文本框。

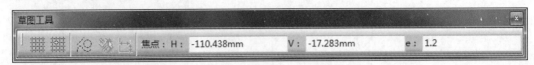

图 4-97

技术要点：

e为双曲线的偏心率，是大于1的值。

02 在绘图区中，任意单击确定双曲线焦点，"草图工具"工具栏展开输入中心直角坐标的文本框。

03 在绘图区中，移动鼠标指针到合适的位置，单击确定双曲线中心点，"草图工具"工具栏展开输入顶点直角坐标的文本框。

04 在绘图区中，移动鼠标指针到焦点与中心之间合适的位置，单击确定双曲线顶点，"草图工具"工具栏展开输入起点直角坐标的文本框。

05 在绘图区中，移动鼠标指针到合适的位置，单击确定双曲线起点，"草图工具"工具栏展开输入终点直角坐标的文本框。

06 在绘图区中，移动鼠标指针到合适位置，单击确定双曲线终点，完成双曲线的绘制，效果如图 4-98 所示。

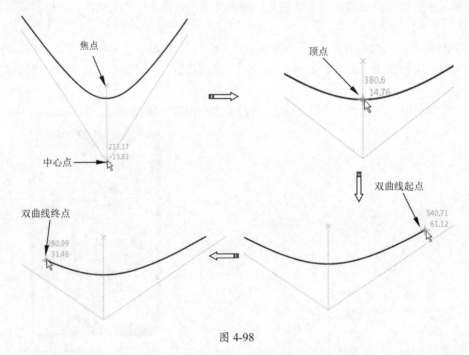

图 4-98

07 双击所绘制的双曲线，弹出如图 4-99 所示的"双曲线定义"对话框，通过该对话框可以设置焦点、中心点坐标以及偏心率。

08 单击"双曲线定义"对话框中的"确定"按钮，完成双曲线的编辑。

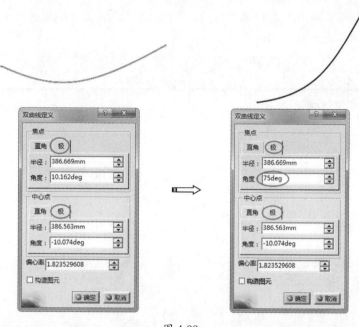

图 4-99

动手操作——绘制圆锥曲线

01 单击"二次曲线"工具栏中的"二次曲线"按钮，，"草图工具"工具栏展开如图 4-100 所示的圆锥曲线参数设置开关按钮和输入起点直角坐标的文本框。

图 4-100

技术要点：

圆锥曲线的绘制方法包括两点法、四点法和五点法。

02 按下"草图工具"工具栏中的"两个点"开关按钮△和"切线相交点"开关按钮△。

通过两点绘制圆锥曲线就是根据起点、终点、起点切线、终点切线和穿越点来生成圆锥，可以选择使用起点切线和终点切线或者切线相交点，即按下"起点切线和终点切线"开关按钮✓或者按下"切线相交点"开关按钮△；通过四点绘制圆锥曲线就是通过起点、起点切线、终点、第一点和第二点来生成圆锥曲线，可以选择是否使用穿过点处的切线，即按下"穿过点处的切线"开关按钮✓；通过五点绘制圆锥曲线就是通过起点、终点、第一点、第二点和第三点生成圆锥曲线。

03 在绘图区中，任意单击确定起点，"草图工具"工具栏展开输入终点直角坐标文本框。

04 在绘图区中，任意单击确定终点，"草图工具"工具栏展开输入切线相交点直角坐标的文本框。

05 在绘图区中，任意单击确定切线相交点，"草图工具"工具栏展开输入穿越点直角坐标的文本框。

06 在绘图区中，移动鼠标指针到两条直线相交范围内的合适位置，单击确定穿越点，完成圆锥曲线的绘制，效果如图 4-101 所示。

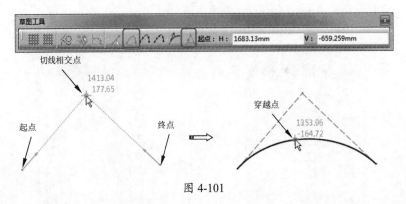

图 4-101

07 双击所绘制的圆锥曲线，弹出如图 4-102 所示的"二次曲线定义"对话框，通过该对话框可以对起点、终点、中间约束进行设置。

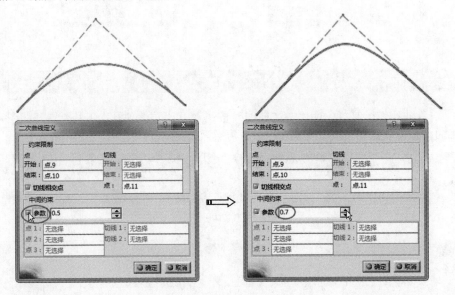

图 4-102

08 单击"二次曲线定义"对话框中的"确定"按钮，完成圆锥曲线的修改。

4.4.3 绘制轮廓线

绘制由若干直线段和圆弧段组成的轮廓线。单击"轮廓"按钮 ，提示区显示"单击或选择轮廓的起点"的提示信息，"草图工具"工具栏中增加了输入轮廓线起点数值的文本框，如图 4-103 所示。

图 4-103

当绘制了一条直线后，工具栏中将显示 3 种绘制轮廓线的方法，介绍如下。

1. 直线

默认情况下，╱按钮被自动按下（激活）。若需要，将始终绘制多段直线，如图 4-104 所示。

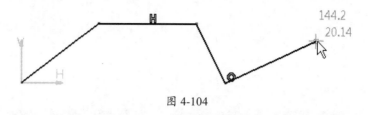

图 4-104

技术要点：

若要终止轮廓线的绘制，可采用以下任意一种方法。

- 连续按两次 Esc 键即可结束。
- 绘制轮廓线过程中再次单击"轮廓"按钮🖑即可结束。
- 绘制过程中双击，即可结束。
- 若首尾两点重合，将自动结束绘制轮廓线。

2. 相切弧

绘制直线后，可以单击"相切弧"按钮◯，从直线终点开始绘制相切圆弧，如图 4-105 所示。

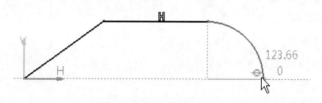

图 4-105

通过拖动相切弧的端点，可以确定相切弧的长度、半径和圆心位置，也可以在"草图工具"工具栏的文本框中输入 H 值、V 值或 R 值，锁定圆弧。

技术要点：

无论怎样拖动圆弧端点，此圆弧始终与直线相切。

3. 三点弧

在绘制相切弧或直线的过程中，可以单击"三点弧"按钮◯，从前一图线的终点位置开始绘制三点弧，如图 4-106 所示。

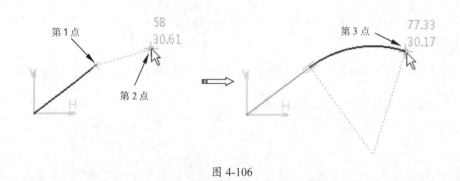

图 4-106

技术要点：

如果按住鼠标左键从轮廓线的最后一点拖动，将得到一个圆弧，该圆弧与前一段线相切，端点在释放鼠标左键的位置，如图4-107所示。

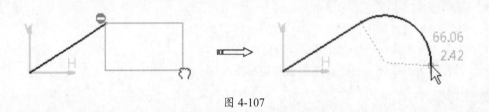

图 4-107

动手操作——绘制轮廓线草图

01 新建零件文件，进入草图编辑器工作台。

02 单击"直线"工具栏中的"直线"按钮 ╱，"草图工具"工具栏展开如图 4-108 所示的输入直线参数的文本框。

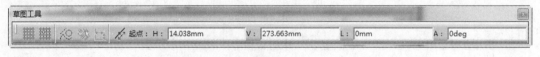

图 4-108

03 按下"草图工具"工具栏中的"构造 / 标准元素"按钮 。

04 在绘图区中，任意单击确定直线段的起点。

05 在绘图区中，移动鼠标指针到合适位置，单击确定直线段的终点，绘制一条水平的直线段。

06 重复步骤 02～05，绘制另一条垂直的直线段。

07 单击"圆"工具栏中的"弧"按钮 ，"草图工具"工具栏展开输入弧参数的文本框。

08 在绘图区中，拾取左侧两条直线段的交点。

09 在"草图工具"工具栏的 R 文本框中输入 64，S 文本框中输入 60，按 Enter 键。

10 在绘图区中，移动鼠标指针到圆心的下方直线段上，单击确定圆弧的起点，完成圆弧的创建，效果如图 4-109 所示。

11 按住 Ctrl 键，选择水平直线段和垂直直线段，单击"约束"工具栏中的"对话框中定义的约束"按钮 ，弹出"约束定义"对话框。

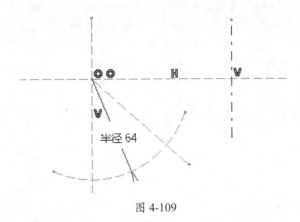

图 4-109

12 选中"约束定义"对话框中的"垂直"复选框，单击"确定"按钮，完成两直线段的垂直约束。

技术要点：

这里可以选择垂直的直线段，然后选中"约束定义"对话框中的"垂直"复选框，进行与水平直线段垂直的几何约束。

13 重复步骤 11 ～ 12，创建另一条直线段与水平直线段进行垂直几何约束。

14 单击"约束创建"工具栏中的"约束"按钮[□]。

15 在绘图区中，选择垂直的两条直线段，移动鼠标指针到合适位置，单击确定标注尺寸的位置。

16 双击标注尺寸的垂直直线，弹出如图 4-110 所示的"约束定义"对话框。

17 在"约束定义"对话框中的"值"文本框中输入 91mm，按 Enter 键，完成尺寸的修改，效果如图 4-111 所示。

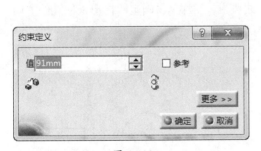

图 4-110

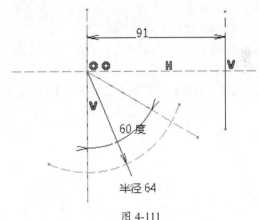

图 4-111

18 单击"轮廓"工具栏中的"轮廓"按钮[⚙]，"草图工具"工具栏展开输入第一点直角坐标的文本框。

19 在绘图区中，移动鼠标指针到两条垂直直线段中间水平直线段上部，单击确定起点。

20 向左移动鼠标指针到合适位置，单击确定第二点。

21 按下"草图工具"工具栏中的"相切弧"开关按钮[◯]，绘制相切圆弧。

22 按下"草图工具"工具栏中的"相切弧"开关按钮[◯]，绘制相切圆弧。

23 重复绘制相切圆弧，效果如图 4-112 所示。

24 单击"圆"工具栏中的"圆"按钮 ⊙ ，"草图工具"工具栏展开输入圆心直角坐标和半径的文本框。

25 在绘图区中，移动鼠标指针到左侧两条构造线的交点位置，拾取该点为圆心。

26 在"草图工具"工具栏的 R 文本框中输入 22.5，按 Enter 键，完成圆的绘制，效果如图 4-113 所示。

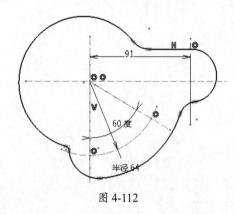

图 4-112

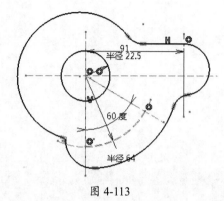

图 4-113

27 单击"预定义的轮廓"工具栏中的"延伸孔"按钮 ◻ ，"草图工具"工具栏展开输入延伸孔参数的文本框。

28 在"草图工具"工具栏的"半径"文本框中输入 9，L 文本框中输入 36，按 Enter 键。

29 在绘图区中，移动鼠标指针到右侧构造线的交点位置，拾取该点为第一中心点。

30 在绘图区中，移动鼠标指针到第一中心点水平左侧，任意单击确定第二中心点的方向，完成延伸孔的创建，效果如图 4-114 所示。

31 单击"预定义的轮廓"工具栏中的"圆柱形延伸孔"按钮 ◉ ，"草图工具"工具栏展开输入圆柱形延伸孔参数的文本框。

32 在"草图工具"工具栏的"半径"文本框中输入 9，R 文本框中输入 64，S 文本框中输入 60，按 Enter 键。

33 在绘图区中，移动鼠标指针到左侧构造线的交点位置，拾取该点为圆柱形延伸孔的圆心。

34 在绘图区中，移动鼠标指针到圆心的下方垂直直线段上，任意单击确定圆柱形延伸孔的方向，完成圆柱形延伸孔的绘制，效果如图 4-115 所示。

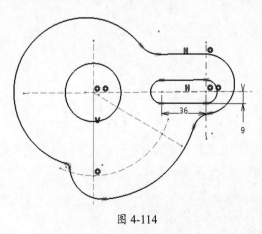

图 4-114

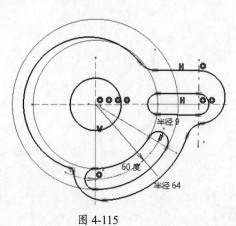

图 4-115

4.5 实战案例 —— 绘制零件草图

参照图 4-116 所示的图纸来绘制零件草图，注意其中的水平、垂直、同心、相切等几何关系。

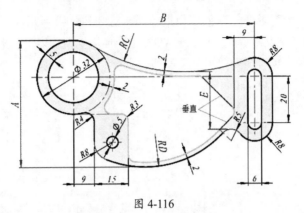

图 4-116

建模分析：

（1）参数：A=54，B=80，C=77，D=48，E=25。

（2）此图形结构比较特殊，许多尺寸都不是直接给出的，需要经过分析得到，否则容易出错。

（3）由于图形的内部有一个完整的封闭环，这部分图形也是一个完整图形，但这个内部图形的定位尺寸参考均来自外部图形中的"连接线段"和"中间线段"。所以绘图顺序是先绘制外部图形，再绘制内部图形。

（4）此图形很容易确定绘制的参考基准中心位于 ϕ32 圆的圆心，从标注的定位尺寸就可以看出。作图顺序的图解如图 4-117 所示。

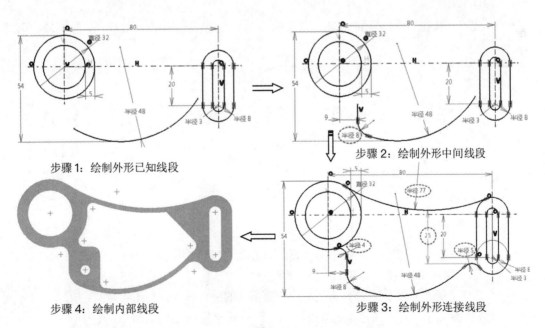

步骤1：绘制外形已知线段

步骤2：绘制外形中间线段

步骤3：绘制外形连接线段

步骤4：绘制内部线段

图 4-117

设计步骤：

01 新建 CATIA 零件文件，在菜单栏中执行"开始"|"机械设计"|"草图编辑器"命令，进入零件设计环境。

02 选择 xy 平面作为草图平面，自动进入草图工作台，如图 4-118 所示。

03 绘制本例图形的参考基准中心线。由于 CATIA 草图环境中自动以工作坐标系原点作为草图的基准中心，因此以坐标系原点作为绘制 Ø32 圆的圆心。

技术要点

为了避免基准平面在草图中影响图形的观察，执行"工具"|"选项"命令，并将草图中的网格隐藏，如图4-119所示。

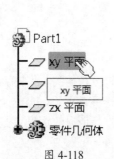

图 4-118

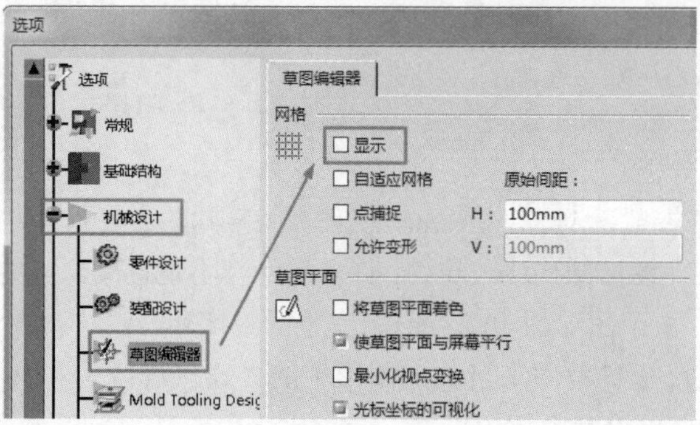

图 4-119

04 绘制外部轮廓的已知线段（既有定位尺寸也有定形尺寸的线段）。

- 单击"圆"按钮，在坐标系原点绘制两个同心圆，重新进行尺寸标注、约束圆，如图 4-120 所示。
- 单击"延长孔"按钮，绘制右侧部分（虚线框内部分）的已知线段，如图 4-121 所示。

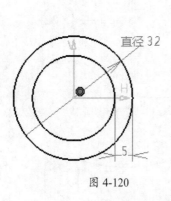

图 4-120

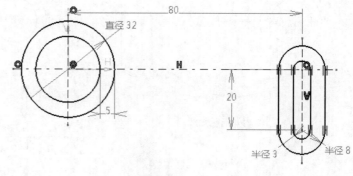

图 4-121

- 单击"3 点弧"按钮，绘制下方的已知线段（R48）的圆弧，如图 4-122 所示。

05 绘制外部轮廓的中间线段（只有定位尺寸的线段）。

- 单击"直线"按钮，绘制水平标注距离为 9 的垂直直线，如图 4-123 所示。
- 单击"圆角"按钮，在垂直线与圆弧（半径48mm）交点处创建圆角（半径为8），如图4-124所示。

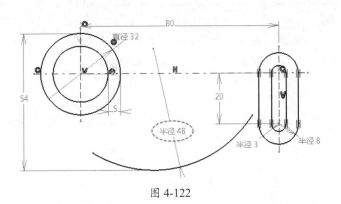

图 4-122

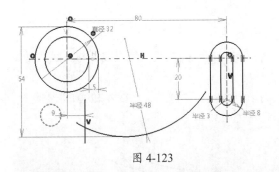

图 4-123

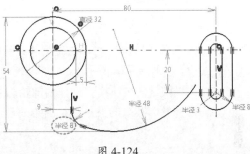

图 4-124

技术要点：

本来这个圆角曲线（直径Ø8）属于连接线段类型，但它的圆心同时也是内部Ø5圆的圆心，起到定位作用，所以这段圆角曲线又变成了"中间线段"。

06 绘制外部轮廓的连接线段，如图 4-125 所示。

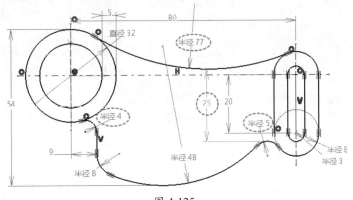

图 4-125

- 单击"圆角"按钮（设置"第一修剪元素"，先选直线再选圆进行修剪），绘制第一段连接线段曲线（R4）。
- 继续以"圆角"命令（设置"不修剪"），绘制第二段连接线段曲线（R77）。
- 继续以"圆角"命令（设置"修剪所有元素"），绘制第三段连接线段曲线（R5）。
- 利用 ⟵⟶ 工具标注 R77 与 R5 圆角之间的距离为 25mm。

07 绘制内部图形轮廓。

- 单击"偏置"按钮 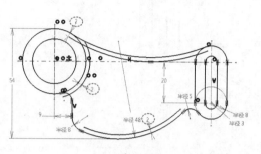，偏置出如图 4-126 所示的内部轮廓中的中间线段。
- 单击"直线"按钮 ，绘制 3 条直线，如图 4-127 所示。

图 4-126 图 4-127

- 单击"直线"按钮 ，绘制第 4 条直线，单击 ⊥ 垂直约束按钮，使直线 4 与直线 3 垂直约束，如图 4-128 所示。
- 单击"圆角"按钮 ，创建内部轮廓中相同半径（R3）的圆角，如图 4-129 所示。同理，将内部轮廓其余的夹角进行圆角处理，半径均为 R3。

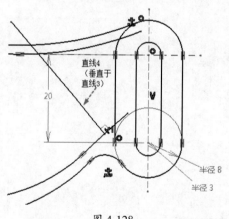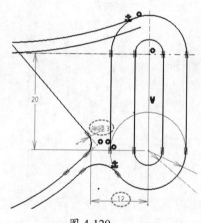

图 4-128 图 4-129

- 单击 按钮，修剪图形，结果如图 4-130 所示。
- 单击 按钮，在左下角圆角半径为 R8 的圆心位置上绘制半径为 2.5 的圆，如图 4-131 所示。

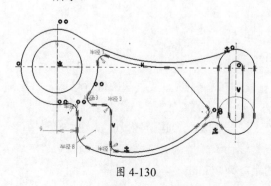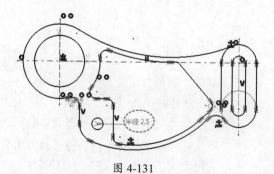

图 4-130 图 4-131

08 至此，完成了本例零件草图的绘制，将文件保存在工作目录中。

4.6 习题

1. 绘制草图一

使用草图工作台中的直线、圆弧命令绘制如图 4-132 所示的草图。

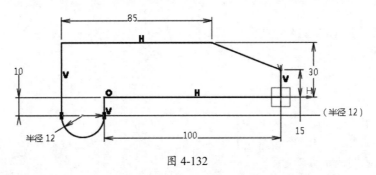

图 4-132

2. 绘制草图二

使用草图工作台中的直线和圆弧命令绘制如图 4-133 所示的草图。

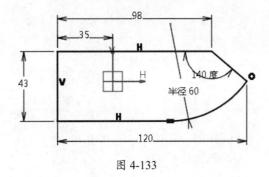

图 4-133

3. 绘制草图三

使用草图工作台中的直线、圆及倒圆角命令绘制如图 4-134 所示的草图。

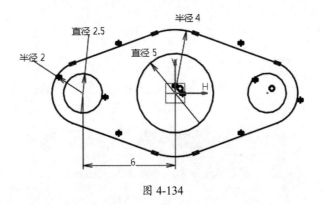

图 4-134

第 5 章　草图编辑指令

项目导读

第 4 章主要介绍了 CATIA V5R21 的基本草图命令，但一个完整的草图还应包括几何约束、尺寸约束、几何图形的编辑等内容，本章将详解这些内容。

项目分解

知识点 1：编辑草图图形
知识点 2：添加几何约束关系
知识点 3：添加尺寸约束关系

5.1　编辑草图图形

在"插入"|"操作"子菜单中含有关于图形编辑的命令，如图 5-1 所示。从中选择编辑或修改图形的命令，或者单击如图 5-2 所示的"操作"工具栏的工具按钮，即可编辑所选的图形对象。

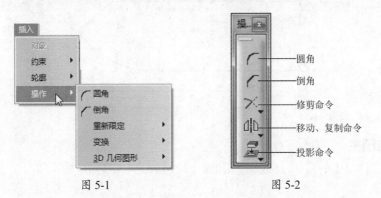

图 5-1　　　　　　　　　　　　图 5-2

5.1.1　圆角

"圆角"命令将创建与两个直线或曲线图形对象相切的圆弧。单击 按钮，提示区出现"选择第一曲线或公共点"的提示，"草图工具"工具栏显示如图 5-3 所示的状态。

图 5-3

图 5-3 中显示了圆角特征的 6 种类型，分别如下。

- 修剪所有图形 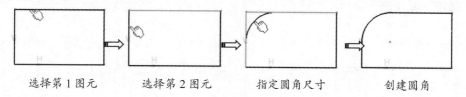：单击此按钮，将修剪所选的两个图元，不保留原曲线，如图5-4所示。

选择第1图元　　　　选择第2图元　　　　指定圆角尺寸　　　　创建圆角

图 5-4

- 修剪第一图元 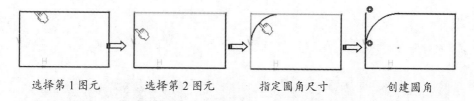：单击此按钮，创建圆角后仅修剪所选的第1个图元，如图5-5所示。

选择第1图元　　　　选择第2图元　　　　指定圆角尺寸　　　　创建圆角

图 5-5

- 不修剪 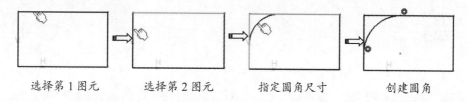：单击此按钮，创建圆角后将不修剪所选图元，如图5-6所示。

选择第1图元　　　　选择第2图元　　　　指定圆角尺寸　　　　创建圆角

图 5-6

- 标准线修剪 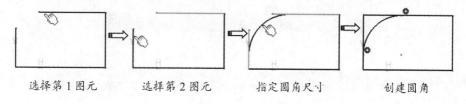：单击此按钮，创建圆角后，使原本不相交的图元相交，如图5-7所示。

选择第1图元　　　　选择第2图元　　　　指定圆角尺寸　　　　创建圆角

图 5-7

- 构造线修剪 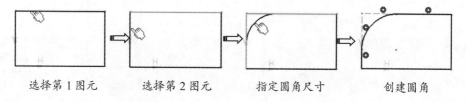：单击此按钮，修剪图元后，所选的图元将变成构造线，如图5-8所示。

选择第1图元　　　　选择第2图元　　　　指定圆角尺寸　　　　创建圆角

图 5-8

- 构造线未修剪 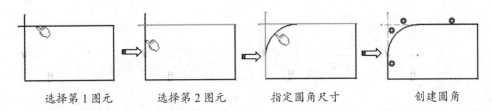：单击此按钮，创建圆角后，所选图元变为构造线，但不修剪构造线，如图 5-9 所示。

选择第 1 图元   选择第 2 图元   指定圆角尺寸   创建圆角

图 5-9

技术要点：

如果需要精确创建圆角，可以在"草图工具"工具栏的"半径"文本框中输入半径值，如图5-10所示。

图 5-10

5.1.2　倒角

　　"倒角"命令将创建与两个直线或曲线图形对象相交的直线，形成一个倒角。在"操作"工具栏中单击"倒角"按钮 ，"草图工具"工具栏显示如图 5-11 所示的 6 种倒角类型。选择两个图形对象或者选取两个图形对象的交点，工具栏扩展为如图 5-12 所示的状态。

图 5-11

图 5-12

　　新创建的直线与两个待倒角的对象的交点形成一个三角形，选择"草图工具"工具栏的 6 个图标，可以创建与圆角类型相同的 6 种倒角类型，如图 5-13 所示。

技术要点：

如果直线互相平行，由于不存在真实的交点，所以长度使用端点计算。

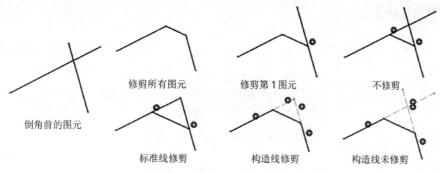

图 5-13

当选择第 1 图元和第 2 图元后，"草图工具"工具栏中显示以下 3 种倒角按钮。

- 角度和斜边 ⌐：新直线的长度及其与第一个被选对象的角度，如图 5-14（a）所示。
- 角度和第一长度 ⌐：新直线与第一个被选对象的角度以及与第一个被选对象的交点到两个被选对象的交点的距离，如图 5-14（b）所示。
- 第一长度和第二长度 ⌐：两个被选对象的交点与新直线交点的距离，如图 5-14（c）所示。

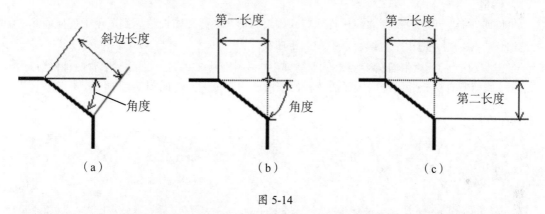

图 5-14

技术要点：

如果要创建倒角的两个图元是相互平行的直线，那么创建的倒角是两平行直线之间的垂线，始终修剪选择位置的另一侧，如图5-15所示。

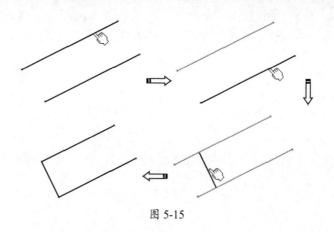

图 5-15

5.1.3 修剪图形

在"操作"工具栏中双击"修剪"按钮 ，将显示含有修改图形对象的工具栏，如图5-16所示。

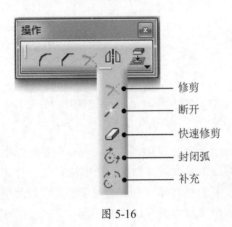

图 5-16

1. 修剪

"修剪"命令用于对两条曲线进行修剪。如果修剪结果是缩短曲线，则适用于任何曲线，如果是伸长曲线，则只适用于直线、圆弧和圆锥曲线。

单击"操作"工具栏中的"修剪"按钮 ，弹出"草图工具"工具栏，工具栏中有两种修剪方式。

- 修剪所有图元 ：修剪图元后，将修剪所选的两个图元，如图5-17所示。

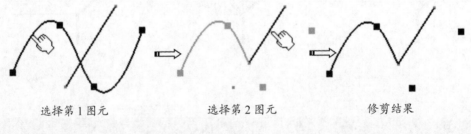

选择第1图元   选择第2图元   修剪结果

图 5-17

技术要点：

修剪结果与单击曲线的位置有关，在选择曲线时单击部分将保留。如果是单条曲线，也可以进行修剪，修剪时第一点是确定保留的部分，第二点是修剪点，如图5-18所示。

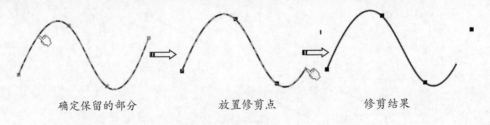

确定保留的部分   放置修剪点   修剪结果

图 5-18

● 修剪第1图元 ✕：修剪图元后，将只修剪所选的第1图元，保留第2图元，如图5-19所示。

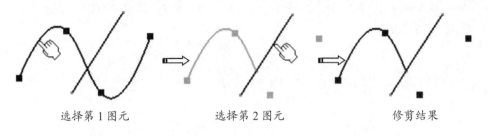

选择第1图元　　　　　选择第2图元　　　　　修剪结果

图 5-19

2. 断开

"断开"命令将草图元素打断，打断工具可以是点、圆弧、直线、圆锥曲线、样条曲线等。

单击"操作"工具栏中的"断开"按钮 ✕，选择要打断的元素，然后选择打断工具（打断边界），系统自动完成打断，如图5-20所示。

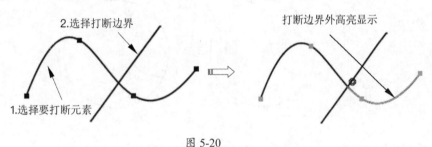

图 5-20

技术要点：

如果所指定的打断点不在直线上，则打断点将是指定点在该曲线上的投影点。

3. 快速修剪

快速修剪直线或曲线。若选中的对象不与其他对象相交，则删除该对象；若选中的对象与其他对象相交，则该对象的选择点且与其他对象相交的一段被删除。图5-21（a）和（c）所示为修剪前的图形，圆点表示选择点，修剪结果如图5-21（b）和（d）所示。

技术要点：

值得注意的是，快速修剪命令一次只能修剪一个图元。因此要修剪更多的图元，需要反复使用"快速修剪"命令。

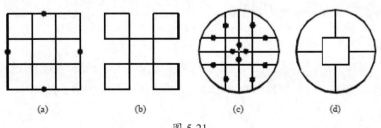

(a)　　　　　(b)　　　　　(c)　　　　　(d)

图 5-21

快速修剪也有 3 种修剪方式，分别如下。

- 断开及内擦除 ：此方式是断开所选图元并修剪该图元，擦除部分为打断边界内的部分，如图 5-22 所示。

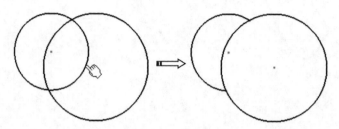

图 5-22

- 断开及外擦除 ：此方式是断开所选图元并修剪该图元，修剪位置为打断边界外的部分，如图 5-23 所示。

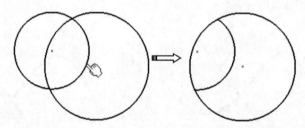

图 5-23

- 断开并保留 ：此方式仅打开所选图元，保留所有断开的图元，如图 5-24 所示。

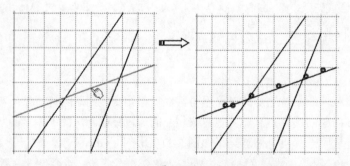

图 5-24

技术要点：

对于复合曲线（多条曲线组成的投影/相交元素）而言，无法使用"快速修剪"和/或"断开"命令。但是，可以通过使用修剪命令绕过该功能限制。

4. 封闭弧

使用"封闭弧"命令，可以将所选圆弧或椭圆弧封闭而生成整圆。封闭弧的操作较简单，单击"封闭弧"按钮 ，再选择要封闭的弧，即可完成封闭操作，如图 5-25 所示。

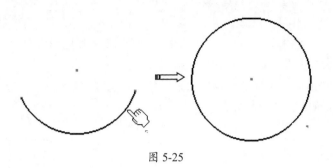

图 5-25

5. 补充

"补充"命令就是创建圆弧、椭圆弧的补弧——补弧与所选弧构成整圆或整椭圆。单击"补充"按钮 ⟳，选择要创建补弧的弧，程序自动创建补弧，如图 5-26 所示。

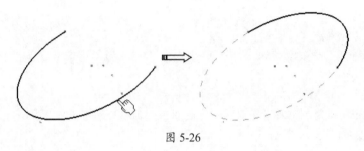

图 5-26

5.1.4　图形变换

图形变换工具是快速制图的高级工具，如镜像、对称、平移、旋转、缩放、偏移等，熟练使用这些工具，可以提高绘图效率。

"操作"工具栏中的变换操作工具如图 5-27 所示。

技术要点：

变换操作工具默认时仅显示"镜像"，其余工具不显示，需要将"操作"工具栏拖至图形区或工具栏区域中才能显示出来。

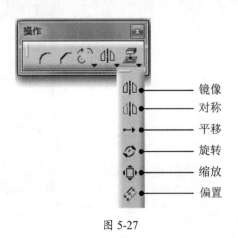

图 5-27

1. 镜像

"镜像"命令可以复制基于对称中心轴的镜像对称图形，原图形将保留。创建镜像图形前，需要创建镜像中心线。镜像中心线可以是直线也可以是轴。

单击"镜像"按钮 ⨇，选择要镜像的图形对象，再选择直线或轴线作为对称轴，即可得到原图形的对称图形，如图 5-28 所示。

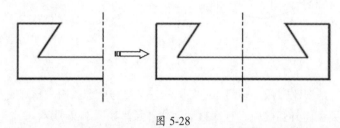

图 5-28

技术要点：

创建镜像对象时，如果要镜像的对象是多个独立的图形，可以框选对象，或者按住Ctrl键逐一选择对象。

2. 对称

"对称"命令可以复制具有镜像对称特性的对象，但是原对象将不保留，这与"镜像"命令的操作结果不同，如图 5-29 所示。

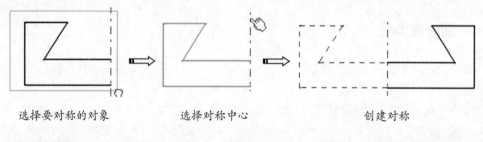

选择要对称的对象　　　　选择对称中心　　　　创建对称

图 5-29

3. 平移

"平移"命令可以沿指定方向平移、复制图形对象。单击"平移"按钮 ↔，弹出如图 5-30 所示的"平移定义"对话框。

该对话框中主要选项的含义如下。

- 实例：设置副本对象的个数，可以单击微调按钮来设置。
- 复制模式：选中此复选框，将创建原图形的副本对象，反之则仅平移图形而不复制副本。

图 5-30

- 保持内部约束：此选项仅当选中"复制模式"复选框后可用。此选项指定在平移过程中保留应用于选定元素的内部约束。
- 保持外部约束：此选项仅当选中"复制模式"复选框后可用。此选项指定在平移过程中保留应用于选定元素的外部约束。
- 长度：平移的距离。
- 捕捉模式：选中此复选框，可以采用捕捉模式，捕捉点来放置对象。

选择待平移或复制的图形对象，例如，选择如图 5-31 所示的小圆。依次选择小圆的圆心 P1 点和大圆的圆心 P2 点，若该对话框的"复制模式"复选框未被选中，小圆沿矢量 P1、P2 被平移到与大圆同心。

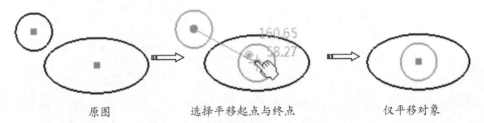

原图　　　　　　选择平移起点与终点　　　　　　仅平移对象

图 5-31

若"复制模式"复选框被选中，小圆被复制到与大圆同心，如图 5-32 所示。

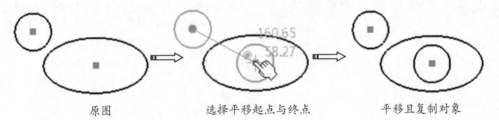

原图　　　　　　选择平移起点与终点　　　　　　平移且复制对象

图 5-32

技术要点：

默认情况下，平移时按5mm的长度距离递增。每移动一段距离，可以查看长度值的变化。如果要修改默认的递增值，可以右击"值"文本框，然后在弹出的快捷菜单中选择"更改步幅"了菜单中的选项，可以选择已有数值或"新值"命令，重新设置，如图5-33所示。

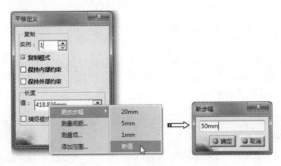

图 5-33

技术要点：

可以使用图5-33弹出的快捷菜单中的测量选项，测量平移的距离、对象尺寸等。

4. 旋转

"旋转"命令是将所选的图形旋转并创建副本对象。单击"旋转"按钮 ⊙，弹出如图5-34所示"旋转定义"对话框。

图 5-34

- 角度：输入旋转角度值，正值表示逆时针旋转，负值表示顺时针旋转。
- 约束守恒：保留所选几何元素约束。

选择待旋转的图形对象，例如选择如图5-35（a）的轮廓线。输入旋转的基点 P1，在"值"文本框输入旋转的角度。若该对话框的"复制模式"复选框未被选中，轮廓线被旋转到指定角度，如图5-35（b）所示；若"复制模式"复选框被选中，轮廓线被复制然后旋转到指定角度，如图5-35（c）所示。

技术要点：

可以通过输入的点确定旋转角度，若依次输入P2、P3点，∠P2 P1 P3 即为旋转的角度，如图5-35（a）所示。

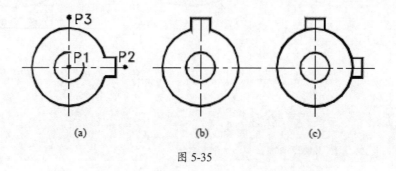

图 5-35

5. 缩放

"缩放"命令将所选图形元素按比例进行缩放。

单击"操作"工具栏中的"缩放"按钮 ⊕，弹出"缩放定义"对话框，定义缩放相关参数，然后选择要缩放的元素，选择缩放中心点，单击"确定"按钮，系统自动完成缩放操作，如图5-36所示。

技术要点：

可以先选择几何图形，也可以先单击"缩放"按钮。如果先单击"缩放"按钮，则不能选择多个元素。

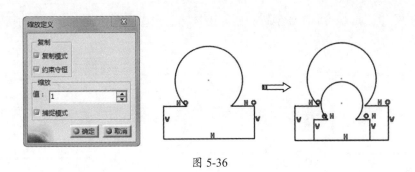

图 5-36

6. 偏置

"偏置"命令用于对已有直线、圆等草图元素进行偏置复制。

单击"操作"工具栏中的"偏置"按钮◇，在"草图工具"工具栏中显示4种偏置方式，如图5-37所示。

图 5-37

- 无拓展 ：此方式仅偏置单个图元，如图 5-38 所示。

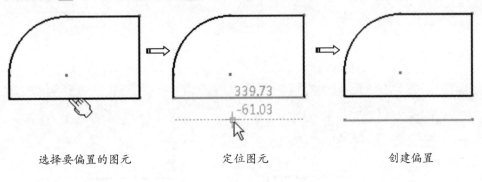

|选择要偏置的图元|定位图元|创建偏置|

图 5-38

- 相切拓展 ：选择要偏置的圆弧，与之相切的图元将一同被偏置，如图 5-39 所示。

选择要偏置的图元　　定位图元　　创建偏置

图 5-39

技术要点：

如果选择直线来偏置，将会创建与"无拓展"方式相同的结果。

- 点拓展 ： 此方式是在要偏置的图元上选择一点，然后偏置与之相连的所有图元，如图 5-40 所示。

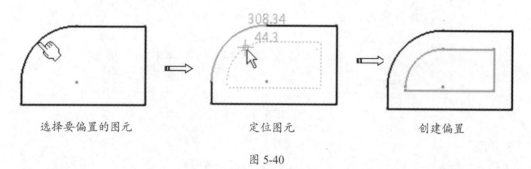

选择要偏置的图元　　　　　　　定位图元　　　　　　　创建偏置

图 5-40

- 双侧偏置 ： 此方式由"点拓展"方式延伸而来，偏置的结果是在所选图元的两侧创建偏置，如图 5-41 所示。

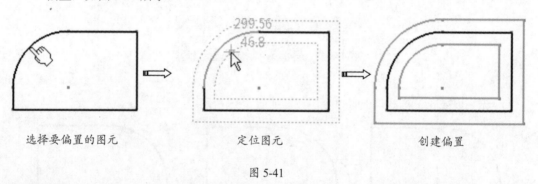

选择要偏置的图元　　　　　　　定位图元　　　　　　　创建偏置

图 5-41

技术要点：

注意，如果将鼠标指针置于允许创建给定元素的区域之外，将出现 ⊖ 符号。例如，图5-42所示的偏置，允许的区域为垂直方向区域，图元外的水平区域为错误区域。

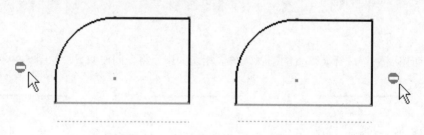

图 5-42

5.1.5　获取三维形体的投影

三维形体可以看作是由一些平面或曲面围起来的，每个面还可以看作是由一些直线或曲线作为边界确定的。通过获取三维形体的面和边在工作平面的投影，也可以得到平面图形，并可以获取三维形体与工作平面的交线。利用这些投影或交线，可以进行编辑，构成新的图形。

单击"投影3D图元"按钮 🖳，将显示获取三维形体表面投影的工具栏，如图 5-43 所示。

1. 投影 3D 图元

"投影3D图元"是获取三维形体的面、边
在工作平面上的投影。选择待投影的面或边，
即可在工作平面上得到它们的投影。

如果需要同时获取多个面或边的投影，应
该先选择多个面或边，然后再单击"投影3D图
元"按钮。

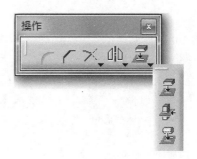

图 5-43

例如，图 5-44 所示为壳体零件，单击"投影3D图元"按钮 🖳，选择要投影的平面，随后
在草图工作平面上得到顶面的投影。

技术要点：

如果选择垂直于草图平面的面，将投影为该面形状的轮廓曲线，如图5-45所示。

如果选择其侧面，在工作平面上将只得到大圆。

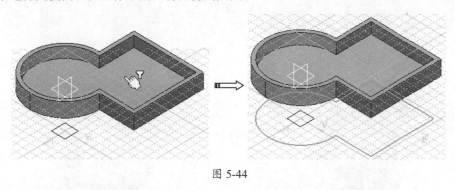

图 5-44

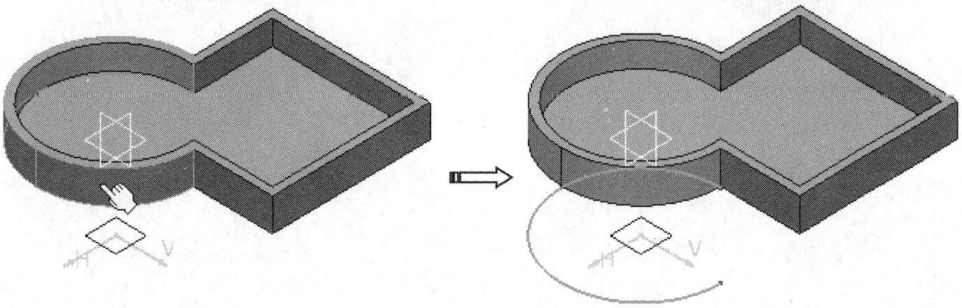

图 5-45

2. 与 3D 图元相交

"与3D图元相交"获取三维形体与工作平面的交线，如果三维形体与工作平面相交，单击
该按钮，选择求交的面、边，即可在工作平面上得到它们的交线或交点。

例如，图 5-46 所示是一个与草图平面斜相交的模型，按 Ctrl 键选择要相交的曲面，单击"与3D 图元相交"按钮 后，即可得到它们与工作平面的交线。

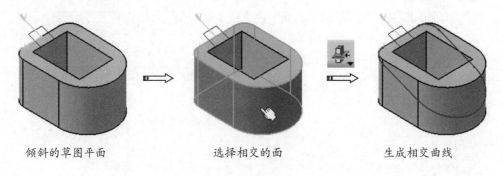

倾斜的草图平面　　　　　　选择相交的面　　　　　　生成相交曲线

图 5-46

3. 投影 3D 轮廓边线

"投影 3D 轮廓边线"是获取曲面轮廓的投影。单击该按钮，选择待投影的曲面，即可在工作平面上得到曲面轮廓的投影。

例如，图 5-47 所示是一个具有球面和圆柱面的手柄，单击"投影 3D 轮廓边线"按钮 ，选择球面，将在工作平面上得到一个圆弧。再单击 按钮，选择圆柱面，将在工作平面上得到两条直线。

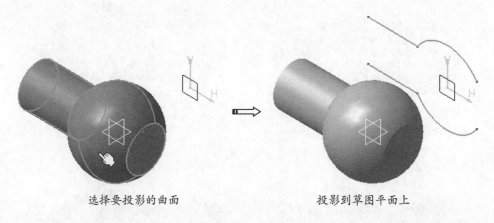

选择要投影的曲面　　　　　　投影到草图平面上

图 5-47

技术要点：

值得注意的是，此方式不能投影与草图平面相垂直的平面或面。此外，投影的曲线不能移动或修改属性，但可以删除。

动手操作——绘制与编辑草图 1

绘制如图 5-48 所示的草图。

01 新建零件文件并选择 xy 平面，进入草图编辑器工作台。

02 利用"轴"命令，绘制整个草图的基准中心线，如图 5-49 所示。

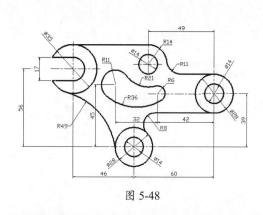

图 5-48

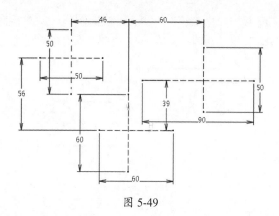

图 5-49

技术要点：

为了后续绘制图形时的观察需要，在"可视化"工具栏中单击"尺寸约束"按钮，隐藏尺寸约束。

03 利用"圆"命令，在基准中心线上绘制多个圆，如图 5-50 所示。

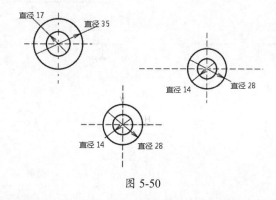

图 5-50

技术要点：

为了后续绘制图形时的观察需要，在"可视化"工具栏中单击"几何约束"按钮，隐藏几何约束。

04 利用"直线"命令绘制 5 条水平直线，如图 5-51 所示。

05 利用"圆"命令，绘制如图 5-52 所示的同心圆。

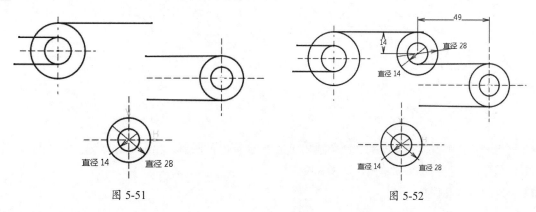

图 5-51   图 5-52

06 利用"快速修剪"命令，修剪图形，如图 5-53 所示。

07 利用"修剪所有图元"方式的"圆角"命令，创建如图 5-54 所示的半径为 11 的圆角。

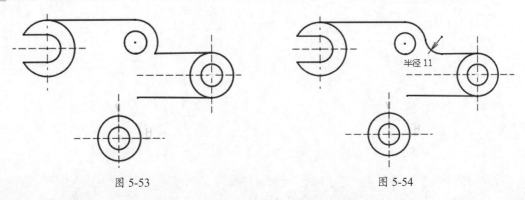

图 5-53   图 5-54

08 利用"不修剪"方式的"圆角"命令，创建如图 5-55 所示的半径为 49 的圆角。

09 利用"修剪第一图元"方式的"圆角"命令，创建如图 5-56 所示的半径为 8 的圆角。

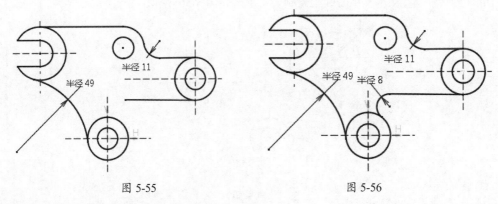

图 5-55   图 5-56

10 利用"圆"命令，绘制两个圆，如图 5-57 所示。

11 利用"不修剪"方式的"圆角"命令，创建如图 5-58 所示的半径为 21 的圆角。

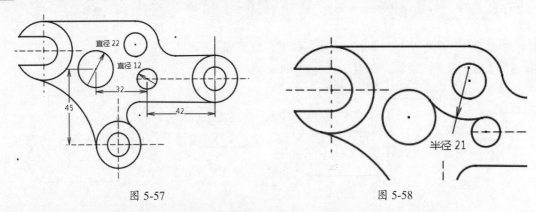

图 5-57   图 5-58

12 利用"三点弧"命令，绘制与两个圆相切且半径为 36 的圆弧，如图 5-59 所示。

13 修剪图形，得到最终的草图，如图 5-60 所示。

14 将绘制的草图保存。

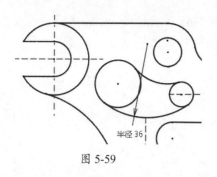

图 5-59

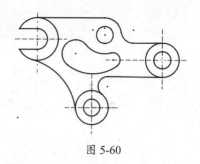

图 5-60

动手操作——绘制与编辑草图 2

利用图形绘制与编辑命令，绘制如图 5-61 所示的草图。

01 新建零件文件。执行"开始"|"机械设计"|"草图编辑器"命令，选择 xy 平面进入草图编辑器工作台。

02 利用"轴"命令绘制基准中心线，如图 5-62 所示。

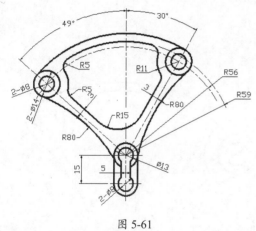

图 5-61

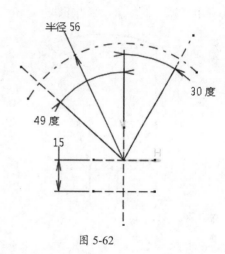

图 5-62

03 利用"圆"命令，绘制如图 5-63 所示的圆。再利用"直线"命令绘制垂直线段，如图 5-64 所示。

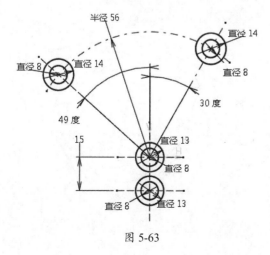

图 5-63

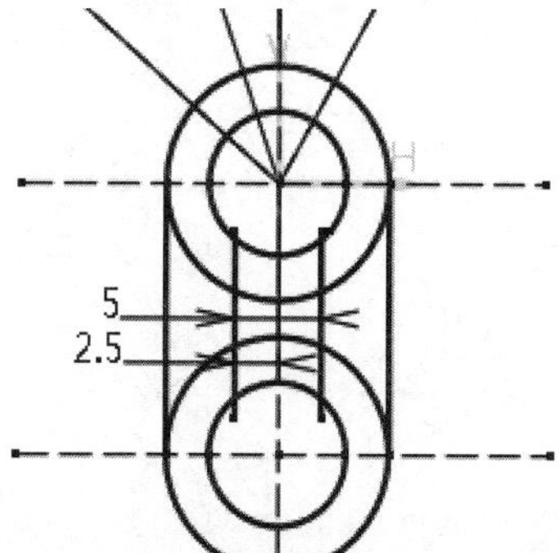

图 5-64

04 利用"不修剪"方式的"圆角"命令，创建如图 5-65 所示的半径为 80 的圆角。

05 利用"三点弧"命令，绘制如图 5-66 所示的相切连接弧。

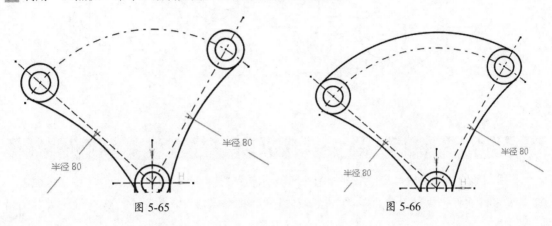

图 5-65　　　　　　　　　　　　　　图 5-66

06 修剪图形，结果如图 5-67 所示。

07 利用"弧"命令，绘制如图 5-68 所示的 3 段圆弧。

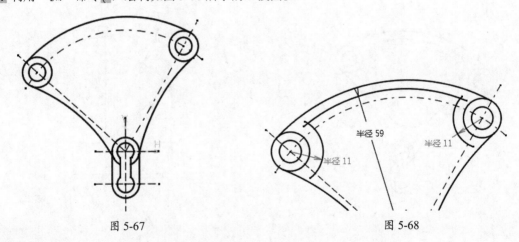

图 5-67　　　　　　　　　　　　　　图 5-68

08 利用"直线"命令，绘制两条平行线，如图 5-69 所示。

09 利用"修剪所有图元"方式的"圆"命令，创建如图 5-70 所示的圆角。

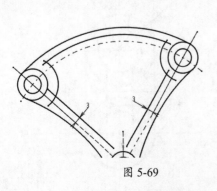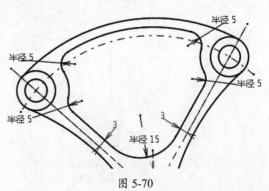

图 5-69　　　　　　　　　　　　　　图 5-70

10 至此，草图绘制完成，最后将结果保存。

5.2　添加几何约束关系

在草图设计环境下，利用几何约束功能，可以便捷地绘制出所需的图形。CATIA V5 草图中提供了手动几何约束和自动几何约束功能，下面进行详细讲解。

5.2.1　自动几何约束

自动约束的原理是，当激活了某些约束功能时，绘制图形的过程中会自动产生几何约束，起到辅助定位的作用。

CATIA V5 的自动约束功能按钮放置在如图 5-71 所示的"草图工具"工具栏中。

图 5-71

1. 栅格约束

栅格约束就是用栅格约束鼠标指针的位置，约束鼠标指针只能在栅格的一个格点上。图 5-72（a）所示为在关闭栅格约束的状态下，用鼠标指针确定的直线；图 5-72（b）所示为在打开栅格约束的状态下，用鼠标指针在同样的位置确定的直线。显然，在打开栅格约束的状态下，容易绘制精度更高的直线。

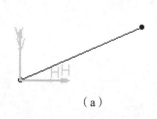　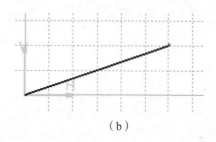

（a）　　　　　　　　　　　　　　　（b）

图 5-72

技术要点：

绘制图形的过程中，打开栅格约束，可以大致确定点的方位，但不能精确约束。

要想精确约束点的坐标方位，在"草图工具"工具栏中单击"点对齐"按钮▦，即可将点约束到栅格的刻度点上，橙色显示的图标▦表示栅格约束为打开状态，如图 5-73 所示。

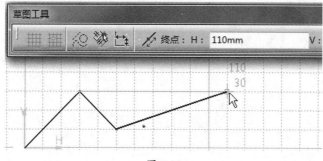

图 5-73

2. 构造 / 标准图元

当需要将草图实线变成辅助线型时，有两种方法可以达到目的，一种是通过设置图形属性，如图 5-74 所示。

图 5-74

另一种就是在"草图工具"工具栏中单击"构造 / 标准图元"按钮 。使实线变成构造图元，其实也是一种约束行为。单击此按钮，可以在实线与虚线之间切换，如图 5-75 所示。

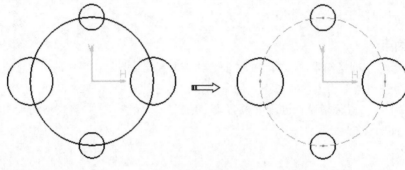

图 5-75

3. 几何约束

在"草图工具"工具栏中单击"几何约束"按钮 ，并绘制几何图形，在这个过程中会生成自动约束。自动约束后会显示各种约束符号，如图 5-76 所示。

在第 4 章中已经详细介绍了自动约束的方法与符号，因此这里就不重复讲述了。

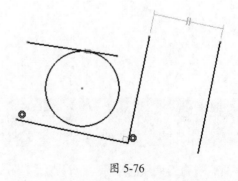

图 5-76

5.2.2 手动几何约束

手动几何约束的作用是约束图形元素本身的位置或图形元素之间的相对位置。当图形元素被约束时，在其附近将显示表 5-1 所示的专用符号。被约束的图形元素在改变它的约束之前，将始终保持其现有的状态。

几何约束的种类与图形元素的种类和数量有关，如表 5-1 所示。

表 5-1　几何约束的种类与图形元素的种类和数量的关系

种类	符号	图形元素的种类和数量
固定	⚓	任意数量的点、直线等图形元素
水平	H	任意数量的直线
铅垂	V	任意数量的直线
平行	⊣⊢	任意数量的直线
垂直	⌐	两条直线
相切	∕∕	两个圆或圆弧
同心	◉	两个圆、圆弧或椭圆
对称	◀▶	直线两侧的两个相同种类的图形元素
相合	○	两个点、直线或圆（包括圆弧）或一个点和一条直线、圆或圆弧

在"约束"工具栏中，包括如图 5-77 所示的约束工具。

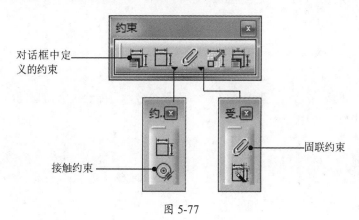

图 5-77

1. 对话框中定义的约束

"对话框中定义的约束"手动约束工具可以约束图形对象的几何位置，同时添加、解除或改变图形对象几何约束的类型。

其操作步骤是：选择待添加或改变几何约束的图形对象，例如选择一条直线，单击"对话框中定义的约束"按钮，弹出如图 5-78 所示的"约束定义"对话框。

该对话框共有 17 个确定几何约束和尺寸约束的复选框，所选图形对象的种类和数量决定了利用该对话框可定义约束的种类和数量。本例选择了一条直线，可供操作的只有固定、水平和垂直 3 个状态几何约束和 1 个约束长度的复选框。

若选中"固定"和"长度"复选框，单击"确定"按钮，即可在被选直线处标注尺寸和显示固定符号，如图 5-79 所示。

图 5-78　　　　　　　　　　图 5-79

技术要点：

值得注意的是，手动约束后显示的符号是暂时的，当关闭"约束定义"对话框后，约束符号会自动消失。每选择一种约束，都会弹出"警告"对话框，如图5-80所示。

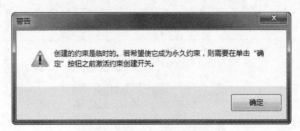

图 5-80

正如图 5-80 中的警告信息，要想永久显示约束符号，只能通过激活自动约束功能（在"草图工具"工具栏中单击"几何约束"按钮）实现。

技术要点：

如果只是解除图形对象的几何约束，只要删除几何约束符号即可。

2. 接触约束

单击"接触约束"按钮，选择两个图形元素，第二个被选对象移至与第一个被选对象接触。被选对象的种类不同，接触的含义也不同。

重合：若选择的两个图形元素中有一个是点，或两个都是直线，第二个被选对象移至与第一个被选对象重合，如图 5-81（a）所示。

同心：若选择的两个图形元素是圆或圆弧，第二个被选对象移至与第一个被选对象同心，如图 5-81（b）所示。

相切：若选择的两个图形元素不全是圆或圆弧，或者不全是直线，第二个被选对象移至与第一个被选对象（包括延长线）相切，如图 5-81（c）、（d）、（e）所示。

技术要点：

图5-81中，第一行为接触约束前的两个图形元素，其中左上为第一个被选择的图形元素。

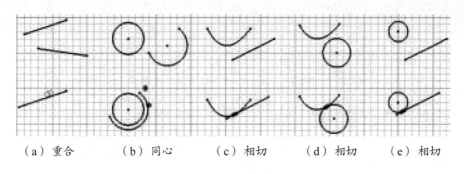

（a）重合　　（b）同心　　（c）相切　　（d）相切　　（e）相切

图 5-81

3. 固联约束

固联约束的作用是将图线元素集合进行约束，使其成员之间存在关联关系，固联约束后的图形有 3 个自由度。

通过固联约束后的元素集合可以移动、旋转，要想固定这些元素，必须使用其他集合约束进行固定。

例如，将如图 5-82 所示的槽孔和矩形孔放置于较大的多边形内。

动手操作——使用固联约束

01 绘制如图 5-82 所示的 3 个图形。

02 使用固联约束约束槽孔，如图 5-83 所示。

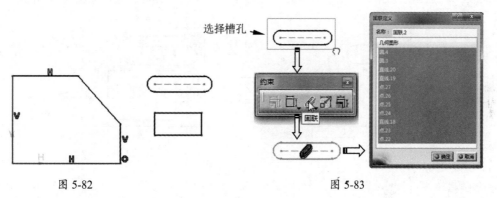

图 5-82　　　　　　　　　　　　　　　　图 5-83

03 对矩形孔使用固联约束，如图 5-84 所示。

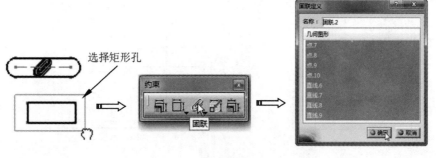

图 5-84

04 将两个孔拖至多边形内的任意位置，如图 5-85 所示。

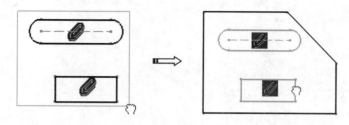

图 5-85

05 使用"旋转"命令，将矩形孔旋转一定角度（90°），如图 5-86 所示。

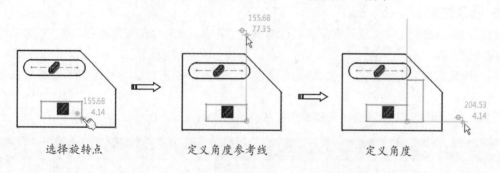

选择旋转点 定义角度参考线 定义角度

图 5-86

06 删除矩形孔的固联约束，然后对其进行尺寸约束，改变矩形孔的尺寸，如图 5-87 所示。

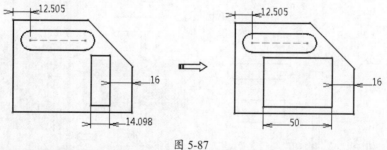

图 5-87

技术要点：

在改变矩形孔尺寸时，需要将另一个图形"槽孔"进行尺寸约束，使其在多边形内的位置不发生变化，图 5-88所示为没有尺寸约束时的槽孔状态。

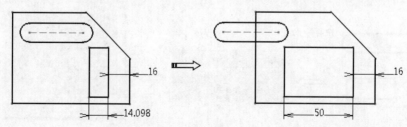

图 5-88

动手操作——利用几何约束关系绘制草图

利用几何约束关系和草图绘制命令、操作工具等来绘制如图 5-89 所示的草图。从图中可以看出，虽然图形中部分图形是有一定斜度的，若直接按所标尺寸绘图，会有一定的难度。若是都在水平方向上绘制，然后旋转一定角度，绘图就变得容易多了。

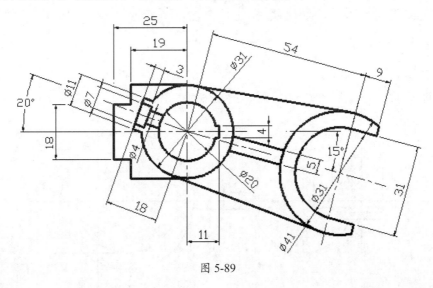

图 5-89

01 新建零件文件。执行"开始"|"机械设计"|"草图编辑器"命令，选择 xy 平面进入草图编辑器工作台。

技术要点：

绘制此草图的方法是先绘制倾斜部分的图形，然后再绘制其他部分。

02 利用"轴"命令绘制基准中心线，然后添加"固定"约束，如图 5-90 所示。

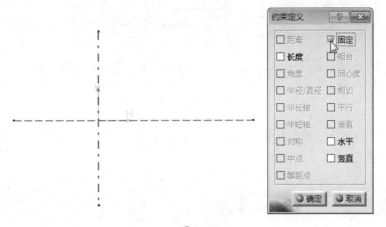

图 5-90

03 利用"圆"命令，绘制如图 5-91 所示的圆。

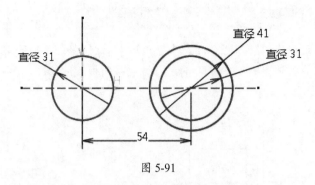

图 5-91

04 利用"直线"命令，绘制如图 5-92 所示的水平和垂直直线。

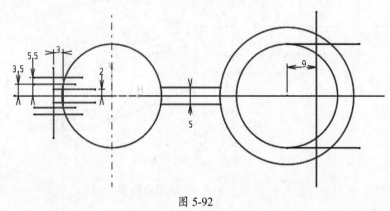

图 5-92

05 利用"快速修剪"命令，修剪图形，得到的结果如图 5-93 所示。

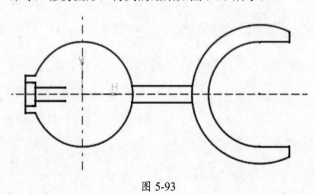

图 5-93

06 删除尺寸，然后选择所有图形元素，单击"约束"按钮 ⊟ 打开"约束定义"对话框，并将其"固定"约束关系取消。

技术要点：

如果不取消固定约束关系，是不能进行操作的。

07 在"操作"工具栏中单击"旋转"按钮 ⟳，打开"旋转定义"对话框。取消选中"复制模式"复选框，然后框选所有图形元素，如图 5-94 所示。

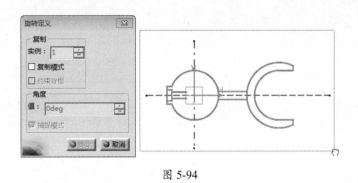

图 5-94

08 选择坐标系原点作为旋转点,再选择水平中心线上的一点作为旋转角度参考点,如图5-95所示。

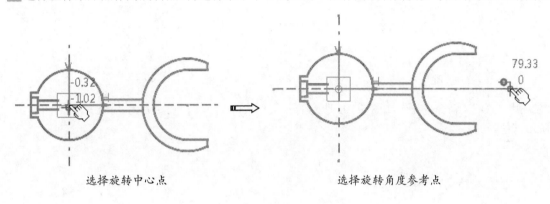

选择旋转中心点　　　　　　　　　　　　选择旋转角度参考点

图 5-95

09 在"旋转定义"对话框中输入"值"为345,然后单击"确定"按钮完成旋转,如图5-96所示。

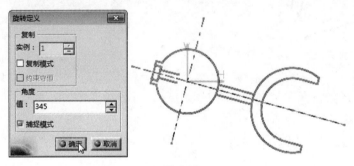

图 5-96

10 将旋转后的图形全选并约束为"固定",继续绘制水平和垂直中心线,如图5-97所示。

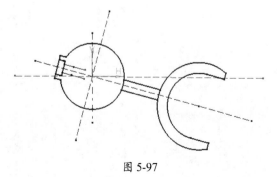

图 5-97

11 利用"圆"和"直线"命令绘制如图5-98所示的图形。

12 利用"轮廓"命令和"镜像"命令，绘制如图5-99所示的图形。

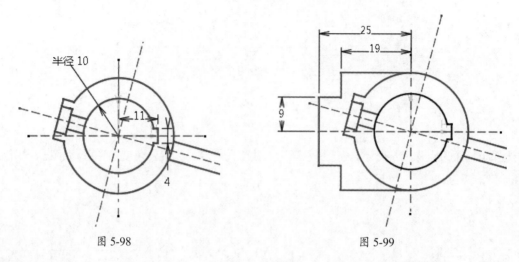

图 5-98　　　　　　　　　　　　　图 5-99

13 利用"直线"命令先绘制如图5-100所示的两条直线，再将其与圆约束为"相切"，如图5-101所示。

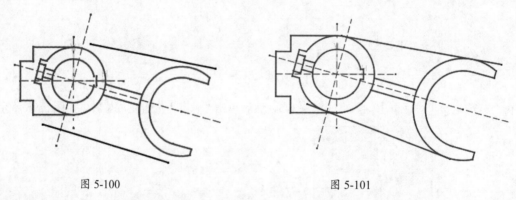

图 5-100　　　　　　　　　　　　图 5-101

14 修剪图形，即可得到最终的草图，如图5-102所示，将结果保存。

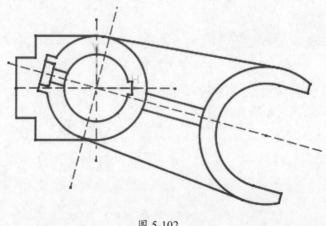

图 5-102

5.3 添加尺寸约束关系

尺寸约束就是用数值约束图形对象的大小。尺寸约束以尺寸标注的形式标注在相应的图形对象上。被尺寸约束的图形对象只能通过改变尺寸数值来改变其大小，也就是尺寸驱动。进入零件设计模式后，将不再显示标注的尺寸或几何约束符号。

CATIA V5 的尺寸约束分自动尺寸约束、手动尺寸约束和动画约束，下面分别进行详解。

5.3.1 自动尺寸约束

自动尺寸约束有两种，一种是绘图时自动约束，另一种是绘图后同时添加尺寸约束。

1. 绘图时的自动约束

在"轮廓"工具栏中选中某一绘图工具后，在"草图工具"工具栏中单击"尺寸约束"按钮 ，绘图过程中将自动产生尺寸约束。

例如，绘制如图 5-103 所示的图形，启动自动尺寸约束功能后，在图形的各元素上产生相应的尺寸。

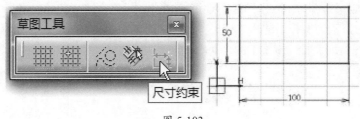

图 5-103

2. 绘图后添加自动约束

绘图后，可以在"约束"工具栏中单击"自动约束"按钮 ，打开"自动约束"对话框。选择要添加自动约束的对象后，单击"确定"按钮即可创建自动尺寸约束，如图 5-104 所示。

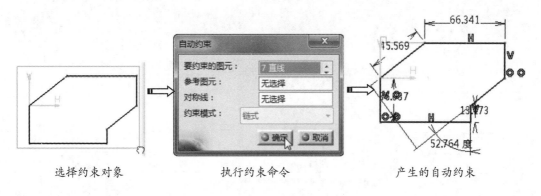

选择约束对象　　　　　　执行约束命令　　　　　　产生的自动约束

图 5-104

技术要点：

需要说明的是，"自动约束"工具不仅创建自动尺寸约束，还产生几何约束，它是一个综合约束工具。

"自动约束"对话框中主要选项含义如下。

- 要约束的图元：该文本框（也是图元收集器）显示了已选择图形元素的数量。

- 参考图元：该文本框用于确定尺寸约束的基准。

- 对称线：该文本框用于确定对称图形的对称轴，图 5-105 所示的图形是选择了水平和垂直的轴线作为对称轴并选择"链式"模式情况下的自动约束。

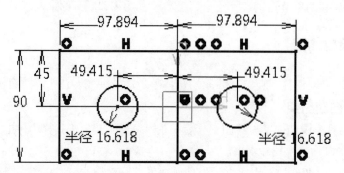

图 5-105

- 约束模式：该下拉列表用于确定尺寸约束的模式，有"链式"和"堆叠式"两种模式。图 5-106 所示为选择"链式"模式下的自动约束；图 5-107 所示为以最左和底直线为基准并选择"堆叠式"模式下的自动约束。

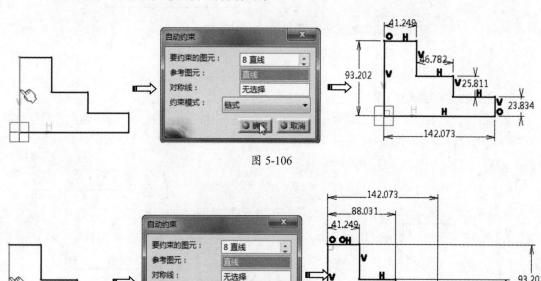

图 5-106

图 5-107

技术要点：

要设置约束模式，必须先设置参考图元，此参考图元也是尺寸的基准线。

5.3.2 手动尺寸约束

手动尺寸约束是通过在"约束"工具栏中单击"约束"按钮，然后逐一选择图元进行尺寸标注的一种方式。

手动尺寸约束大致有如图 5-108 所示的几种尺寸约束类型。

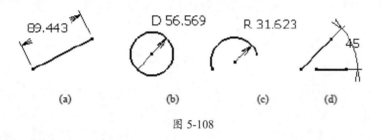

图 5-108

5.3.3 动画约束

对于一个约束完备的图形，改变其中一个约束的值，相关联的其他图形元素会随之发生改变。利用动画约束可以检验机构的约束是否完备，自身是否会产生干涉，是否与其他部件产生干涉。

图 5-109 所示为一个曲柄滑块机构的原理图。曲柄（尺寸为 60mm）绕轴（原点）旋转，带动连杆（尺寸为 120mm），连杆的另一端为滑块（一个点），滑块在导轨（水平线）上滑动。如果将曲柄与水平线的角度约束（45°）定义为可动约束，其变化范围设置为 0 ～ 360°，即可检验该机构的运动情况。

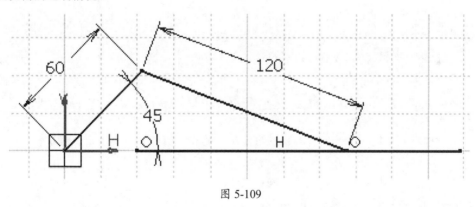

图 5-109

动手操作——应用动画约束

01 在"草图工具"工具栏中单击"几何约束"按钮，打开几何约束，绘制如图 5-110 所示的 3 条直线。

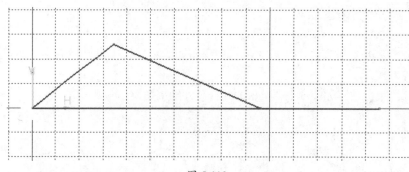

图 5-110

02 在"约束"工具栏中单击"标注"按钮 ，标注 3 条直线。如果绘图前没有打开几何约束，则单击"定义约束"按钮 ，添加曲柄轴（原点）为固定、导轨为水平的几何约束。

03 单击"对约束应用动画"按钮 ，选择角度为45°，随之弹出如图 5-111 所示的"对约束应用动画"对话框。

图 5-111

"对约束应用动画"对话框中主要控件的作用如下。

- "第一个值"：输入所选约束的第一个数值。
- "最后一个值"：输入所选约束的最后一个数值。
- "步骤数"：输入从"第一个值"到"最后一个值"的步数。假定以上 3 个文本框依次输入 0°、360° 和 10，将依次显示曲柄转角为 0°，36°，72°，…，360° 时整个机构的状态。
- "倒放动画"按钮 ：所选约束的数值从"第一个值"到"最后一个值"变化，且本例为顺时针旋转。
- "一个镜头"按钮 ：按指定方向运动一次。
- "反向"按钮 ：往返运动一次。
- "循环"按钮 ：连续往返运动，直至单击 按钮。
- "重复"按钮 ：按指定方向连续运动，直至单击 按钮。
- "隐藏约束"：若选中该复选框，将隐藏几何约束和尺寸约束。

04 设置好参数后，单击 ▶ 按钮。

5.3.4 编辑尺寸约束

如果需要对标注的尺寸进行编辑，可以双击该尺寸值，打开对应的"约束定义"对话框。

如果是直线标注，双击尺寸值后会打开可以修改直线尺寸的"约束定义"对话框，如图 5-112 所示。在该对话框中修改尺寸值，单击"确定"按钮后生效。

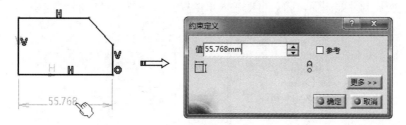

图 5-112

如果是直径或半径标注，双击尺寸值后会打开可以修改直径或半径尺寸的"约束定义"对话框，如图 5-113 所示。

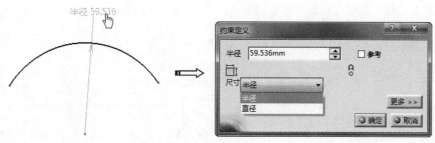

图 5-113

技术要点：

选中"约束定义"对话框中的"参考"复选框，可以将尺寸设为"参考"，参考尺寸是不能被修改的。

动手操作——利用尺寸约束关系绘制草图

下面以底座零件的草图绘制过程为例，详解如何利用尺寸及约束关系来绘制草图。

底座零件草图如图 5-114 所示。

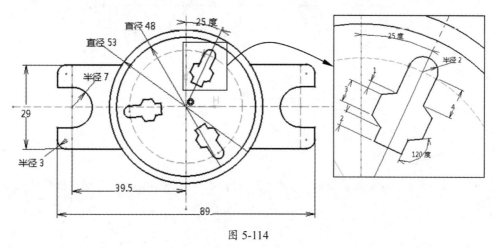

图 5-114

01 在CATIA V5初始界面中执行"开始"|"机械设计"|"草图编辑器"命令，在弹出的"新建零件"对话框中单击"确定"按钮进入"零件设计"工作台。

02 选择xy平面作为草绘平面，随后自动进入草绘模式，如图5-115所示。

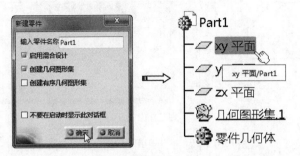

图 5-115

03 首先绘制中心线。利用"轮廓"工具栏中的"轴"工具，绘制如图5-116所示的中心线。

04 利用"矩形"命令，绘制如图5-117所示的矩形。

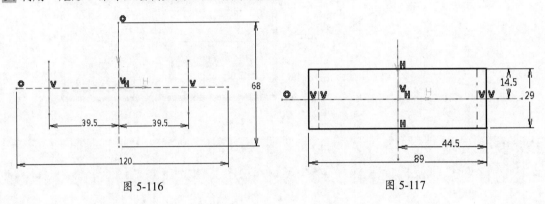

图 5-116   图 5-117

05 利用"圆"工具，绘制如图5-118所示的4个圆。

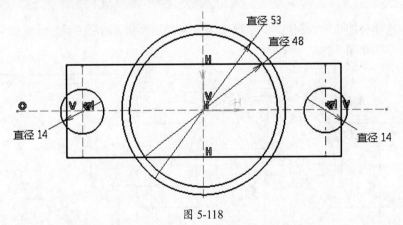

图 5-118

06 利用"直线"工具，绘制4条与2个小圆（直径为14）分别相切的水平直线，如图5-119所示。

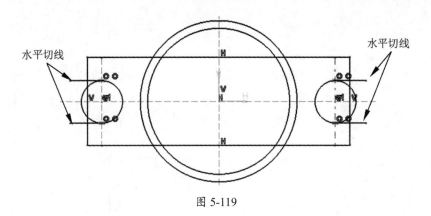

图 5-119

07 利用"操作"工具栏中的"圆角"工具，在矩形上创建4个半径为3的圆角。再利用"快速修剪"工具对图像进行修剪，结果如图5-120所示。

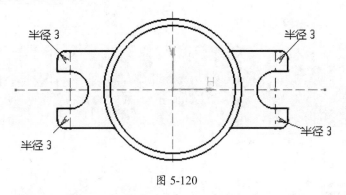

图 5-120

08 绘制3个具有阵列特性的组合图形。利用"圆"工具，绘制如图5-121所示的辅助圆，然后在垂直中心线与辅助圆的交点位置再绘制半径为2的小圆。

技术要点：

绘制3个组合图形的思路为：首先在水平或垂直方向的中心线上绘制其中一个组合图形，然后将其旋转至合理位置，最后再进行旋转复制操作，得到其余两个组合图形。

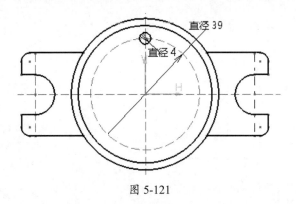

图 5-121

09 利用"轮廓"工具，绘制如图5-122所示的连续图线。再利用"镜像"命令，将绘制的连续图线镜像至垂直中心线的另一侧，如图5-123所示。

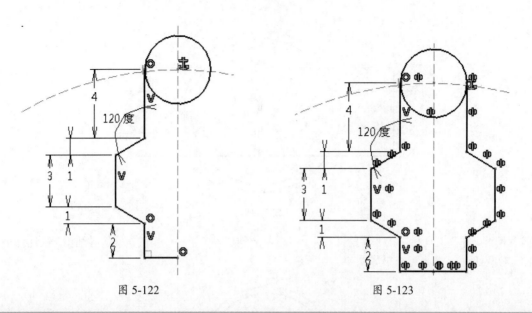

图 5-122   图 5-123

技术要点：

对于图中斜线的标注尺寸为1来说，选择要约束的图元时需要注意选择方法。要想标注斜线在垂直方向的尺寸，必须选择斜线的两个端点，并且在右击后弹出的快捷菜单中确定是"水平测量方向"还是"垂直测量方向"，如图5-124所示。

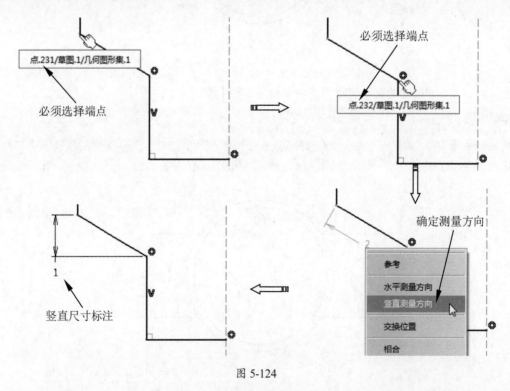

图 5-124

10 利用"快速修剪"工具修剪图形。将图形旋转（不复制）335°，结果如图5-125所示。

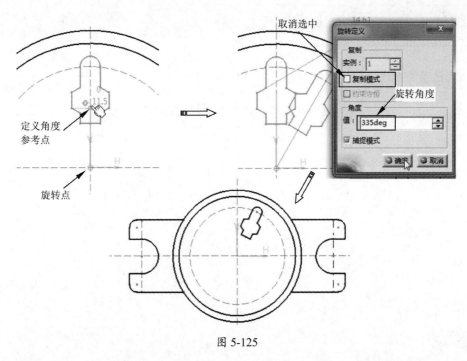

图 5-125

11 利用"旋转"工具，将旋转后的图形再次旋转 120° 并复制图形（总数为 3），以此得到最终的零件草图，如图 5-126 所示。

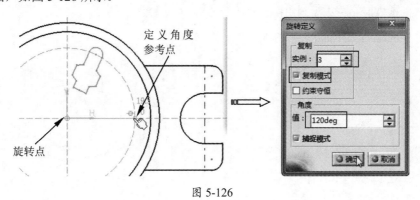

图 5-126

12 最终的底座零件草图如图 5-127 所示。

13 最后将绘制的草图保存。

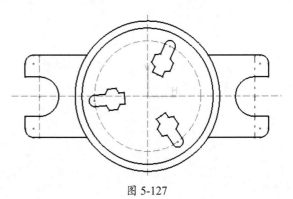

图 5-127

5.4 实战案例——绘制摇柄草图

如图 5-128 所示，$A=66$，$B=55$，$C=30$，$D=36$，$E=155$。在这个案例中，将会使用几何约束工具对图形进行约束。

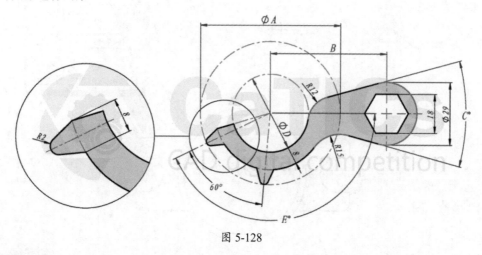

图 5-128

建模分析：

（1）确定整个图线的尺寸基准中心，从基准中心开始，陆续绘制出主要线段、中间线段和连接线段。

（2）基准线有时是可以先画出图形再去补充的。

（3）作图顺序图解如图 5-129 所示。

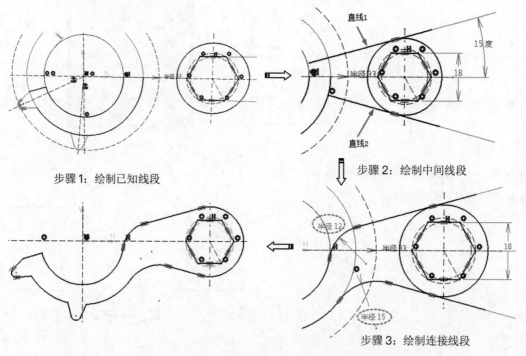

图 5-129

设计步骤：

01 新建零件文件，在菜单栏中执行"开始"|"机械设计"|"草图编辑器"命令，进入零件设计环境。选择 xy 平面为草图平面并进入草绘工作台。

02 首先绘制摇柄图形中的已知线段。

- 单击"圆心"按钮 ⊙ 和"轴"按钮 ⫶，以坐标系原点为圆的圆心，绘制如图 5-130 所示的圆。
- 选择左侧的两个同心圆，然后将其转换成构造线，如图 5-131 所示。

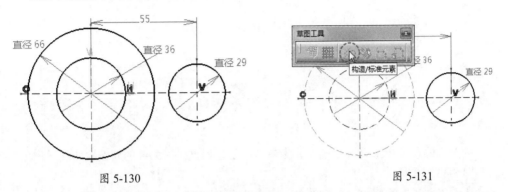

图 5-130　　　　　　　　　　　　　　　图 5-131

- 在"轮廓"工具栏中单击"多边形"按钮 ◯，选择右侧小圆的圆心作为多边形的圆心，接着在"草图工具"工具栏中单击"内置圆"按钮 ⊡，确定多边形内接圆的半径在垂直方向后，保持默认的边数为 6，再单击完成正六边形的绘制，如图 5-132 所示。

提示：

注意，默认的边数为6边，要改变边数，需要在"草图工具"工具栏中取消"作为默认边数"按钮 （单击此按钮一次）的高亮显示，才能够修改边数。否则，"边数"文本框不可用。

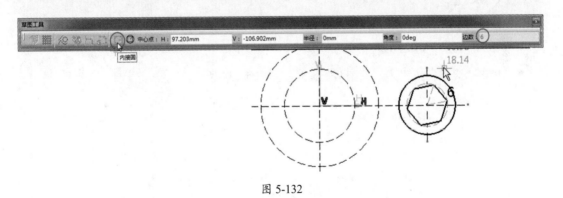

图 5-132

- 对正六边形进行尺寸约束和几何约束，如图 5-133 所示。
- 单击"3 点弧"按钮 ◠，绘制半径为 18mm 的圆弧，此圆弧与构造线圆重合，如图 5-134 所示。

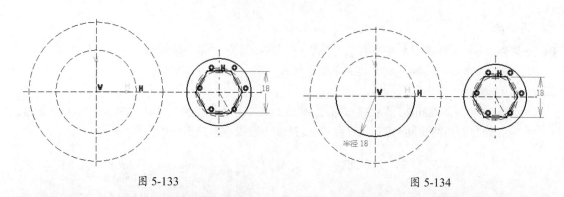

图 5-133　　　　　　　　　　　　　图 5-134

技术要点：

在绘图过程中，如果觉得尺寸标注影响图形观察，可以将绘制的图线进行固定约束，然后删除其尺寸标注即可。

- 单击"偏置"按钮，以圆弧作为参考，创建偏置距离为 8 的新偏置曲线——圆弧，如图 5-135 所示。
- 单击"直线"按钮，绘制两条直线再转换成构造线，如图 5-136 所示。

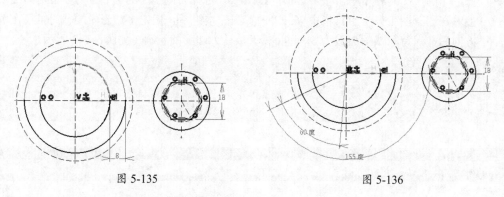

图 5-135　　　　　　　　　　　　　图 5-136

- 单击"直线"按钮，绘制两条直线，如图 5-137 所示。

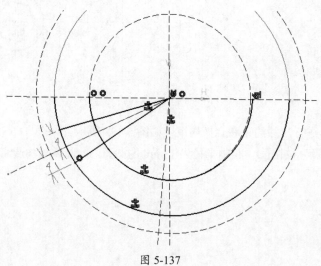

图 5-137

- 单击"圆"按钮⊙，绘制直径为4的小圆，如图5-138所示。

03 绘制图形的中间线段。

- 使用"线链"工具～绘制两条斜线，两条斜线均与小圆相切，如图5-139所示。

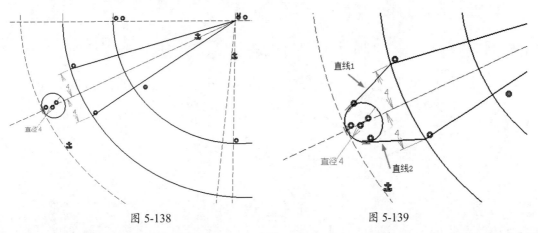

图 5-138   图 5-139

- 双击"快速修剪"按钮⊘修剪图形，如图5-140所示。
- 选择如图5-141所示的3条曲线，然后单击"变换"工具栏中的"旋转"按钮⟳，打开"旋转定义"对话框。

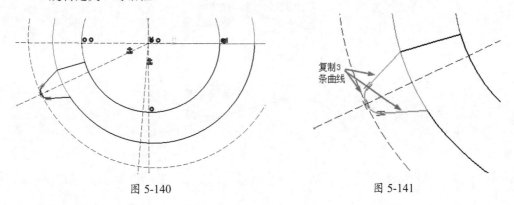

图 5-140   图 5-141

- 设置复制参数，然后旋转坐标系原点作为旋转中心点，输入旋转角度为60，单击"确定"按钮完成旋转复制，如图5-142所示。

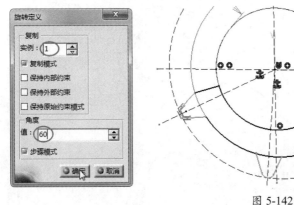

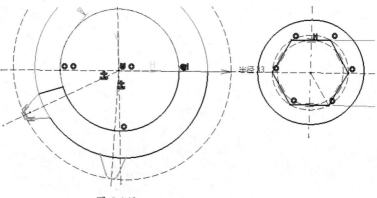

图 5-142

- 单击"直线"按钮 ✎，绘制如图 5-143 所示的两条斜直线。再单击"相切"按钮 ✍ 将斜线与右侧 Ø29 的圆相切约束。

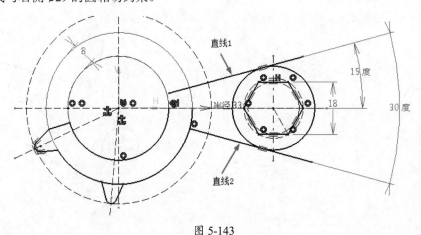

图 5-143

04 绘制图形的连接线段。

- 单击"圆角"按钮 ⌒，创建如图 5-144 所示的半径分别为 12 和 15 的圆角。

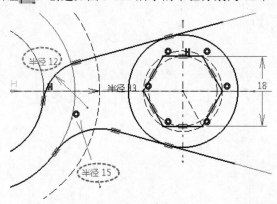

图 5-144

- 双击"快速修剪"按钮 ✎，修剪多余的线段，完成整个草图图形的绘制，结果如图 5-145 所示。

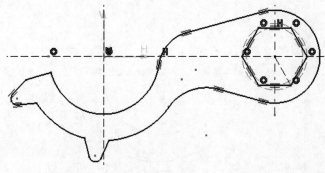

图 5-145

05 保存结果文件。

5.5 习题

（1）利用草图工作台中的直线、圆、圆弧及倒圆角等工具，绘制如图 5-146 所示的草图。

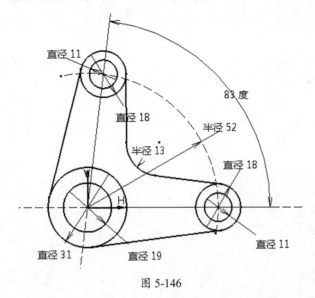

图 5-146

（2）利用草图工作台中的直线、圆、倒圆角等工具，绘制如图 5-147 所示的草图。

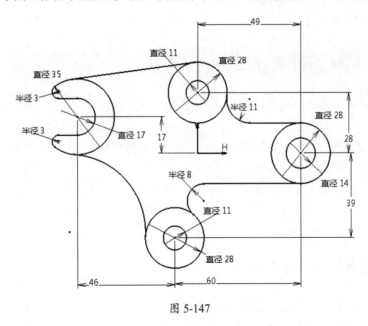

图 5-147

第6章 创建实体特征

项目导读

零件设计模块是在 CATIA 中进行机械零件设计的第一功能模块，此模块主要以"特征"的形式进行组合来完成零件设计。通过特征参数化造型与结构设计是三维工程软件的一大特色，是 CATIA 零件设计模块用于机械制造与加工的理想设计工具。本章要介绍的工具指令是基于草图的实体特征和修饰特征工具，基体特征也称作"父特征"，其他修饰特征称为"子特征"。

项目分解

知识点1：CATIA 实体特征设计概述
知识点2：拉伸特征
知识点3：旋转特征
知识点4：扫描特征
知识点5：放样特征
知识点6：实体混合特征
知识点7：其他基于草图的特征
知识点8：修饰特征

6.1 CATIA 实体特征设计概述

几何特征是三维软件中组成实体模型的重要组成单元。特征可以是点、线、面、基准、实体单元。

在零件中生成的第一个特征为基体，此特征是生成其他特征的基础。基体特征可以是拉伸、旋转、扫描、放样、曲面加厚、钣金法兰。

特征是各种单独的加工形状，当将它们组合起来时就形成各种零件实体。在同一零件实体中可以包括单独的拉伸、旋转、放样和扫描特征等加材料特征。加材料特征工具是最基本的 3D 绘图绘制方式，用于完成最基本的三维几何体建模任务。

6.1.1 如何进入零件设计工作台

零件设计工作台是 CATIA 为机械工程师准备的机械零件设计的界面环境，实体特征的建模操作就是在零件设计工作台中进行并完成的，下面介绍 3 种进入零件设计工作台的方法。

1. 方法一

在 CATIA 基本环境界面中，执行"开始"|"机械设计"|"零件设计"命令，可以直接进入零件设计工作台，如图 6-1 所示。

2. 方法二

在零件工作台中可以重新建立一个新文件,并再次进入新的零件设计工作台。在菜单栏中执行"开始"|"机械设计"|"零件设计"命令,或者在"标准"工具栏中单击"新建"按钮 ,弹出"新建"对话框,在类型列表中选择"Part"选项并单击"确定"按钮,随后会弹出"新建零件"对话框,单击"确定"按钮后,完成新零件文件的创建并自动进入零件设计工作台,如图6-2所示。

图 6-1

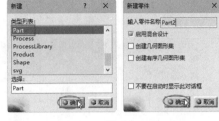

图 6-2

3. 方法三

在从 CATIA 基本环境进入其他工作台时,若执行菜单栏中的"开始"|"机械设计"|"零件设计"命令,将会从其他设计工作台切换到零件设计工作台。

6.1.2 零件设计工作台界面

零件设计工作台的界面环境主要由菜单栏、特征树、图形区、指南针(或称"罗盘")、工具栏、信息栏等构成,如图6-3所示。

图 6-3

6.1.3 零件设计工具介绍

零件设计工具指令分菜单命令和工具按钮命令，主要集中在菜单栏的"插入"菜单和图形区右侧的工具栏中，不同的工作台会有不同的设计工具。

1. 菜单中的零件设计命令

零件设计工作台中的"插入"菜单如图 6-4 所示。如果在工具栏中没有找到相关命令时，总能在"插入"菜单中找到，下面重点介绍常用的零件设计命令。

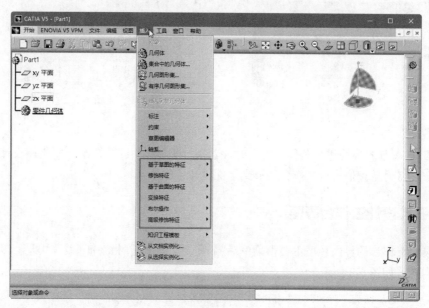

图 6-4

2. 工具栏中的零件设计工具

初学者一般会优先使用工具栏中的按钮命令来完成设计，因为有图标的按钮更容易记忆，命令执行起来也比较方便。

CATIA用于零件设计的工具栏主要有6个，包括"基于草图的特征"工具栏、"基于曲面的特征"工具栏、"修饰特征"工具栏、"变换操作"工具栏、"布尔操作"工具栏和"参考图元"工具栏。工具栏可以从图形区右侧的工具栏区域中拖出来，放置到图形区的任意位置。

（1）"基于草图的特征"工具栏。

"基于草图的特征"工具栏中的工具是通过将二维草图作为特征截面而进行的特征建模指令，如图 6-5 所示。在工具按钮的右下角如果有下三角形，则表示有多个与该工具属于同一创建类型的工具，可以单击下三角形显示所有的同类型工具。

（2）"修饰特征"工具栏。

"修饰特征"工具栏中的工具用于在已有特征（也称"基体特征"或"父特征"）上创建修饰特征，修饰特征也称"工程特征"或"子特征"，常见的修饰特征如倒角、拔模、螺纹、抽壳、厚度、替换面等，如图 6-6 所示。

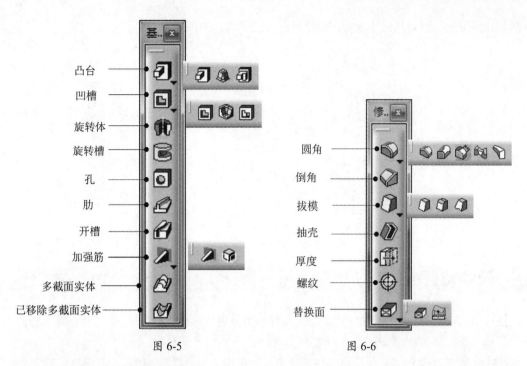

图 6-5　　　　　　　　　　　　图 6-6

（3）"基于曲面的特征"工具栏。

"基于曲面的特征"工具栏中的工具通过实体表面或曲面来创建特征，是面与体的转换工具，包括曲面加厚、分割、封闭和缝合等工具，如图 6-7 所示。

（4）"变换特征"工具栏。

变换特征是指对已生成的零件特征进行形状与位置的变换操作，形状的变换有阵列、镜像、复制、缩放等，位置的变换有平移、对称、旋转等，如图 6-8 所示。

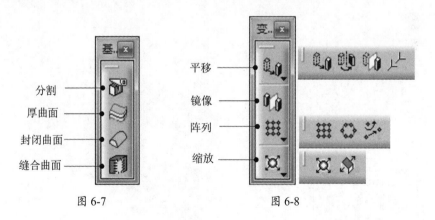

图 6-7　　　　　　　　　　　图 6-8

（5）"布尔操作"工具栏。

布尔操作是将零件（几何体）与零件（几何体）进行装配、添加、移除、相交、联合修剪及移除块等几何运算，从而得到新的零件实体，如图 6-9 所示。特征与特征之间是不能进行布尔运算的。

（6）"参考图元"工具栏。

参考图元的创建已经在前文介绍过。"参考图元"工具栏中的工具用于创建点、直线、平面等基本几何图元，作为几何体或特征创建时的定位参考，如图 6-10 所示。

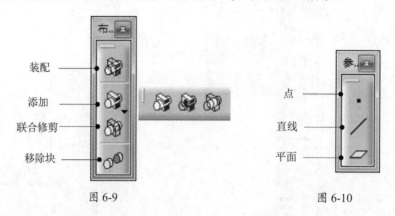

图 6-9   图 6-10

6.2 拉伸特征

拉伸特征在 CATIA 中称为"凸台"。拉伸特征工具包括加材料的"凸台"工具和减材料的"凹槽"工具。

CATIA V5R21 提供了多种凸台实体创建方法，单击"基于草图的特征"工具栏中的"凸台"按钮右下角的下三角形，展开创建凸台特征的工具按钮，如图 6-11 所示。

6.2.1 凸台

"凸台"工具是最简单的拉伸工具，可以将选定的草图轮廓沿指定的矢量方向进行拉伸，设定拉伸长度及选项后可得到符合需要的实体特征。用于凸台的草图轮廓是凸台特征的截面图元，如图 6-12 所示。

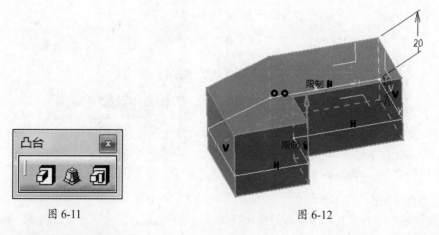

图 6-11   图 6-12

1."定义凸台"对话框

在"基于草图的特征"工具栏中单击"凸台"按钮，弹出"定义凸台"对话框。单击"更多"按钮可展开"定义凸台"对话框的所有参数设置选项，如图 6-13 所示。

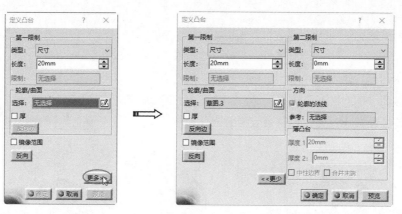

图 6-13

2. "第一限制"选项组

"类型"下拉列表中的类型选项用于控制凸台的拉伸效果。在"定义凸台"对话框"第一限制"和"第二限制"选项组中，"类型"下拉列表提供了 5 种凸台拉伸类型，如图 6-14 所示，这 5 种凸台拉伸类型介绍如下。

图 6-14

（1）"尺寸"类型。

"尺寸"类型是系统默认的拉伸选项，是指将草图轮廓面以指定的长度往法向于草图平面方向进行拉伸，如图 6-15 所示为以 3 种不同方式来修改拉伸长度值。

在"长度"文本框中修改值

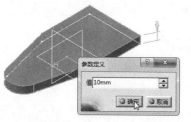

双击尺寸直接修改值

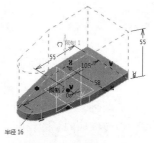

拖动限制1或限制2修改值

图 6-15

（2）"直到下一个"类型。

选择"直到下一个"类型可将截面轮廓拉伸到指定的下一个特征（包括点、线及面），如图6-16所示。

（3）"直到最后"类型。

当拉伸方向一侧有多个特征（包括点、线及面）时，选择"直到最后"类型可将草图轮廓拉伸至最后的特征面截止，如图6-17所示。

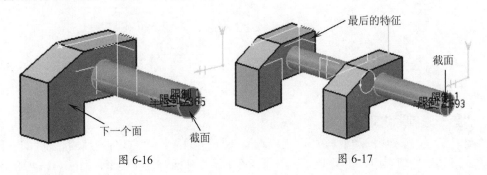

图 6-16　　　　　　　　　　　　图 6-17

（4）"直到平面"类型。

选择"直到平面"类型可将草图轮廓拉伸到指定的平面上，如图6-18所示。

（5）"直到曲面"类型。

选择"直到曲面"类型可将草图轮廓拉伸到指定的曲面上，且特征端面形状与曲面形状保持一致，如图6-19所示。

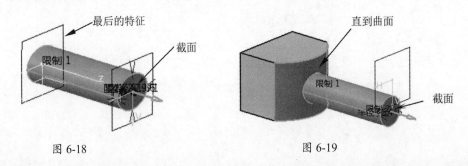

图 6-18　　　　　　　　　　　　图 6-19

技术要点：

当选择"直到曲面"类型、"直到平面"类型或"直到最后"类型后，会增加一个"偏移"选项。该选项主要控制草图轮廓到达指定曲面、平面或特征时的偏移距离。默认为0，表示不偏移。输入正值表示超前偏移，输入负值则是反向偏移。

3. "凸台轮廓 / 曲面"选项组

"凸台轮廓 / 曲面"选项组中的选项用于定义草图或创建薄壁特征。定义凸台特征草图轮廓的方法有两种，一种是选择已有草图作为草图轮廓，另一种是单击"草图"按钮☑创建新的草图作为当前特征的草图轮廓。

（1）草图轮廓的其他指定方式。

除了前面介绍的两种定义草图的方式，还可以右击"选择"文本框，弹出快捷菜单，如图6-20所示。通过快捷菜单中的选项来定义草图轮廓。

- 转至轮廓定义：选择"转至轮廓定义"命令，弹出"定义轮廓"对话框，选中"子图元"单选按钮，可选择属于同一草图的不同图元作为凸台截面，如图 6-21 所示。若选中"整个几何图形"单选按钮，可以选择整个草图所有对象作为凸台截面轮廓。

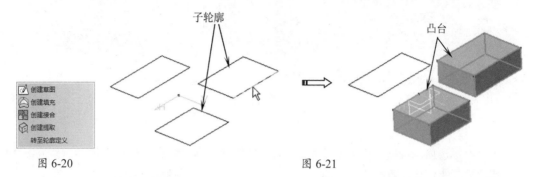

图 6-20 图 6-21

- 创建草图：选择该命令，弹出"运行命令"对话框。在系统提示"选择草图平面"的情况下，选择草绘平面后进入草图工作台绘制草图轮廓，如图 6-22 所示。

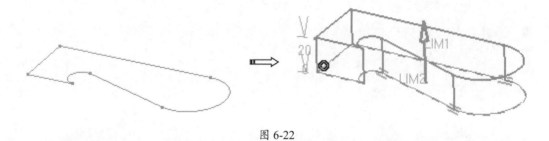

图 6-22

技术要点：

在绘制草图时，当按住鼠标中键+右键将草图视图旋转后，可在"视图"工具栏中单击"法线视图"按钮，恢复视图与屏幕平行。

- 创建接合：选择该命令，弹出"接合定义"对话框。选择要接合的图元（可以是实体特征边或曲线）作为凸台的草图轮廓，如图 6-23 所示。

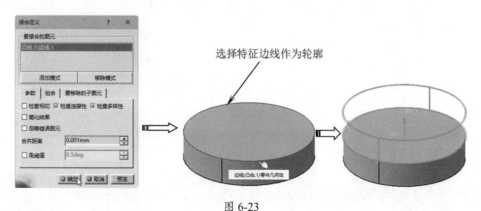

图 6-23

- 创建提取：选择该命令，弹出"提取定义"对话框。可选择特征面来提取其边线，以此作为草图轮廓来创建凸台，如图6-24所示。

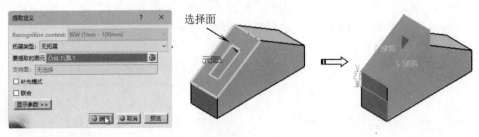

图 6-24

（2）创建薄壁实体。

利用"厚"选项，可以将草图轮廓进行加厚填充，生成薄壁实体。诸如壳体类零件或钣金件均可使用此选项来创建。可在轮廓一侧进行加厚，也可在轮廓的两侧进行加厚。

- "厚"：选中"厚"复选框后，在完全展开的"定义凸台"对话框中，"薄凸台"选项组变得可用。在"薄凸台"选项组可设置薄凸台厚度。在"厚度1"和"厚度2"文本框中设置轮廓两侧的厚度值，如图6-25所示。

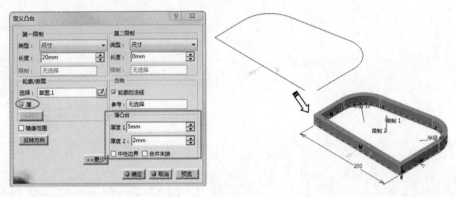

图 6-25

- "中性边界"：选择此复选框，将在轮廓线的两侧同时加厚。只需在"厚度1"文本框输入单侧厚度即可，如图6-26所示。

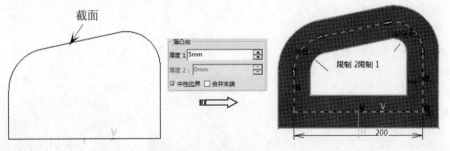

图 6-26

- "合并末端"：当需要在已有特征内部创建加强筋（也称"轨迹筋"）时，如果草图轮廓是开放的曲线，并且该曲线没有延伸到实体特征的侧壁上，此时可以选中此复选框，创建延伸到侧壁的加强筋，如图6-27所示。

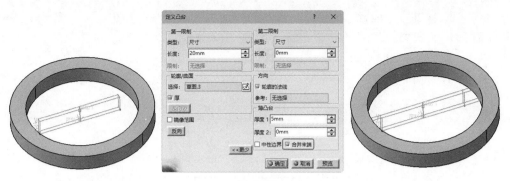

图 6-27

4."方向"选项组

凸台的拉伸方向有两种方法可以确定。第一种是默认的拉伸方向（与草图平面法线方向）；另一种是选择参考线（可以是直边或参考轴）。参考线的矢量方向可以是与草图平面的法向，也可以与草图平面成一角度。

- 轮廓的法线：默认拉伸方向为草图轮廓所在平面的法线方向。
- 参考：用于选择或设置拉伸方向的参考线。当取消选中"轮廓的法线"复选框时，可在绘图区中任意选择直线、轴线、罗盘方向轴、模型直边等作为参考的拉伸方向，如图 6-28 所示。

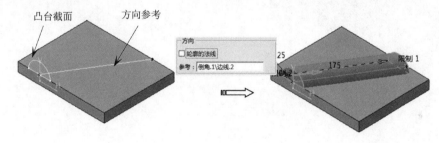

图 6-28

- 反向：在"定义凸台"对话框的左侧单击"反向"按钮，可反向拉伸。
- 反向边：当草图轮廓是开放曲线时，单击"反向边"按钮，可反向拉伸轮廓实体，如图 6-29 所示。

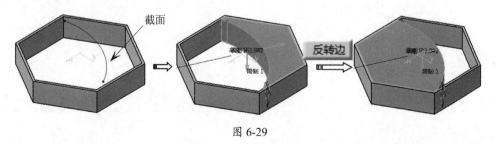

图 6-29

动手操作——凸台实例

01 在菜单栏中选择"开始"|"机械设计"|"零件设计"命令，进入"零件设计"工作台。

02 单击"草图"按钮☑，在特征树中选择 xy 平面作为草图平面，进入草图工作台。绘制如图 6-30 所示的草图 1，单击"退出工作台"按钮，退出草图工作台。

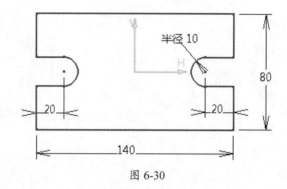

图 6-30

03 单击"凸台"按钮☑，弹出"定义凸台"对话框。激活"选择"文本框后选择上一步绘制的草图作为轮廓，保持默认的拉伸深度类型和长度值，最后单击"确定"按钮完成凸台特征 1 的创建，如图 6-31 所示。

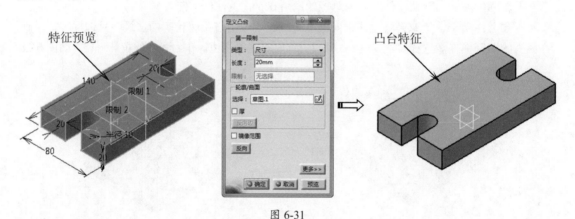

图 6-31

04 单击"草图"按钮☑，选择凸台特征的上表面进入草图工作台绘制如图 6-32 所示的草图 2。完成后单击"退出工作台"按钮，退出草图工作台。

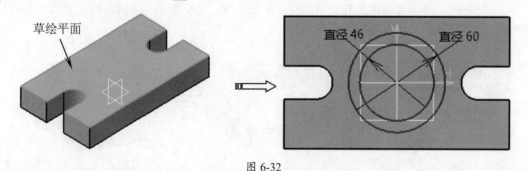

图 6-32

05 单击"凸台"按钮☑，弹出"定义凸台"对话框。设置拉伸"长度"值为 75mm，选择草图 2 作为轮廓，单击"确定"按钮完成凸台特征 2 的创建，如图 6-33 所示。

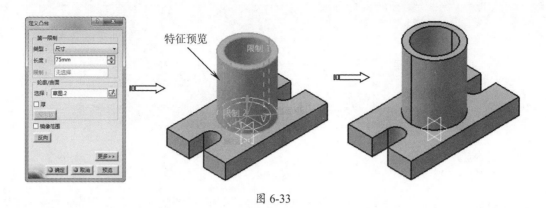

图 6-33

06 选择凸台特征 1 的侧表面作为草图平面，再单击"草图"按钮☑进入草图工作台。绘制如图6-34 所示的草图 3，随后退出草图工作台。

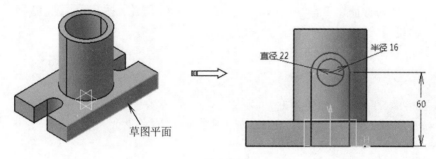

图 6-34

07 单击"凸台"按钮☑，弹出"定义凸台"对话框。选择深度类型为"直到最后"，接着选择 草图 3 作为轮廓，最后单击"确定"按钮完成凸台特征 3 的创建，即整个支座零件的创建完成， 如图6-35 所示。

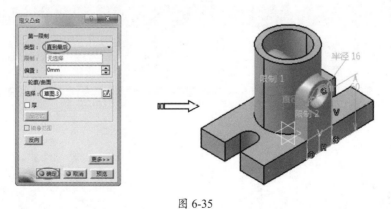

图 6-35

6.2.2 拔模圆角凸台

"拔模圆角凸台"工具用于创建凸台时将凸台的侧面进行拔模处理并且圆角化其边线，如 图 6-36 所示。

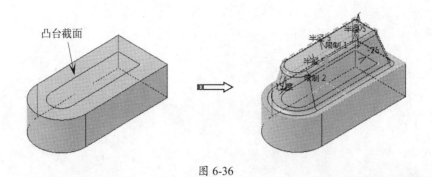

图 6-36

技术要点：

在创建拔模圆角凸台特征之前，需要先绘制草图轮廓，或者选择已有草图，否则该命令不可用。

在"基于草图的特征"工具栏中单击"拔模圆角凸台"按钮，选择草图轮廓后，弹出"定义拔模圆角凸台"对话框，如图 6-37 所示。

技术要点：

"拔模圆角凸台"是集凸台、拔模、倒圆角为一体的命令，创建后在特征树中出现1个凸台、1个拔模和3个圆角特征，因此也可以通过上述命令来创建拔模圆角凸台特征。

图 6-37

动手操作——拔模圆角凸台实例

01 打开本例源文件 6-2.CATPart。

02 单击"草图"按钮，选择零件上表面作为草图平面，进入草图工作台。单击"偏置"按钮，在"草图工具"工具栏中单击"点拓展"按钮，选择零件上表面后向内绘制出偏置曲线，如图 6-38 所示，退出草图工作台。

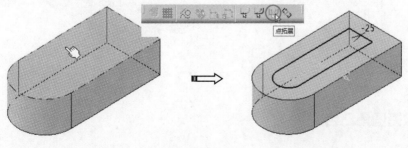

图 6-38

03 单击"拔模圆角凸台"按钮，选择凸台截面（偏置曲线）后，弹出"定义拔模圆角凸台"对话框。

04 设置"第一限制"中的"长度"值为50mm,选择零件上表面为第二限制,保留其余默认参数设置,单击"确定"按钮,完成拔模圆角凸台特征的创建,如图6-39所示。

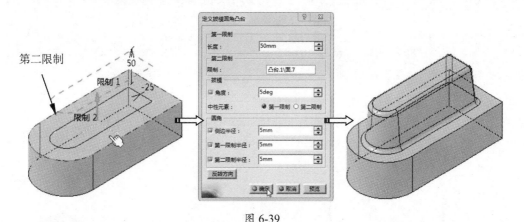

图 6-39

6.2.3 多凸台

"多凸台"命令是指使用不同的长度值拉伸属于同一草图的多个轮廓,如图6-40所示。

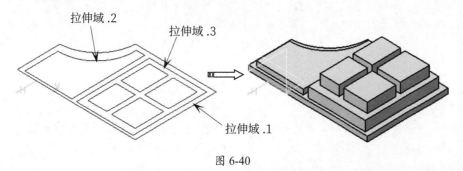

图 6-40

在"基于草图的特征"工具栏中单击"多凸台"按钮,选择草图轮廓截面后,弹出"定义多凸台"对话框,如图6-41所示。

在"定义多凸台"对话框的"域"列表中,列出系统自动计算的封闭区域,在"域"列表框中可单选或多选域,然后在"第一限制"和"第二限制"选项组中设置拉伸类型及拉伸长度,最后单击"确定"按钮创建多凸台。

图 6-41

技术要点:

"域"列表中的"线宽"值显示的是"第一限制"和"第二限制"选项组中设置的"长度"值的和。

动手操作——多凸台实例

01 打开本例源文件 6-3.CATPart。

02 单击"多凸台"按钮🗊，选择凸台截面（草图）。

03 弹出"定义多凸台"对话框，系统会自动计算草图中的封闭域，并显示在"域"列表中。

04 依次选择域，在"第一限制"和"第二限制"选项组中设置每一个域的拉伸长度值，最后单击"确定"按钮，创建多凸台特征，如图 6-42 所示。

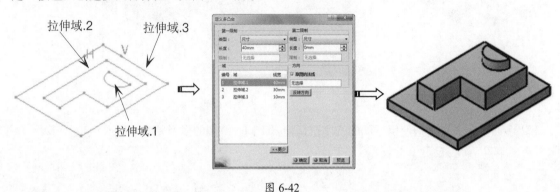

图 6-42

6.2.4 凹槽特征

凹槽特征是 CATIA 利用布尔差运算对已有凸台特征进行求减而得到的减材料特征。CATIA 提供了3种凹槽创建工具：凹槽、拔模圆角凹槽和多凹槽。在"基于草图的特征"工具栏中单击"凹槽"按钮🖻右下角的下三角形，弹出凹槽创建工具，如图 6-43 所示。

图 6-43

凹槽特征通常称为"减材料特征"，而凸台特征则称为"加材料特征"。凹槽特征的创建方法及弹出的对话框均与凸台特征相同，所以本节不再详细描述对话框的选项和特征创建实例。

1.凹槽特征

创建凹槽就是拉伸轮廓或曲面，然后移除由拉伸产生的材料。凹槽特征与凸台特征相似，只不过凸台是增加实体，而凹槽是去除实体，如图 6-44 所示。

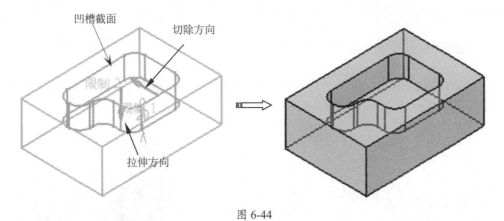

图 6-44

2.拔模圆角凹槽

"拔模圆角凹槽"与"拔模圆角凸台"工具的操作完全相同，用于创建拔模面和圆角边线的减材料特征，如图 6-45 所示。

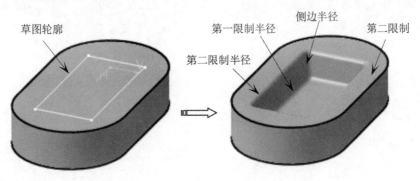

图 6-45

3.多凹槽

与"多凸台"命令所创建的结果相反，利用"多凹槽"命令在同一草绘截面上以不同拉伸长度来创建多个凹槽，如图 6-46 所示。多凹槽特征要求所有轮廓必须是封闭且不相交的。

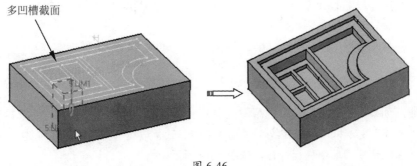

图 6-46

6.3 旋转特征

旋转特征是由旋转截面绕轴旋转一定角度所得到的加材料或减材料特征。加材料的旋转特征称为"旋转体"，减材料的旋转特征称为"旋转槽"。

6.3.1 旋转体

利用"旋转体"命令可以创建回转体，是将一个封闭或开放草图轮廓绕轴线以指定的角度进行旋转而得到的实体特征，如图 6-47 所示。

图 6-47

单击"旋转体"按钮 🔘，选择旋转截面，弹出"定义旋转体"对话框，如图 6-48 所示。

图 6-48

"定义旋转体"对话框中有部分选项与"定义凸台"对话框中的选项含义相同，下面仅介绍不同的选项。

- 第一角度：以逆时针方向为正向，从草图所在平面到起始位置转过的角度，即旋转角度与中心旋转特征成右手系。
- 第二角度：以顺时针方向为正向，从草图所在平面到终止位置转过的角度，即旋转角度与中心旋转特征成左手系。

技术要点：

单击"反向"按钮，可切换旋转方向。

- 轴线：如果在绘制旋转轮廓的草图截面时已经绘制了轴线，系统会自动选择该轴线。单击"选择"文本框，可以在绘图区选择直线、轴、边线等作为旋转体轴线，也可以右击，在弹出的快捷菜单中进行选择，如图 6-49 所示。

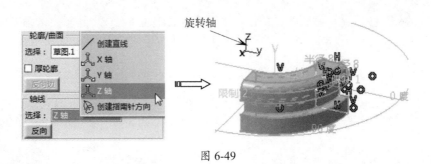

图 6-49

动手操作——旋转体实例

01 在菜单栏中选择"开始"|"机械设计"|"零件设计"命令，进入零件设计工作台。

02 单击"草图"按钮，选择草图平面为 xy 平面，进入草图工作。利用直线等工具绘制如图 6-50 所示的草图。单击"退出工作台"按钮，退出草图工作台。

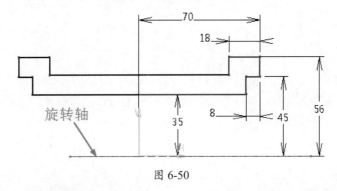

图 6-50

03 单击"旋转体"按钮，弹出"定义旋转体"对话框。选择上一步草图为旋转截面，选择草图中的轴线为旋转轴，单击"确定"按钮，完成旋转体的创建，如图 6-51 所示。

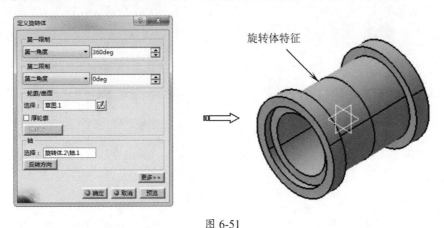

图 6-51

04 单击"草图"按钮，选择草图平面为 zx 平面，进入草图工作台，并绘制如图 6-52 所示的草图，完成后退出草图工作台。

05 单击"旋转体"按钮，弹出"定义旋转体"对话框。选择上一步绘制的草图为旋转截面，旋转轴为草图中的轴线，单击"确定"按钮，完成旋转体的创建，如图 6-53 所示。

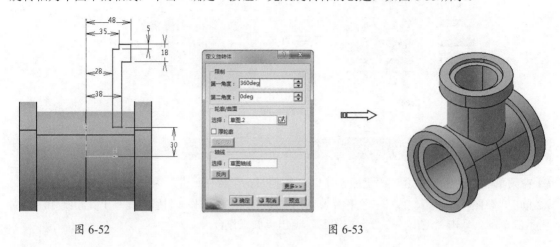

图 6-52   图 6-53

6.3.2 旋转槽

利用"旋转槽"命令，可将草图轮廓绕轴旋转，进而与已有特征进行布尔求差运算，在特征上移除材料后得到旋转槽特征，如图 6-54 所示。旋转槽特征与旋转体特征相似，只不过旋转体是加材料实体，而旋转槽是减材料实体。

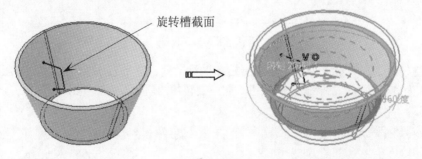

图 6-54

在"基于草图的特征"工具栏中单击"旋转槽"按钮，弹出"定义旋转槽"对话框，如图 6-55 所示。"定义旋转槽"对话框选项与"定义旋转体"对话框中相关选项全部相同，这里不再赘述。

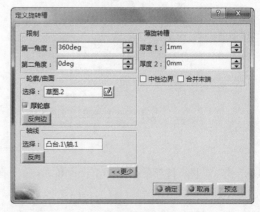

图 6-55

6.4 扫描特征

扫描特征是将截面曲线沿着一条轨迹进行扫掠而得到的基体特征，CATIA 中的扫描特征包括加材料的肋特征和减材料的开槽特征。

6.4.1 肋特征

在 CATIA 中，扫描特征称为"肋"。要创建肋特征，必须定义中心曲线（扫掠轨迹）和平面轮廓（截面曲线），按需要也可以定义参考图元或拔模方向，如图 6-56 所示。在零件工作台中平面轮廓必须为封闭草图，而中心曲线可以是草图也可以是空间曲线，可以是封闭的也可以是开放的。

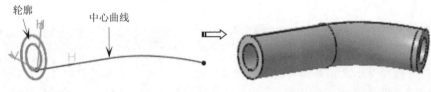

图 6-56

单击"肋"按钮，弹出"定义肋"对话框，如图 6-57 所示。

"定义肋"对话框中相关选项参数含义如下。

图 6-57

1. 轮廓和中心曲线

- 轮廓：选择已有或绘制肋特征的草图截面。
- 中心曲线：选择扫掠轮廓的轨迹曲线。

技术要点：

如果中心曲线为3D曲线，则必须相切连接。如果中心曲线是平面曲线，则可以相切不连续，中心曲线不能自相交。

2. 控制轮廓

用于设置轮廓沿中心曲线的扫掠方式，包括以下选项。

- 保持角度：保留用于轮廓的草图平面和中心曲线切线之间的角度值，如图 6-58a 所示。
- 拔模方向：选择此选项后，定义轮廓所在平面将保持与拔模方向垂直，如图 6-58b 所示。
- 参考曲面：轮廓平面的法线方向始终与指定参考曲面的法线保持恒定的夹角，如图 6-58c 所示，轮廓平面在起始位置与参考曲面是垂直的，在扫掠形成的扫掠特征的任意一个截面都保持与参考曲面垂直。

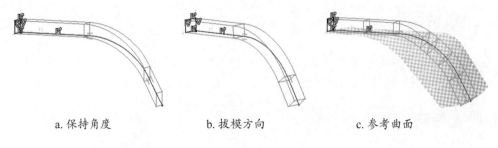

a. 保持角度　　　　　　　b. 拔模方向　　　　　　　c. 参考曲面

图 6-58

- 将轮廓移至路径：选中该复选框，将中心曲线和轮廓关联，并允许沿多条中心曲线扫掠单个草图，仅适用于"拔模方向"和"参考曲线"轮廓控制方式。
- 合并肋的末端：选中该复选框，将肋的每个末端修剪到现有零件，即从轮廓位置开始延伸到现有材料。

动手操作——肋特征实例

01 在菜单栏中选择"开始"|"机械设计"|"零件设计"命令，进入"零件设计"工作台。

02 单击"草图"按钮 ，选择草图平面为xy平面，进入草图工作台，绘制如图6-59所示的正六边形。

03 再单击"草图"按钮 ，在草图平面（yz平面）中绘制如图6-60所示的草图。

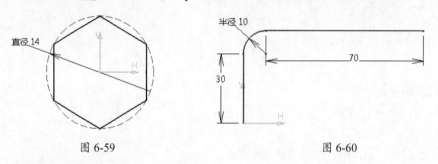

图 6-59　　　　　　　　　　　　　　　　图 6-60

04 单击"肋"按钮 ，弹出"定义肋"对话框，选择第一个草图为轮廓，第二个草图为中心曲线，单击"确定"按钮创建肋特征，如图6-61所示。

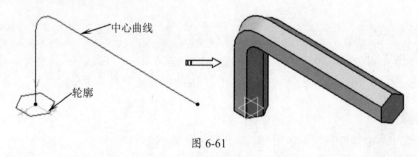

图 6-61

6.4.2　开槽特征

　　开槽特征与肋特征的创建过程相同，开槽特征是减材料特征，肋特征是加材料特征。利用"开槽"命令，沿指定的中心曲线扫掠草图轮廓并从特征中移除材料，得到如图6-62所示的开槽特征。

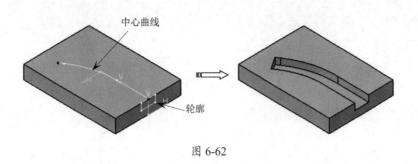

图 6-62

6.5 放样特征

放样特征是指两个或两个以上在不同位置的平行截面曲线沿一条或多条引导线以渐进方式扫掠而形成的实体特征，在 CATIA 中也称为"多截面实体"。

放样特征也包括加材料的"多截面实体"特征和减材料的"已移除的多截面实体"特征。

6.5.1 多截面实体

加材料的多截面实体，如图 6-63 所示。

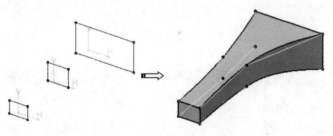

图 6-63

单击"多截面实体"按钮，弹出"多截面实体定义"对话框，如图 6-64 所示。

图 6-64

"多截面实体定义"对话框的主要选项参数含义如下。

1. 截面列表

截面列表用于搜集多截面实体的草图截面，所选截面曲线被自动添加到列表框中，所选截面曲线的名称及编号会显示在列表中的"编号"列与"截面"列中。

2. "引导线"选项卡

引导线在多截面实体中起路径指引和外形限定的作用，引导线最终成为多截面实体的边线。多截面实体特征是各平面截面线沿引导线扫描而得到的，因此引导线必须与每个平面轮廓线相交，如图 6-65 所示。

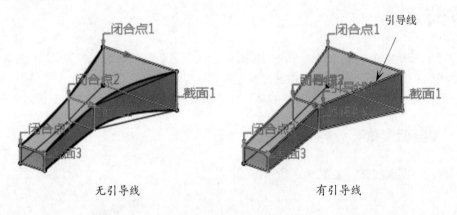

无引导线   有引导线

图 6-65

动手操作——多截面实体实例

01 打开本例源文件 6-6.CATPart，如图 6-66 所示。

02 单击"多截面实体"按钮 ，弹出"多截面实体定义"对话框，并在图形区选择"接合 .1"曲线和"草图 1"曲线作为两个截面轮廓，如图 6-67 所示。

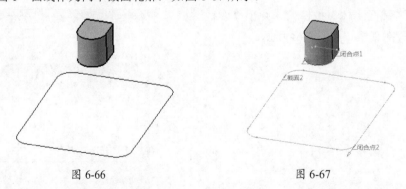

图 6-66   图 6-67

03 在"多截面实体定义"对话框中选择"接合 .1"截面线，并右击，在弹出的快捷菜单中选择"替换闭合点"选项，然后在图形区选择如图 6-68 所示的点为闭合点。

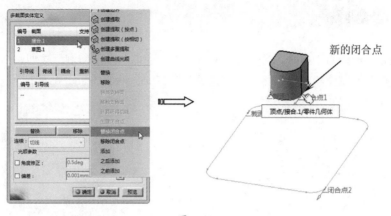

图 6-68

04 在"耦合"选项卡中，在"截面耦合"下拉列表中选择"比率"选项，单击"确定"按钮，完成多截面实体特征的创建，如图 6-69 所示。

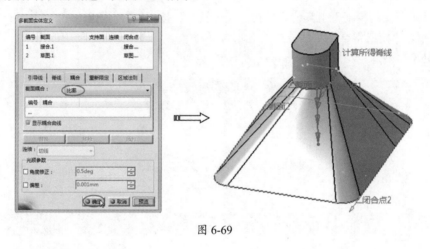

图 6-69

6.5.2 已移除的多截面实体

利用"已移除多截面实体"命令，将多个截面轮廓沿引导线渐进扫掠，并在已有特征上移除材料得到扫描特征，如图 6-70 所示。

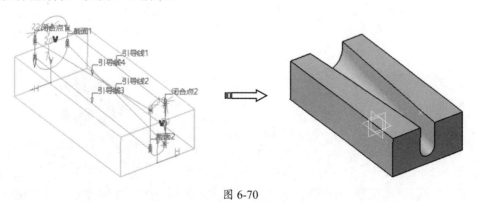

图 6-70

6.6 实体混合特征

"实体混合"命令用于将两个草图轮廓分别沿着不同的两个方向进行拉伸，由两个轮廓生成的凸台特征会产生布尔交集运算，运算的结果就是实体混合特征，如图 6-71 所示。

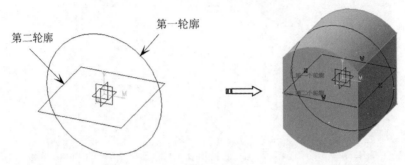

图 6-71

在"基于草图的特征"工具栏中单击"实体混合"按钮 ，弹出"定义混合"对话框，如图 6-72 所示。"定义混合"对话框中的选项含义与"定义凸台"对话框中的相关拉伸选项含义相同，此处不再赘述。

图 6-72

动手操作——实体混合实例

01 打开本例源文件 6-7.CATprt 文件，如图 6-73 所示。

02 单击"实体混合"按钮 ，弹出"定义混合"对话框。选择两个绘制草图曲线作为第一部件轮廓和第二部件轮廓，如图 6-74 所示。

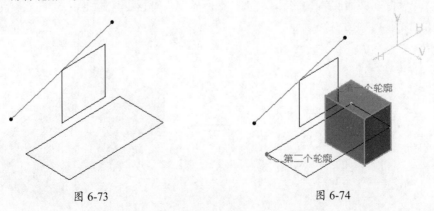

图 6-73   图 6-74

03 取消选中"第二部件"中的"轮廓的法线"复选框，然后选择斜线作为方向参考，如图 6-75 所示。

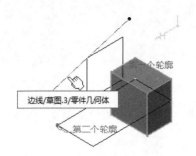

图 6-75

04 最后单击"确定"按钮，完成实体混合特征
的创建，如图 6-76 所示。

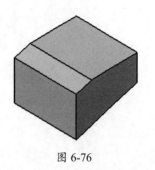

图 6-76

6.7　其他基于草图的特征

在 CATIA 中，还有一些基于草图的工具与前面的特征不同，如孔特征和加强筋特征。这两个特征虽然都基于草图来创建，但是它们必须在已有的实体特征（父特征）上进行创建，也就是我们常说的"工程特征"。

6.7.1　孔特征

"孔"命令用于在已有实体特征上创建孔特征，常见的孔包括盲孔、通孔、锥形孔、沉头孔、埋头孔、倒钻孔等。

单击"孔"按钮◙，选择孔的放置表面后，弹出"定义孔"对话框，如图 6-77 所示，该对话框中包含了 3 个选项卡。

图 6-77

下面以案例的形式讲解孔工具的基本用法。

动手操作——孔实例

01 打开本例源文件 6-8.CATPart，如图 6-78 所示。

02 单击"孔"按钮，按信息提示在模型上选择孔的放置面，如图 6-79 所示。

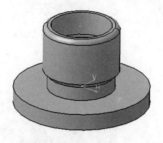
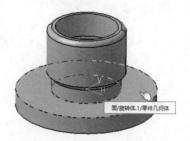

图 6-78　　　　　　　　　　　　　　　　图 6-79

03 弹出"定义孔"对话框。在"扩展"选项卡中设置孔深度类型为"直到最后"，设置"直径"值为 6mm。接着单击"定位草图"按钮，进入草图工作台创建孔的定位约束，如图 6-80 所示。

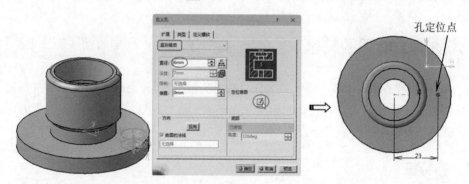

图 6-80

04 退出草图工作台后，在"定义孔"对话框的"类型"选项卡中选择"沉头孔"类型和"非标准螺纹"类型，并设置沉头孔"直径"值为 12mm，沉头"深度"值为 5mm，最后单击"确定"按钮完成孔特征的创建，如图 6-81 所示。

05 可以利用"圆形阵列"工具阵列出模型中的其他定位孔，效果如图 6-82 所示。

图 6-81　　　　　　　　　　　　　　　　图 6-82

6.7.2 加强肋

加强肋就是常说的"加强筋"，是用添加材料的方法来加强零件强度的，用于创建附属零件的辐板或肋片，在工程上起支撑作用，一般用于增加零件的强度，如图 6-83 所示。

单击"加强肋"按钮 ✏，弹出"定义加强肋"对话框，如图 6-84 所示。

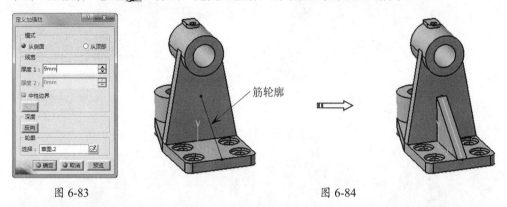

图 6-83   图 6-84

下面介绍两种模式。

- 从侧面：以草图轮廓进行拉伸，并垂直于该轮廓平面添加厚度，如图 6-85a 所示。
- 从顶部：垂直于轮廓平面以拉伸轮廓，并在轮廓平面中添加厚度，如图 6-85b 所示。

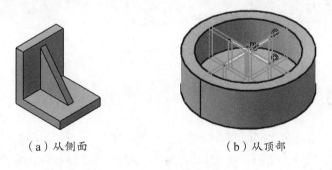

（a）从侧面   （b）从顶部

图 6-85

动手操作——加强肋实例

01 打开本例源文件 6-9.CATPart，如图 6-86 所示。

02 单击"草图"按钮 ✏，选择 yz 平面为草图平面，进入草图工作台绘制如图 6-87 所示的草图。

03 在"基于草图的特征"工具栏中单击"加强肋"按钮 ✏，弹出"定义加强肋"对话框。选择上一步绘制的草图截面作为加强肋轮廓草图，输入"厚度 1"值为 8mm，再单击"确定"按钮，完成加强肋特征的创建，如图 6-88 所示。

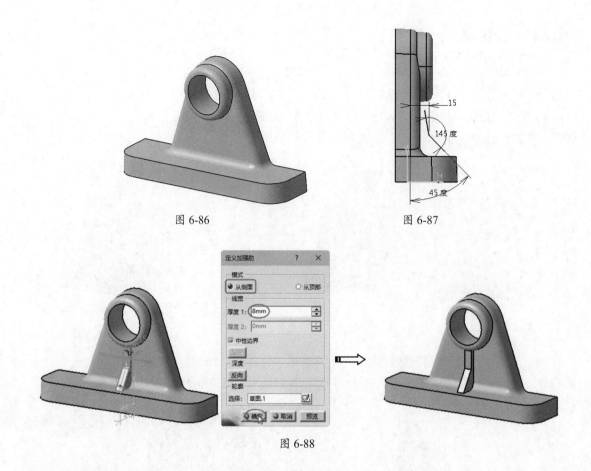

图 6-86

图 6-87

图 6-88

6.8 修饰特征

在机械零件中经常会见到诸如圆角、倒角、拔模、螺纹、壳体等结构，这些结构在 CAD 软件中建模时称作修饰特征、工程特征或附加特征。CATIA 的修饰特征包括常规修饰特征和高级修饰特征，本节介绍常规修饰特征。

6.8.1 倒圆角

CATIA 中提供了 3 种圆角特征的创建方法。单击"修饰特征"工具栏中的"倒圆角"按钮 右下角的小三角形，弹出"圆角"工具栏，如图 6-89 所示。

1. 圆角

圆角是指具有固定半径或可变半径的弯曲面，它与两个曲面相切并接合这两个曲面，这三个曲面共同形成一个内角或一个外角。

单击"修饰特征"工具栏中的"倒圆角"按钮，弹出"倒圆角定义"对话框，如图 6-90 所示。

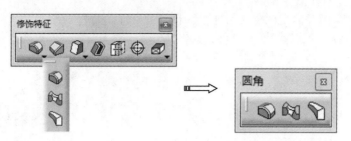

图 6-89

图 6-90

"倒圆角定义"对话框中相关选项参数含义如下。

- 半径：设置圆角半径值。
- 要圆角化的对象：选择要创建圆角的对象，可以是边线、面及特征。
- 传播：圆角的拓展模式，包括相切、最小、相交和与选定特征相交 4 种模式，如图 6-91 所示。

  » 相切：当选择某一条边线时，所有和该边线光滑连接的棱边都将被选中进行倒圆角。

  » 最小：仅圆角化选中的边线，并将圆角光滑过渡到下一条线段。

  » 相交：此模式会在所选面与当前实体中其余面的交点处创建圆角，此模式是基于特征的选择，而其他的选择模式是基于边缘或面的选择。

  » 与选定特征相交：选择几何特征会自动选择其交点处的边并对其进行圆角化处理。

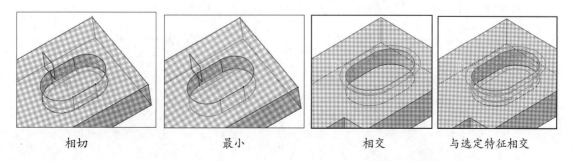

| 相切 | 最小 | 相交 | 与选定特征相交 |

图 6-91

- 变化：圆角半径的变化模式，分变量和常量两种，如图 6-92 所示。"变量"是圆角半径是可变的；"常量"指的是圆角半径是恒定不变的，通常设置的是"常量"。

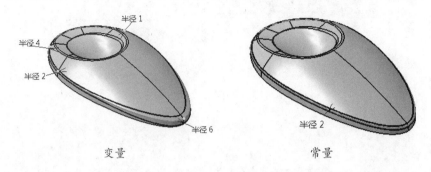

变量   常量

图 6-92

- 二次曲线参数：采用二次曲线的参数驱动方式来创建圆滑过渡，如图 6-93 所示。

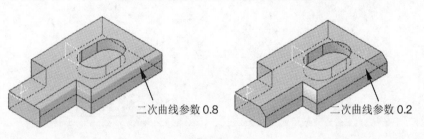

二次曲线参数 0.8   二次曲线参数 0.2

图 6-93

- 修剪带：如果选择使用"相切"拓展模式，还可以修剪交叠的圆角，如图 6-94 所示。

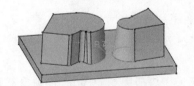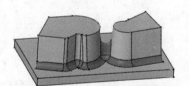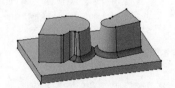

选择要倒圆角的边   未选中"修剪带"复选框   选中"修剪带"复选框

图 6-94

- 要保留的边线：可以选择不需要圆角化的其他边线。倒角时，若设置的圆角半径大于圆角化范围，可以选择保留边线来解决此问题，如图 6-95 所示。

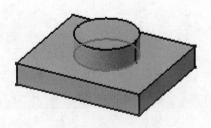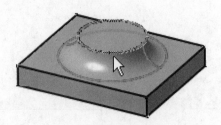

选择要倒圆角的边线   保留上方的边线不倒圆角

图 6-95

● 限制元素：可以在模型中指定倒圆角的限制对象，边限制对象可以是平面、连接曲面、曲线或边线上的点等，如图 6-96 所示。

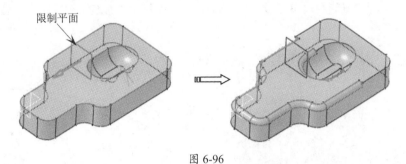

图 6-96

动手操作——倒圆角操作

01 打开本例源文件 6-10.CATPart 文件，如图 6-97 所示。

02 单击"圆角"工具栏中的"倒圆角"按钮 ，弹出"倒圆角定义"对话框。在模型中选择要倒圆的边线，如图 6-98 所示。

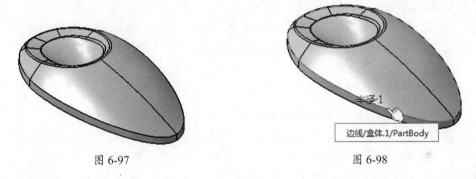

图 6-97   图 6-98

03 在"倒圆角定义"对话框中的"变化"选项组中单击"变量"按钮 ，在"点"文本框中右击并在弹出的快捷菜单中选择"清除选择"选项，将默认选择的圆角半径变化控制点对象取消，如图 6-99 所示。

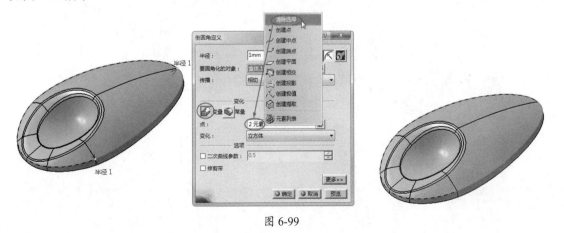

图 6-99

04 在模型中选择的倒圆角的边线上重新选择两个控制点，并单击半径值进行修改，如图6-100所示。

05 在对话框中单击"预览"按钮查看效果，符合要求后单击"确定"按钮完成倒圆角操作，结果如图6-101所示。

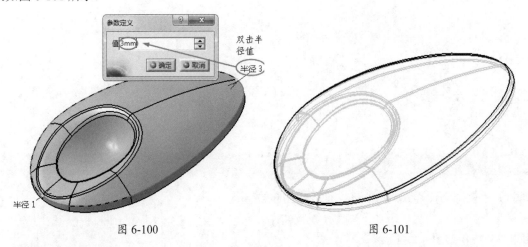

图 6-100   图 6-101

2. 面与面的圆角

当面与面之间不相交或面与面之间存在两条以上锐化边线时，可以使用"面与面的圆角"命令创建圆角，要求该圆角半径应小于最小曲面的高度，而大于曲面之间最小距离的1/2。

动手操作——面与面的圆角操作

01 打开本例源文件6-11.CATPart，如图6-102所示。

02 单击"修饰特征"工具栏中的"面与面的圆角"按钮，弹出"定义面与面的圆角"对话框。

03 在模型中选择两个圆锥台的锥面作为要创建面与面圆角的参考面，如图6-103所示。

04 在"定义面与面的圆角"对话框中设置"半径"值为35mm，单击"确定"按钮完成面与面的圆角操作，结果如图6-104所示。

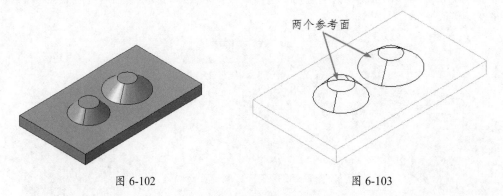

图 6-102   图 6-103

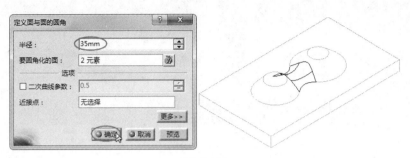

图 6-104

3. 三切线内圆角

"三切线内圆角"是指通过选定的 3 个相交面,创建一个与这 3 个面均相切的圆角面。

动手操作——三切线内圆角操作

01 打开本例源文件 6-12.CATPart,如图 6-105 所示。

02 单击"圆角"工具栏中的"三切线内圆角"按钮 ,弹出"定义三切线内圆角"对话框。

03 在模型中选择相对称的两个面作为要圆角化的面,如图 6-106 所示。

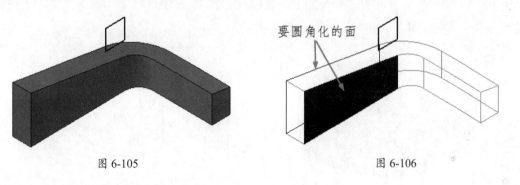

图 6-105　　　　　　　　　　　　　　　　　图 6-106

04 选择一个要移除的面,如图 6-107 所示。

05 单击"更多"按钮,激活"限制元素"文本框,再选择参考平面为限制平面,如图 6-108 所示。

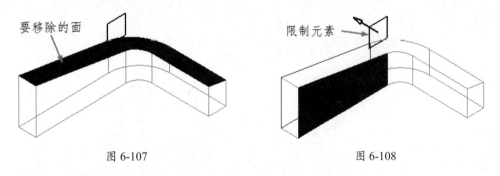

图 6-107　　　　　　　　　　　　　　　　　图 6-108

06 单击"确定"按钮完成三切线内圆角的创建,如图 6-109 所示。

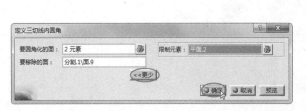
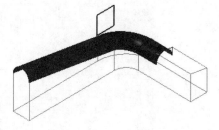

图 6-109

6.8.2 倒角

倒角的创建包含从选定边线上移除或添加平截面，以便在共用此边线的两个原始面之间创建斜曲面，通过沿一条或多条边线拓展可获得倒角。

动手操作——倒角操作

01 打开本例源文件 6-12.CATPart，如图 6-110 所示。

02 单击"修饰特征"工具栏中的"倒角"按钮，弹出"定义倒角"对话框。

03 在模型上选择如图 6-111 所示的要倒角的 4 条边线。

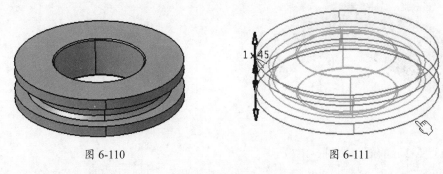

图 6-110   图 6-111

04 在对话框中设置"长度 1"值为 2mm，其余参数保持默认设置，最后单击"确定"按钮完成倒角特征的创建，如图 6-112 所示。

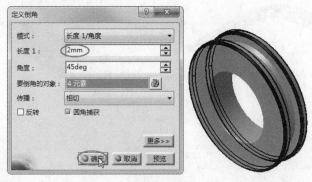

图 6-112

6.8.3 拔模

拔模也称为"脱模"，用于压铸、注塑、压塑等铸造模具的产品，需要进行拔模处理，避免模具的型腔与型芯部分在分离时因与产品产生摩擦而导致外观质量下降。CATIA 提供了多种拔模特征工具，单击"修饰特征"工具栏中的"拔模斜度"按钮 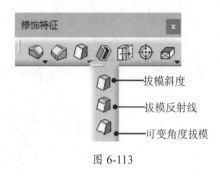 右下角的小三角形，弹出拔模工具，如图 6-113 所示。

图 6-113

1. 拔模斜度

利用"拔模斜度"命令，选择要拔模的面并设置拔模角度来进行拔模，如图 6-114 所示。可选择拔模固定边来决定拔模效果。

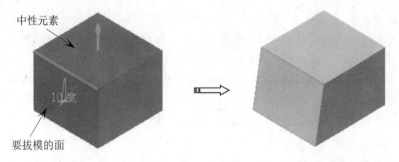

图 6-114

单击"修饰特征"工具栏中的"拔模斜度"按钮 🥠，弹出"定义拔模"对话框，如图 6-115 所示。

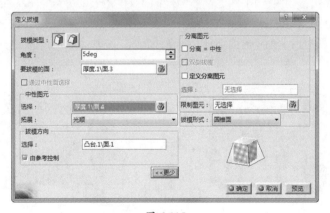

图 6-115

"定义拔模"对话框中相关选项参数含义如下。

- 拔模类型：包括"常量"和"变量"两种，这里的"变量"类型也就是"可变角度拔模"。
- 角度：设置要拔模的面与拔模方向之间的夹角。正值表示沿拔模方向的逆时针方向拔模；输入负值可以反向拔模。

- 要拔模的面：要创建拔模的面。
- 通过中性面选择：选中"通过中性面选择"复选框，可以选择一个中性面，那么与中性面相交的所有面将被定义为要拔模的面，如图6-116所示。

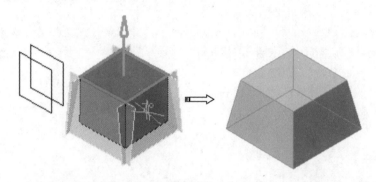

图 6-116

- "中性图元"选项组：用来设置拔模固定参考面。
  - » 选择：中性面是一个拔模参考，该面始终与拔模方向垂直。同时，中性面也可以作为拔模时的固定端参考。在中性面一侧的拔模面将不会旋转。中性面可以是多个面，默认情况下拔模方向由中性面的第一个面给定。
  - » 拓展：用于指定拔模延伸的拓展类型。"无"表示不创建拔模延伸；"光顺"表示要创建拔模的平滑延伸。
- "拔模方向"选项组：拔模方向是指模具系统的型腔与型芯分离时，成型零件脱离型芯（或型腔）的推出方向，也称"脱模方向"。
  - » 由参考控制：选中"由参考控制"复选框，拔模方向将由中性面来控制（与中性面垂直）。
- "分离图元"选项组：用于定义模型中不同拔模斜度的分离图元。可选择平面、面或曲面作为分离图元，将模型分割成两部分，每部分可以分别定义不同的拔模方向进行拔模。
  - » 分离＝中性：使用中性面作为分离图元，在中性面的一侧进行拔模，如图6-117所示。

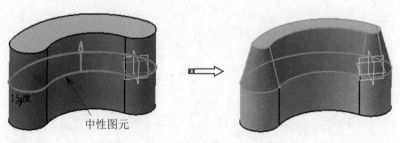

中性图元

图 6-117

  - » 双侧拔模：以中性图元为界，在分离图元的两侧同时拔模，如图6-118所示。

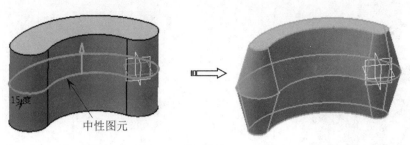

图 6-118

» 定义分离图元：选中"定义分离图元"复选框，可以任选一个平面或曲面作为分离图元，如图 6-119 所示。

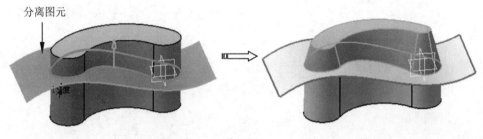

图 6-119

● 限制图元：指定不需要创建拔模的限制图元。例如在某个模型面中，仅对某一部分进行拔模，那么就可以指定或创建限制图元来达到此目的，如图 6-120 所示。

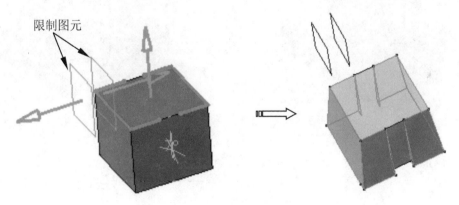

图 6-120

● 拔模形式：当要拔模的面为平面时，系统会自动采用"正方形"的拔模形式进行拔模。当要拔模的面为圆柱面或圆锥面时，系统会自动识别并采用"圆锥"的拔模形式来创建拔模。

动手操作——创建简单拔模

01 打开本例源文件 6-13.CATPart，如图 6-121 所示。

02 单击"修饰特征"工具栏中的"拔模斜度"按钮 ，弹出"定义拔模"对话框，在"角度"文本框中输入 3deg，如图 6-122 所示。

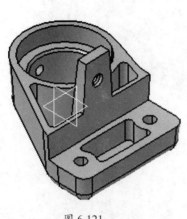

图 6-121

图 6-122

03 在模型上选择一个表面作为要拔模的面，如图 6-123 所示。

04 激活"中性图元"的"选择"文本框，然后选择底座上表面为中性面，如图 6-124 所示。

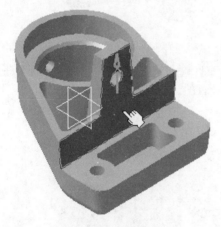

图 6-123

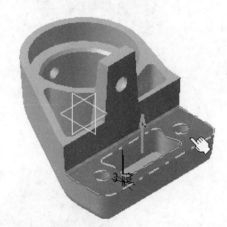

图 6-124

05 单击"确定"按钮，完成模型面的拔模操作，如图 6-125 所示。

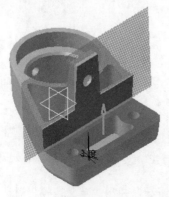

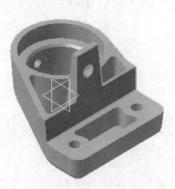

图 6-125

2. 拔模反射线

"拔模反射线"命令利用模型表面的投影线作为中性图元来创建模型上的拔模特征。

动手操作——拔模反射线操作

01 打开本例源文件 6-14.CATPart，如图 6-126 所示。

02 单击"修饰特征"工具栏中的"拔模反射线"按钮，弹出"定义拔模反射线"对话框。

03 在"角度"文本框中输入 10deg，如图 6-127 所示。

图 6-126   图 6-127

04 在模型上选择圆柱面作为要拔模的面，如图 6-128 所示。

05 激活"拔模方向"文本框，在特征树中选择 zx 平面为中性面（拔模方向参考）。单击"更多"按钮，选中"定义分离元素"复选框，再选择 zx 平面作为分离元素，如图 6-129 所示。

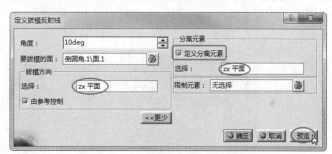

图 6-128   图 6-129

06 特征预览确认无误后单击"确定"按钮，完成拔模特征的创建，如图 6-130 所示。

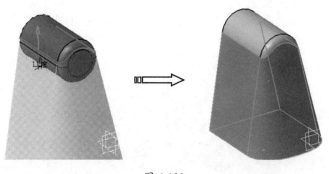

图 6-130

3. 可变角度拔模

"可变角度拔模"命令可以在模型中一次性创建多个不同拔模角度的拔模特征。

01 打开本例源文件 6-15.CATPart，如图 6-131 所示。

02 单击"修饰特征"工具栏中的"可变角度拔模"按钮 🗇，弹出"定义拔模"对话框。

03 选择要拔模的面，激活"中性元素"的"选择"文本框，再选择上表面为中性面，如图 6-132 所示。

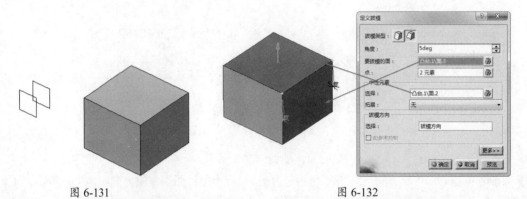

图 6-131   图 6-132

04 激活"点"文本框，然后添加一个控制点，如图 6-133 所示。

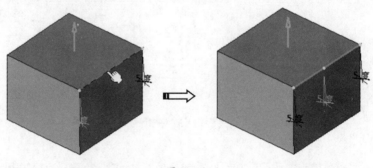

图 6-133

05 双击新增的控制点的角度值，弹出"参数定义"对话框，并更改拔模角度值，如图 6-134 所示。

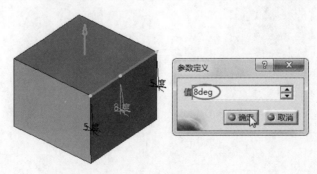

图 6-134

06 单击"确定"按钮，完成可变拔模角度的操作，如图 6-135 所示。

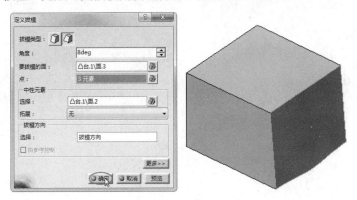

图 6-135

6.8.4 盒体

盒体也称"抽壳"，"盒体"命令用于从实体内部或外部按一定厚度来添加（或移除）材料，使实体形成薄壁壳体，如图 6-136 所示。

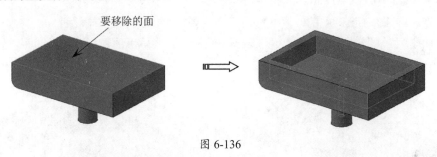

要移除的面

图 6-136

动手操作——抽壳操作

01 打开本例源文件 6-16.CATPart，如图 6-137 所示。

02 单击"修饰特征"工具栏中的"盒体"按钮 ，弹出"定义盒体"对话框。

03 在"默认内侧厚度"文本框中输入 1.5mm，然后选择要移除的面，如图 6-138 所示。

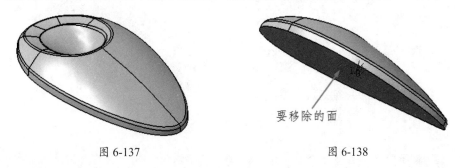

要移除的面

图 6-137   图 6-138

04 单击"确定"按钮，系统自动完成抽壳特征的创建，如图 6-139 所示。

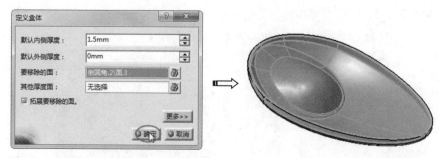

图 6-139

6.8.5 厚度

在某些情况下，加工零件前需要增大厚度或移除厚度。"厚度"命令的作用等同于"厚曲面"命令，但是"厚曲面"命令除了加厚曲面，还可以加厚实体面，而"厚度"命令仅针对实体面加厚。

动手操作——厚度操作

01 打开本例源文件 6-11.CATPart，如图 6-140 所示。

02 单击"修饰特征"工具栏中的"厚度"按钮，弹出"定义厚度"对话框。

03 在"默认厚度"文本框中输入厚度值 15mm，然后选择实体上面作为默认厚度面，如图 6-141 所示。

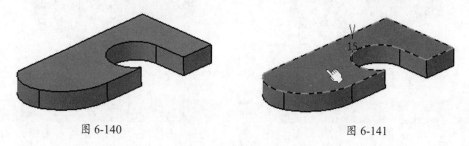

图 6-140   图 6-141

04 单击"确定"按钮，完成实体厚度的定义，如图 6-142 所示。

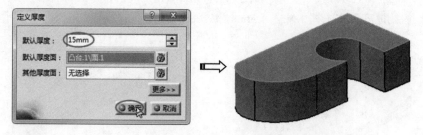

图 6-142

6.8.6 移除面

当零件太复杂而无法进行有限元分析时，可以使用"移除面"命令移除一些不需要的面，以达到简化零件的目的。同理，当不再需要简化零件时，只需将移除面特征删除，即可恢复零件模型到简化操作之前的状态。

动手操作——移除面操作

01 打开本例源文件 6-18.CATPart，如图 6-143 所示。

02 单击"修饰特征"工具栏中的"移除面"按钮 🖼，弹出"移除面定义"对话框。

03 在模型上选择要移除的面和要保留的面，如图 6-144 所示。

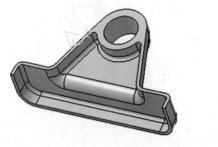
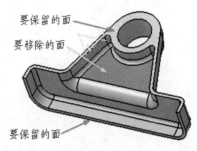

图 6-143   图 6-144

04 单击"确定"按钮，完成移除面操作（即删除壳体特征），如图 6-145 所示。

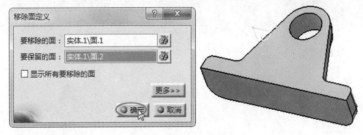

图 6-145

05 同理，可以将模型中的圆角面移除，如图 6-146 所示。

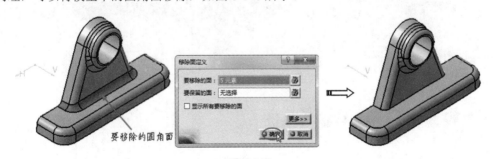

图 6-146

6.8.7　替换面

"替换面"命令可以用一个面替换一个或多个面。替换面通常来自不同的体，但也可能和要替换的面来自同一个体。选定的替换面必须位于同一个体上，并形成由边连接而成的链，替换的面必须是实体面或片体面，不能是基准平面。

动手操作——替换面操作

01 打开本例源文件 6-19.CATPart 文件，如图 6-147 所示。

02 单击"修饰特征"工具栏中的"替换面"按钮，弹出"定义替换面"对话框。

03 在模型上选择替换曲面和要移除的面，如图 6-148 所示。

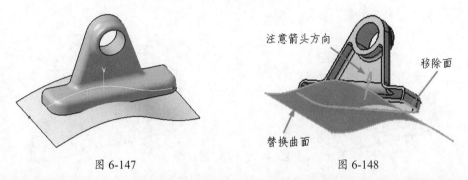

图 6-147　　　　　　　　　　　　　　　图 6-148

操作技巧：

选择替换面和要移除的面后，注意替换方向箭头要指向模型内部，否则不能正确创建替换面特征，可以单击替换方向箭头改变方向。

04 单击"确定"按钮完成替换面操作，如图 6-149 所示。

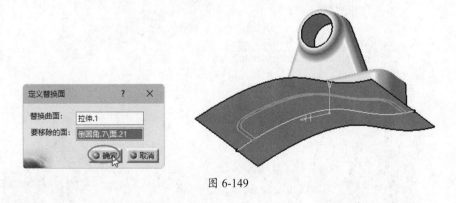

图 6-149

6.9　实战案例——摇柄零件设计

　　本节设计一个机械零件，旨在融会贯通前面介绍的实体特征建模指令，摇柄零件设计的造型如图 6-150 所示。

图 6-150

建模流程的图解如图 6-151 所示。

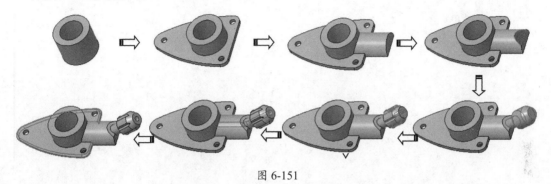

图 6-151

操作步骤

01 启动 CATIA，在菜单栏中执行"开始"|"机械设计"|"零件设计"命令进入零件环境。

02 创建第 1 个主特征——凸台特征。

- 在"基于草图的特征"工具栏中单击"凸台"按钮，弹出"定义凸台"对话框。
- 单击"定义凸台"对话框中"轮廓 / 曲面"选项组的"创建草图"按钮。
- 选择 xy 平面为草图平面，进入草图工作台绘制如图 6-152 所示的草图曲线。
- 单击"退出草图工作台"按钮退出草图工作台。
- 在"定义凸台"对话框设置"长度"值为 25mm，最后单击"确定"按钮完成创建，如图 6-153 所示。

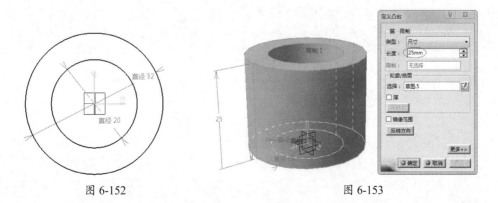

图 6-152   图 6-153

03 创建第 2 个凸台特征。

- 单击"参考图元"工具栏的"平面"按钮，新建平面 1，如图 6-154 所示。

- 在"基于草图的特征"工具栏中单击"凸台"按钮 。
- 单击"定义凸台"对话框中"轮廓/曲面"选项组的"创建草图"按钮 。
- 选择平面1为草图平面，进入草图工作台绘制如图6-155所示的草图曲线。

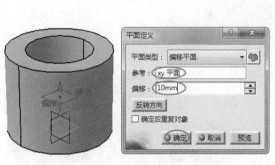

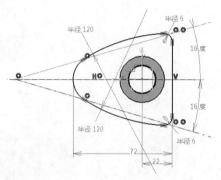

图 6-154   图 6-155

- 退出草图工作台，在"定义凸台"对话框中设置"长度"值为1.5mm，选中"镜像范围"复选框，单击"确定"按钮完成创建，如图6-156所示。

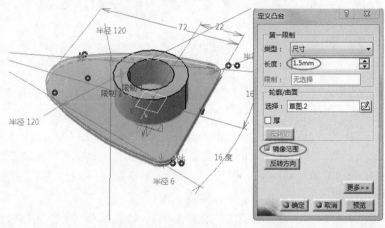

图 6-156

操作技巧：

草图中的虚线是为了表达角度标注而建立的，退出草图工作台时最好删除，避免草绘不完整。

04 创建第3个凸台特征。

- 单击"平面"按钮 ，新建平面2，如图6-157所示。
- 在"基于草图的特征"工具栏中单击"凸台"按钮 。
- 单击"定义凸台"对话框中"轮廓/曲面"选项组的"创建草图"按钮 。
- 选择平面.2为草图平面，进入草图工作台绘制如图6-158所示的草图曲线。
- 退出草图工作台后在"定义凸台"对话框设置拉伸类型为"直到下一个"或者"直到曲面" ，单击"确定"按钮完成创建，如图6-159所示。

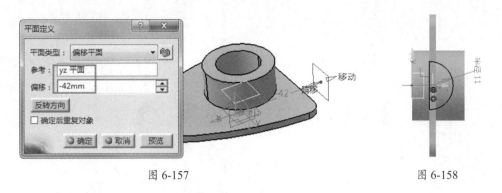

图 6-157　　　　　　　　　　　　　　　　　图 6-158

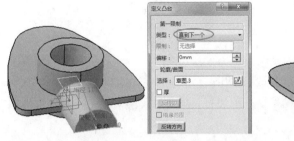

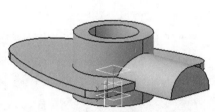

图 6-159

05 创建第 4 个特征（凹槽特征）。此凹槽特征是第 3 个凸台的子特征，但需要先创建。

- 在"基于草图的特征"工具栏中单击"凹槽"按钮 。
- 单击"定义凸台"对话框中"轮廓 / 曲面"选项组的"创建草图"按钮 。
- 选择 zx 平面为草图平面，进入草图工作台绘制如图 6-160 所示的草图曲线。
- 退出草图工作台后在"定义凹槽"对话框中输入"深度"值为 10mm，并选中"镜像范围"复选框，最后单击"确定"按钮完成创建，如图 6-161 所示。

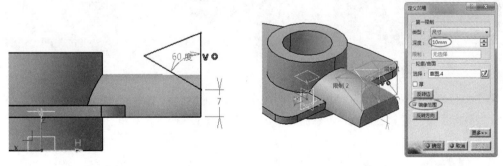

图 6-160　　　　　　　　　　　　　　　　　图 6-161

06 创建第 5 个特征。该特征由"旋转体"创建。

- 在"基于草图的特征"工具栏中单击"旋转"按钮 。
- 选择 zx 平面为草图平面，进入草图工作台，绘制如图 6-162 所示的草图曲线。
- 退出草图工作台，在"定义旋转"对话框中单击"确定"按钮完成创建，如图 6-163 所示。

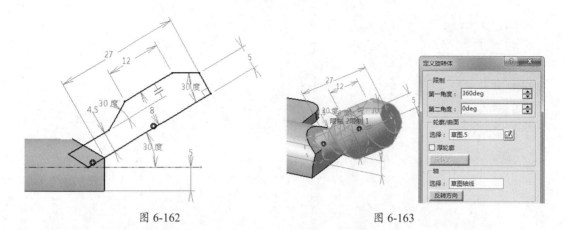

图 6-162　　　　　　　　　　　　　　　图 6-163

07 创建子特征——凹槽。

- 在"基于草图的特征"工具栏中单击"凹槽"按钮 。
- 选择旋转体端面为草图平面，进入草图工作台绘制如图 6-164 所示的草图曲线。
- 退出草图工作台，在"定义凹槽"对话框设置拉伸类型，最后单击"确定"按钮完成拉伸减除操作，如图 6-165 所示。

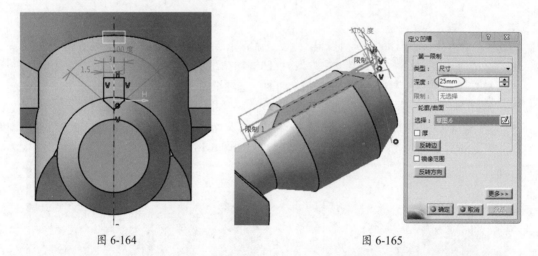

图 6-164　　　　　　　　　　　　　　　图 6-165

- 单击"参考图元"工具栏的"直线"按钮 ，以"曲面的法线"线型，选择曲面并创建参考点，创建如图 6-166 所示的直线。

图 6-166

- 在"直线定义"对话框中，设置直线长度，如图 6-167 所示。单击"确定"按钮完成直线的创建，此直线将作为阵列轴使用。

- 选中拉伸凹槽特征，在"变换特征"工具栏中单击"圆形阵列"按钮  ，打开"定义圆形阵列"对话框，如图 6-168 所示。

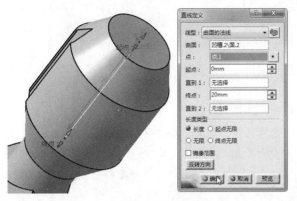

图 6-167　　　　　　　　　　　　　　　　图 6-168

- 在"轴向参考"选项卡中，输入"实例"值为 6，成员之间的"角度间距"值为 60deg，再到模型中选择上一步创建的直线作为参考图元，最后单击"确定"按钮完成凹槽的圆形阵列，如图 6-169 所示。

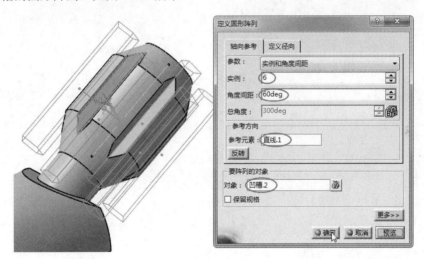

图 6-169

08 创建子特征——开槽特征。

- 单击"草图"按钮 ，选择 zx 平面为草图平面，绘制如图 6-170 所示的草图曲线。
- 单击"草图"按钮 ，选中模型上的一个端面作为草图平面，如图 6-171 所示。

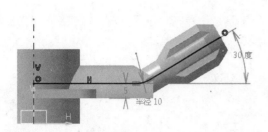

图 6-170

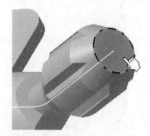

图 6-171

- 进入草图工作台绘制如图 6-172 所示的截面曲线。
- 在"基于草图的特征"工具栏中单击"开槽"按钮 ，打开"定义开槽"对话框。选择上一步绘制的曲线（半径为 2mm 的圆）作为扫描轮廓，接着选择草图曲线（图 6-172 中绘制的曲线）作为中心曲线，最后单击"确定"按钮，完成开槽特征的创建，如图 6-173 所示。

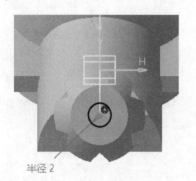

图 6-172

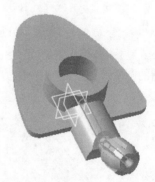

图 6-173

09 在凸台特征 .2 上创建完全倒圆角特征（子特征）。

- 单击"修饰特征"工具栏的"定义三切线内圆角"按钮 ，打开"定义三切线内圆角"对话框。
- 先按住 Ctrl 键选择凸台特征 .2 上、下两个表面作为要圆角化的面，如图 6-174 所示。
- 激活"要移除的面"文本框，选择中间曲面为要移除的面，如图 6-175 所示。

图 6-174

图 6-175

- 单击"确定"按钮，完成整个机械零件的创建，如图 6-176 所示。

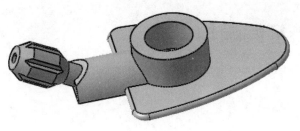

图 6-176

6.10 习题

习题一

通过使用零件设计工作台中的特征设计工具，创建如图 6-177 所示的座体模型。

操作内容如下。

（1）选择 xy 平面绘制草图轮廓。

（2）创建多个凸台特征。

（3）创建多个凹槽特征。

（4）创建孔特征完成模型的创建。

习题二

通过使用零件设计工作台中的特征设计工具，创建如图 6-178 所示的支架模型。

操作内容如下。

（1）选择 xy 平面绘制草图轮廓。

（2）创建多个凸台特征。

（3）创建多个凹槽特征。

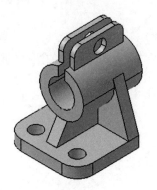

图 6-177   图 6-178

第 7 章 特征编辑与操作

项目导读

通过零件设计工作台中的特征工具很难创建复杂形状与结构的零件模型，这需要借助辅助建模工具来完成，可提高建模效率。这些辅助建模工具包括关联几何体的布尔运算、基于曲面的特征操作、特征变换操作、零件的修改和重定义等。

项目分解

知识点 1：关联几何体的布尔运算

知识点 2：基于曲面的特征操作

知识点 3：特征的变换操作

知识点 4：修改零件

7.1 关联几何体的布尔运算

布尔运算是将一个零部件中的两个或两个以上的零件几何体组合到一起，通过添加、移除、相交、联合修剪等几何运算得到新的零件几何体。CATIA 布尔运算的操作对象是"零件几何体"，而不是"特征"，如图 7-1 所示。这也就是说，在零件几何体中特征之间是不能进行布尔运算的。

7.1.1 装配

"装配"命令是集成零件规格的布尔运算，它允许创建复杂的几何图形。

单击"布尔操作"工具栏中的"装配"按钮，弹出"装配"对话框，如图 7-2 所示。

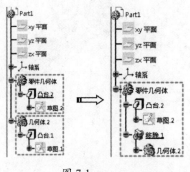

图 7-1

图 7-2

激活"装配"文本框，选择要装配的零件几何体，激活"到"文本框，选择装配目标几何体，单击"确定"按钮，系统完成几何体的装配运算，如图 7-3 所示。

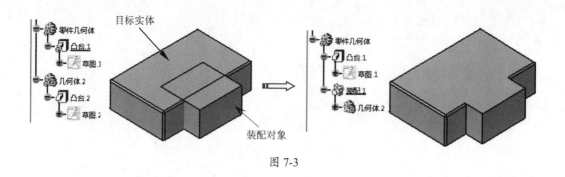

图 7-3

7.1.2 添加（布尔求和）

"添加"命令是将两个零件几何体或多个零件几何体进行合并，从而得到一个新的零件几何体，如图7-4所示。选择目标几何体和工具几何体时可以颠倒选择顺序。

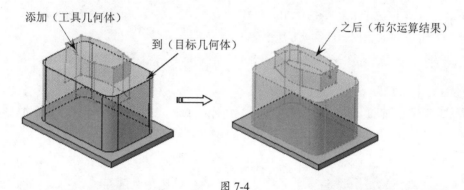

图 7-4

单击"布尔操作"工具栏中的"添加"按钮，弹出"添加"对话框，如图7-5所示。

虽然添加运算的结果与装配运算的结果相同，但它们是有区别的，区别在于装配运算时所选的对象只能是"几何体"，而添加运算时可选的对象包含了几何体与特征。

图 7-5

7.1.3 移除（布尔求差）

"移除"命令可以从一个零件几何体中减去另一个零件几何体的体积，而得到新的几何体。

单击"布尔操作"工具栏中的"移除"按钮，弹出"移除"对话框，如图7-6所示。

图 7-6

激活"移除"文本框，选择要移除的工具几何体，再激活"从"文本框，并选择目标几何体，单击"确定"按钮，完成移除运算操作，如图 7-7 所示。

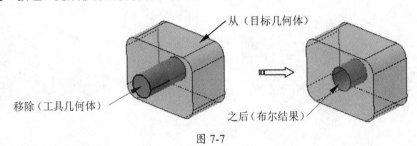

图 7-7

7.1.4 相交（布尔求差）

利用"相交"命令，可以在两个零件几何体之间创建相交操作来取其交集部分。

单击"布尔操作"工具栏中的"相交"按钮 ，弹出"相交"对话框，如图 7-8 所示。

图 7-8

激活"相交"文本框，选择要相交的工具几何体，激活"到"文本框选择工具几何体，最后单击"确定"按钮，完成相交运算操作，如图 7-9 所示。

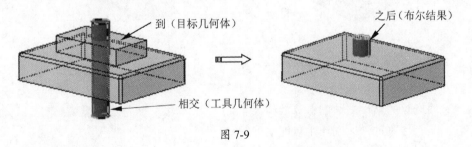

图 7-9

7.1.5 联合修剪

"联合修剪"命令可以在两个零件几何体之间进行添加、移除、相交等操作，然后需要定义要保留或删除的元素。

单击"布尔操作"工具栏中的"联合修剪"按钮 ，先选择修剪对象，会弹出"定义修剪"对话框，如图 7-10 所示。

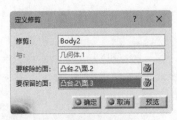

图 7-10

激活"要移除的面"文本框，再选择要移除的面，最后激活"要保留的面"文本框，选择要保留的面，单击"确定"按钮后完成联合修剪操作，如图 7-11 所示。

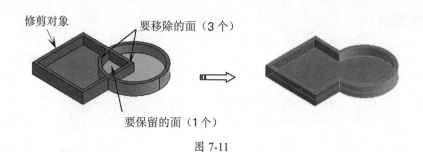

图 7-11

联合修剪操作时需要遵守以下规则。

1. 规则一

在选择"要移除的面"后，仅移除所选的几何体，如图 7-12 所示。

图 7-12

2. 规则二

在选择"要保留的面"时，仅保留选定的几何体，而其他几何体则被移除，如图 7-13 所示。

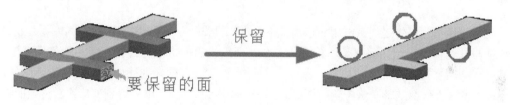

图 7-13

3. 规则三

如果存在"要保留的面"，就不必再选择"要移除的面"，二者取其一即可。两个选项的作用相同，如图 7-14 所示。

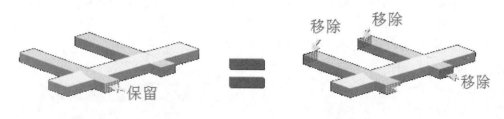

图 7-14

7.1.6 移除块

"移除块"命令可以移除与零件几何体接触但不相交的零件几何体。

图 7-15

单击"布尔操作"工具栏中的"移除块"按钮 ，选择要修剪的几何体（即修剪主体），弹出"定义移除块（修剪）"对话框，如图 7-15 所示。

激活"要移除的面"文本框，选择要移除的几何体面，激活"要保留的面"文本框，可以选择要保留的面，也可以不选择。最后单击"确定"按钮，完成移除块操作，如图 7-16 所示。

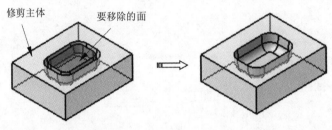

图 7-16

7.2 基于曲面的特征操作

在几何体与几何体之间可以用布尔运算工具进行操作，从而使零件几何体增加、减去或交集。但特征与几何体不同，几何体是由单个或多个特征组成的，特征与特征之间不能使用布尔运算工具进行增减操作，只能使用诸如"凸台""凹槽"等这些工具进行加特征或减特征操作，这些特征的增减操作都是基于草图轮廓进行的，操作起来比较烦琐，很难得到外形比较复杂的特征。此时，可借助曲面对特征进行增减操作，极大提升了建模效率。下面介绍一些常用的基于曲面的特征操作工具。

7.2.1 分割特征

利用"分割"命令，可以使用平面、面或曲面来修剪掉特征中的某一部分，从而生成新的实体特征。

单击"基于曲面的特征"工具栏中的"分割"按钮 ，弹出"定义分割"对话框，如图 7-17 所示。激活"分割图元"文本框，选择分割曲面后，曲面上会显示修剪方向箭头，箭头所指为特征保留部分，要改变修剪方向箭头，可以直接单击方向箭头，单击"确定"按钮即可完成特征的分割，如图 7-18 所示。

图 7-17

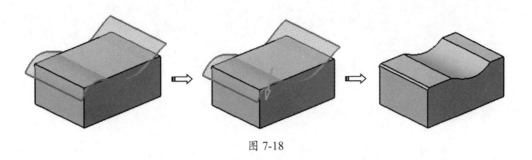

图 7-18

动手操作——分割特征实例

01 打开本例源文件 7-1.CATPart，如图 7-19 所示。

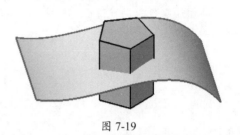

图 7-19

02 单击"基于曲面的特征"工具栏中的"分割"按钮 ，弹出"定义分割"对话框。选择曲面为分割元素，单击箭头使其指向模型下方，如图 7-20 所示。

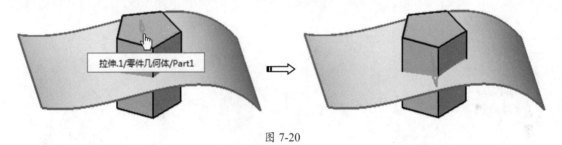

图 7-20

03 单击"确定"按钮，完成分割操作，如图 7-21 所示。

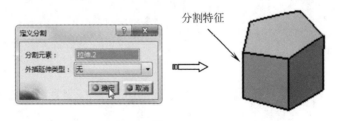

图 7-21

7.2.2 厚曲面特征

通过"厚曲面"命令，可以在曲面的两个相反方向添加材料，如图 7-22 所示。

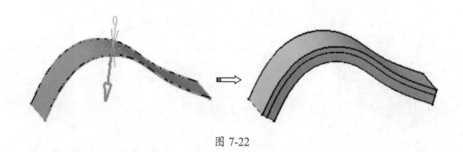

图 7-22

动手操作——厚曲面特征实例

01 打开本例源文件 7-2.CATPart，如图 7-23 所示。

图 7-23

02 单击"基于曲面的特征"工具栏中的"厚曲面"按钮 ，弹出"定义厚曲面"对话框。

03 激活"要偏移的对象"文本框，选择曲面作为要偏移的对象，保证加厚方向箭头指向外（若不是可以单击箭头更改方向）。设置"第一偏移"值为 2，单击"确定"按钮，完成加厚特征的创建，如图 7-24 所示。

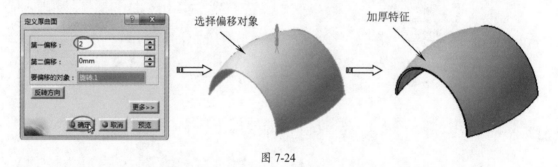

图 7-24

7.2.3 封闭曲面

"封闭曲面"命令是指在原有曲面基础上，封闭曲面的开口，使之形成完全封闭的曲面组合，系统会自动在曲面内部填充材料，使封闭曲面形成实体，如图 7-25 所示。

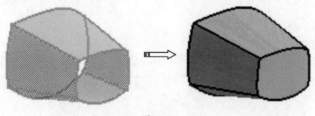

图 7-25

01 打开本例源文件 7-3.CATPart，如图 7-26 所示。

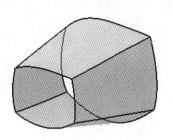

图 7-26

02 单击"基于曲面的特征"工具栏中的"封闭曲面"按钮 ◇，弹出"定义封闭曲面"对话框。

03 选择要封闭的对象曲面，然后单击"确定"按钮，系统会自动创建封闭曲面并生成实体特征，如图 7-27 所示。

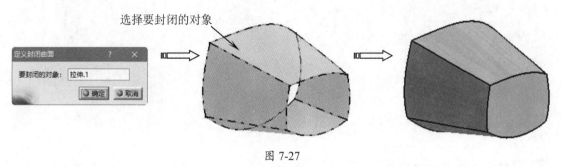

图 7-27

7.2.4　缝合曲面

缝合是将曲面和特征表面合并，其缝合曲面形成特征的原理与封闭曲面相同。此功能通过修改实体的曲面来添加或移除材料，如图 7-28 所示。

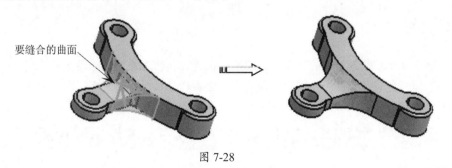

图 7-28

01 打开本例源文件 7-4.CATPart，如图 7-29 所示。

图 7-29

02 单击"基于曲面的特征"工具栏中的"缝合曲面"按钮 ，弹出"定义缝合曲面"对话框。

03 选择要缝合的曲面，保留其余选项的默认设置，最后单击"确定"按钮完成特征的创建，如图 7-30 所示。

要缝合的曲面

图 7-30

7.3 特征的变换操作

特征的变换是指对零件几何体中的局部特征（也可以对零件几何体进行变换操作）进行位置与形状变换、创建副本（包括镜像和阵列）等操作。特征变换是帮助用户高效建模的辅助工具，下面逐一介绍特征变换操作工具。

7.3.1 平移

"平移"命令用于在指定的方向、点或坐标位置上，将工作对象进行平移操作。

平移操作对象也是当前工作对象，需要在创建旋转变换操作前先定义工作对象（右击零件几何体或特征，在弹出的快捷菜单中选择"定义工作对象"选项）。

动手操作——平移操作

01 打开本例源文件 7-5.CATPart，如图 7-31 所示。

02 单击"变换特征"工具栏中的"平移"按钮 ，弹出"问题"对话框，如图 7-32 所示。

03 单击"问题"对话框中的"是"按钮，弹出"平移定义"对话框。

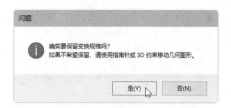

图 7-31   图 7-32

04 在"向量定义"下拉列表中选择"方向、距离"模式，然后在模型中选择 Y 轴作为移动方向，设置平移"距离"值为 100mm，在"方向"文本框中右击并在弹出的快捷菜单中选择"Y 部件"选项，最后单击"确定"按钮完成平移变换操作，如图 7-33 所示。

图 7-33

7.3.2　旋转

"旋转"命令是将所选特征（或零件几何体）绕指定轴线进行旋转，使其旋转到新位置，如图 7-34 所示。

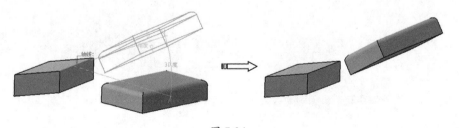

图 7-34

动手操作——旋转操作

01 打开本例源文件 7-6.CATPart。

02 在特征树中右击"零件几何体"对象，并在弹出的快捷菜单中选择"定义工作对象"选项，设置当前工作对象，如图 7-35 所示。

03 单击"变换特征"工具栏中的"旋转"按钮，弹出"问题"对话框，如图 7-36 所示。

04 单击"问题"对话框中的"是"按钮，弹出"旋转定义"对话框。

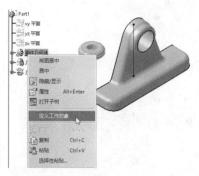

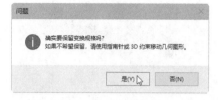

图 7-35   图 7-36

05 在"定义模式"下拉列表中选择"轴线 - 角度"模式，在模型中选择已有直线作为旋转轴线，再设置旋转"角度"值为180deg，最后单击"确定"按钮完成旋转变换操作，如图 7-37 所示。

图 7-37

7.3.3 对称

"对称"命令用于将选定的特征对称移至参考图元一侧的相应位置上，源对象将不被保留，如图 7-38 所示。参考图元可以是点、线或平面（或特征平面）。

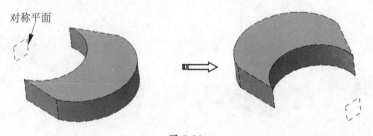

图 7-38

动手操作——对称操作

01 打开本例源文件 7-7.CATPart。在特征树中将"零件几何体"对象定义为工作对象，如图 7-39 所示。

02 单击"对称"按钮 ，弹出"问题"对话框，如图 7-40 所示。

03 单击"问题"对话框中的"是"按钮，弹出"对称定义"对话框。

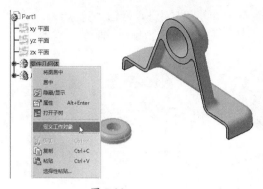

图 7-39   图 7-40

04 在模型中选择一个面作为对称平面，单击"确定"按钮完成对称变换操作，如图 7-41 所示。

图 7-41

7.3.4 定位

"定位"命令可以根据新的轴系对当前工作对象进行重新定位，可以一次转换一个或多个图元对象。

动手操作——定位操作

01 打开本例源文件 7-8.CATPart，如图 7-42 所示。

02 单击"定位"按钮 ，弹出"问题"对话框，单击对话框中的"是"按钮，如图 7-43 所示。

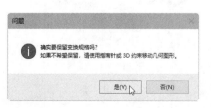

图 7-42   图 7-43

03 激活"参考"文本框，选择图形区中的坐标系作为参考坐标系，再激活"目标"文本框，选择另一个坐标系为目标坐标系，最后单击"确定"按钮完成定位变换操作，如图 7-44 所示。

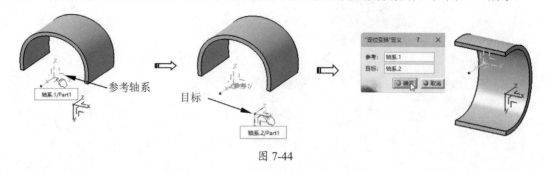

图 7-44

7.3.5 镜像

"镜像"命令是将特征或零件几何体相对于镜像平面进行镜像变换操作。镜像特征与对称特征的不同之处在于，镜像变换操作的结果会保留源对象，而对称变换操作的结果会移除源对象。

技术要点：

执行"镜像"命令之前，如果没有事先选择要进行镜像变换的特征，那么系统会默认选择当前工作对象（一般为零件几何体）为镜像对象。

动手操作——镜像操作

01 打开本例源文件 7-9.CATPart 文件，如图 7-45 所示。
02 单击"变换特征"工具栏中的"镜像"按钮，弹出"定义镜像"对话框。
03 选择 yz 平面作为镜像元素（镜像平面）。
04 在对话框中激活"要镜像的对象"文本框，然后在特征树中或模型中选择如图 7-46 所示的两个凸台特征（凸台 5 和凸台 8）作为镜像对象。

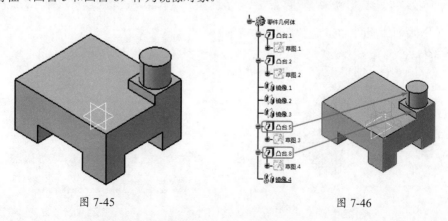

图 7-45

图 7-46

05 单击"确定"按钮完成镜像特征的创建，如图 7-47 所示。

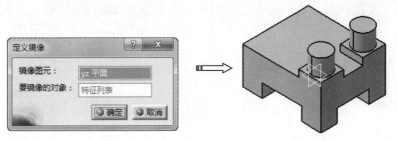

图 7-47

06 采用同样的操作方法，再选择 zx 平面作为镜像平面，将整个模型作为镜像的对象，创建新的镜像特征，如图 7-48 所示。

图 7-48

7.3.6　阵列

阵列是将选定的特征按照曲线、圆形、直线或矢量方向进行分布式排列，从而得到新的特征组合。CATIA 提供了 3 种阵列工具，包括矩形阵列、圆形阵列和用户阵列，如图 7-49 所示。

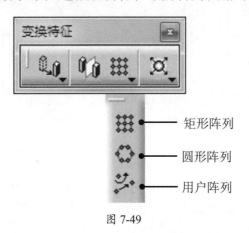

图 7-49

1. 矩形阵列

"矩形阵列"工具是按照矩形排列方式，将一个或多个特征复制到零件几何体表面上。

单击"矩形阵列"按钮，弹出"定义矩形阵列"对话框，如图 7-50 所示。该对话框中的两个选项卡各负责一个方向上的排列。

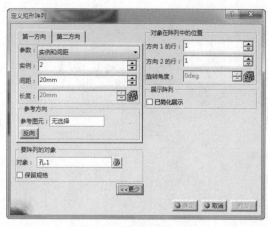
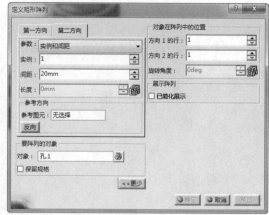

"第一方向"选项卡   "第二方向"选项卡

图 7-50

"定义矩形阵列"对话框中主要选项及参数的含义如下。

（1）参数。

用于定义特征的阵列方式和参数设定，包括以下选项。

- 实例和长度：通过指定实例（阵列成员）数量和阵列总长度并自动计算各成员之间的间距，如图 7-51 所示。
- 实例和间距：通过指定成员数量和成员之间的间距并自动计算总长度，如图 7-52 所示。
- 间距和长度：通过指定成员之间的间距和阵列总长度并自动计算实例的数量，如图 7-53 所示。

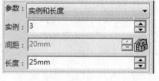

图 7-51

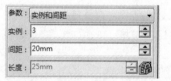

图 7-52

图 7-53

- 实例和不等间距：在每个成员之间设定不同间距值。选择该方式，在零件几何体中显示出所有阵列成员的间距值，双击间距值可以进行更改，如图 7-54 所示。

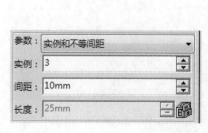

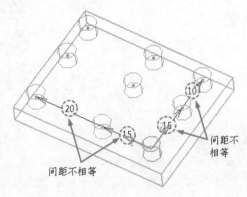

图 7-54

（2）参考方向。

- 参考图元：用作阵列的方向参考，可以是直线或模型边。
- 反向：单击"反向"按钮反转阵列方向。

（3）要阵列的对象。

- 对象：此文本框用于选择要进行阵列的特征对象。
- 保留规格：当创建的特征采用了"直到曲面"拉伸类型，阵列时可以选中此复选框保证其余成员也按"直到曲面"进行排列。图 7-55 所示为选中"保留规格"复选框和未选中该复选框的结果对比。

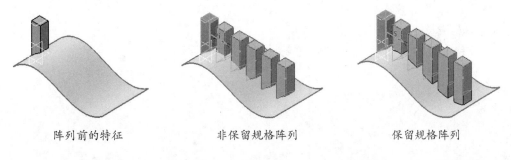

阵列前的特征　　　　　　非保留规格阵列　　　　　　保留规格阵列

图 7-55

（4）对象在阵列中的位置。

- 方向 1 的行、方向 2 的行：用于设置源特征在阵列中的行数与列数，如图 7-56 所示。

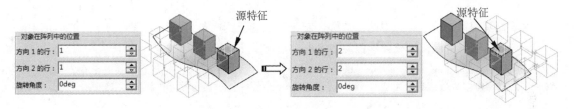

图 7-56

- 旋转角度：用于设置行（或列）与阵列参考方向之间的夹角，如图 7-57 所示。此参数用于创建平行四边形阵列。

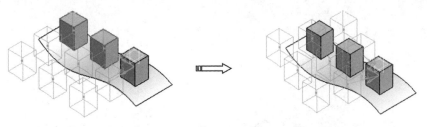

图 7-57

技术要点：

在阵列中可以删除某些阵列成员，在阵列预览中选择成员的位置点即可删除，如图7-58所示。

单击预览中阵列点

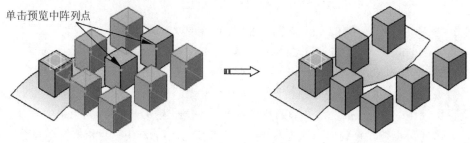

图 7-58

（5）交错阵列定义。

用于阵列成员的交错排列的设置。

- 交错：形成交错排列，不按直线排列，如图 7-59 所示。

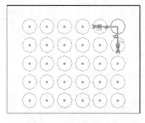

直线阵列

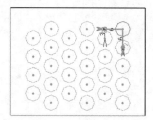

交错阵列

图 7-59

- 设置间距的一半：选中此复选框，交错步幅的值为成员之间间距值的一半。取消选中此复选框，可以在"交错步幅"文本框中自定义交错步幅值。

动手操作——矩形阵列操作

01 打开本例源文件 7-10.CATPart，如图 7-60 所示。

02 单击"矩形阵列"按钮，弹出"定义矩形阵列"对话框。

03 在"定义矩形阵列"对话框单击"对象"文本框，选择如图 7-61 所示要阵列的孔特征。

操作技巧：

必须单击"对象"文本框，否则系统将自动将整个零件模型作为阵列对象。

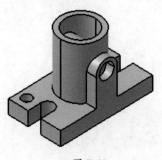

图 7-60

选择孔

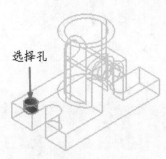

图 7-61

04 激活"第一方向"选项卡中的"参考元素"文本框，选择零件底座的边线为方向参考，然后在对话框中设置"实例"值为2、"间距"值为50mm，如图7-62所示。

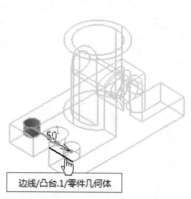

图 7-62

05 激活"第二方向"选项卡中的"参考元素"文本框，选择底座另一边线为方向参考，设置"实例"值为2，"间距"值为115mm，如图7-63所示。

06 单击"确定"按钮完成矩形阵列，如图7-64所示。

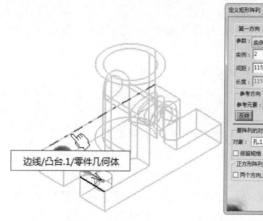

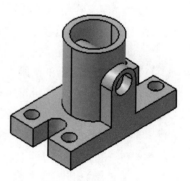

图 7-63   图 7-64

2. 圆形阵列

"圆形阵列"命令可以将特征绕轴旋转并进行圆形阵列分布。

先选择要进行阵列的特征对象，然后单击"变换特征"工具栏中的"圆形阵列"按钮 ，弹出"定义圆形阵列"对话框。该对话框中包含"轴向参考"选项卡和"定义径向"选项卡，如图7-65所示。

"定义圆形阵列"对话框两个选项卡中的主要参数含义如下。

（1）"轴向参考"选项卡。

"轴向参考"选项卡中的选项主要用于定义阵列成员的数量、角度及阵列位置等。在"参数"下拉列表中的阵列方式包括以下5种。

- 实例和总角度：指定成员数量和圆形阵列总角度值来创建圆形阵列，系统会自动计算角度间距。

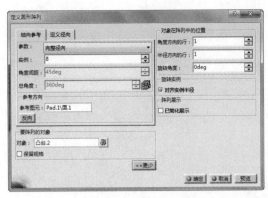 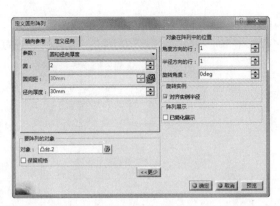

"轴向参考"选项卡   "定义径向"选项卡

图 7-65

- 实例和角度间距：指定成员数量和成员与成员之间的角度间距来创建圆形阵列，系统会自动计算总角度。
- 角度间距和总角度：指定成员与成员之间的角度间距和圆形阵列总角度来创建圆形阵列，系统会自动计算成员数量。
- 完整径向：通过指定成员数量，系统按照总角度来计算成员与成员之间的角度间距，并完成圆形阵列。
- 实例和不等角度间距：这种阵列方式可以在每个成员之间设定不同的角度间距。

（2）"定义径向"选项卡。

在"定义径向"选项卡的"参数"下拉列表中，包括以下3种径向阵列方式。

- 圆和径向厚度：指定径向圆数目和径向总长度（径向圆的最大半径），系统会自动计算径向的圆之间的间距。
- 圆和圆间距：通过指定径向圆数目和径向圆之间的间距来创建径向阵列。
- 圆间距和径向厚度：通过指定径向圆之间的间距和径向总长度来创建径向阵列。

（3）"旋转实例"选项组。

- 对齐实例半径：选中该复选框，所有阵列成员的方向与原始特征（初次选择要阵列的特征对象）相同；取消选中该复选框，所有阵列成员均垂直于与圆相切的线，如图7-66所示。

选中"对齐实例半径"复选框   取消选中"对齐实例半径"复选框

图 7-66

动手操作——圆形阵列操作

01 打开本例源文件 7-11.CATPart，如图7-67 所示。

02 单击"变换特征"工具栏中的"圆形阵列"按钮🔅，弹出"定义圆形阵列"对话框。

03 在该对话框中激活"对象"文本框，然后在模型上选择如图 7-68 所示的要进行阵列的孔特征。

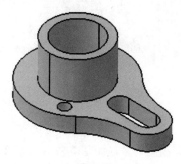

选择孔特征

图 7-67   图 7-68

04 在"轴向参考"选项卡中选择"实例和角度间距"参数类型，再设置"实例"值为9、"角度间距"值为 30deg。激活"参考元素"文本框，再选择如图 7-69 所示的外圆柱面作为阵列参考。

05 单击"确定"按钮完成圆形阵列，如图 7-70 所示。

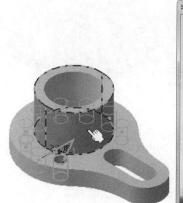

图 7-69   图 7-70

3. 用户阵列

"用户阵列"命令可以在所选位置根据需要多次复制特征、特征列表或由关联的几何体产生的几何体。

动手操作——用户阵列操作

01 打开本例源文件 7-12.CATPart，如图 7-71 所示。

02 单击"变换特征"工具栏中的"用户阵列"按钮♨，弹出"定义用户阵列"对话框。

03 首先在模型中选择阵列的放置位置（选择已创建的草图点），如图 7-72 所示。

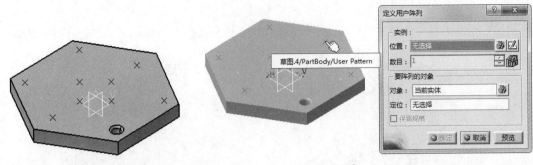

图 7-71   图 7-72

04 激活"对象"文本框，选择模型中的孔特征作为要阵列的对象，如图 7-73 所示。单击"确定"按钮完成用户阵列特征的创建，如图 7-74 所示。

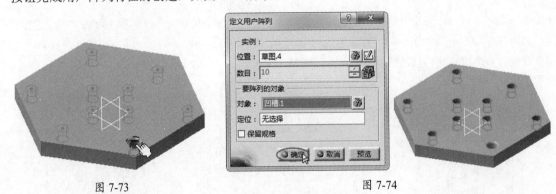

图 7-73   图 7-74

7.3.7　缩放

　　"缩放"命令使用点、平面或特征表面作为缩放参考，将特征对象按照指定的比率进行缩放。

　　选择要缩放的零件几何体或特征，再单击"变换特征"工具栏中的"缩放"按钮，弹出"缩放定义"对话框，如图 7-75 所示。

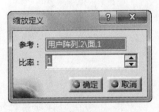

图 7-75

- 参考：用于选择缩放参考。选择点时，特征对象以点为中心按照缩放比率在 X、Y、Z 方向上进行等比例缩放；选择平面时，特征对象以平面为参考，按照设定的比例在参考平面的法向上进行等比例缩放。
- 比率：设定等比例缩放值。

动手操作——缩放操作

01 打开本例源文件 7-13.CATPart。

02 单击"变换特征"工具栏中的"缩放"按钮，弹出"缩放定义"对话框。

03 激活"参考"文本框，选择如图 7-76 所示的模型端面作为缩放参考，在"比率"文本框中输入 0.6，最后单击"确定"按钮完成缩放操作。

图 7-76

7.3.8 仿射

"仿射"命令用于对选定的特征对象按用户自定义的轴系，在 X、Y 或 Z 轴方向上进行缩放。单击"仿射"按钮，弹出"仿射定义"对话框，如图 7-77 所示。

该对话框中部分选项含义如下。

- 原点：定义新轴系的原点。
- XY 平面：定义新轴系的 XY 平面。
- X 轴：定义新轴系的 X 轴。
- 比率 X、Y、Z：设置新轴系中 3 个轴向上的缩放比例。

图 7-77

动手操作——仿射操作

01 打开本例源文件 7-14.CATPart。

02 单击"变换特征"工具栏中的"仿射"按钮，弹出"仿射定义"对话框。

03 激活"XY 平面"文本框，选择"yz 平面"为仿射参考平面（新轴系的 XY 平面）。

04 激活"X 轴"文本框，再选择图形区中已有的直线作为新轴系的 X 轴参考，然后在"比率"选项组中设置 X 值为 2。

05 单击"确定"按钮，完成仿射变换操作，如图 7-78 所示。

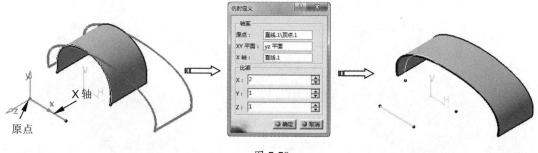

图 7-78

7.4 修改零件

编辑零件可能意味着进行修改零件密度之类的操作，但在通常情况下的编辑零件在于修改组成零件的特征。此操作可以在任何时候进行，如果修改在特征定义中使用的草图，则程序将采用此修改再次计算特征，换言之，将保持关联。有多种编辑特征的方法，下面逐一介绍。

7.4.1 重定义特征

重定义特征根据不同的需要来修改特征属性、特征参数及草绘截面等。下面以一个底座零件的案例来说明修改特征参数的操作步骤。

动手操作——修改特征参数

01 打开本例源文件 7-15. CATPart，如图 7-79 所示。

02 在特征树中右击"凸台 .1"节点，在弹出的快捷菜单中选择"凸台 .1 对象"|"编辑参数"选项，此时该特征的所有尺寸都被显示出来，如图 7-80 所示。

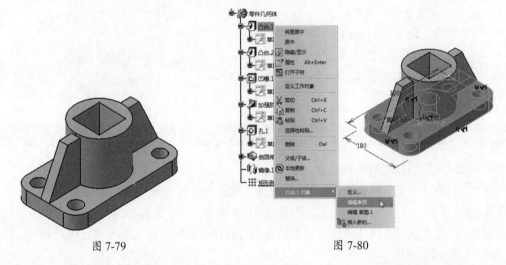

图 7-79   图 7-80

03 在模型中双击要编辑的尺寸，弹出"参数定义"对话框，在"值"文本框中输入新值，单击"确定"按钮完成参数修改，如图 7-81 所示。

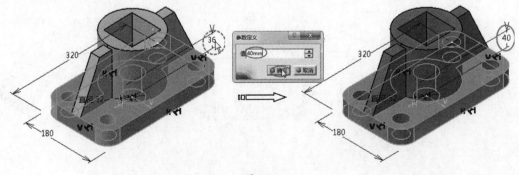

图 7-81

04 编辑后的尺寸必须进行再生操作。选择"编辑"|"更新"命令，或单击"工具"工具栏中的"全部更新"按钮 ⟳。

01 打开本例源文件 7-16.CATPart。

02 在特征树中双击某个特征，此时该特征的所有尺寸全部显示并弹出该特征的定义对话框，如图 7-82 所示。

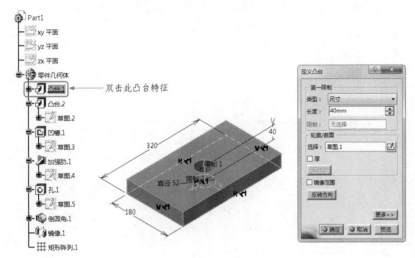

图 7-82

03 双击要修改的尺寸，弹出"约束定义"对话框。重新输入新的尺寸值，单击"确定"按钮完成修改，如图 7-83 所示。

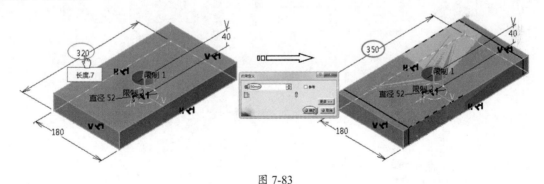

图 7-83

04 当然，除了双击特征可以重定义特征，还可以在特征树中右击"凸台 .1"节点，在弹出的快捷菜单中选择"凸台 .1 对象"|"定义"选项，此时该特征的所有尺寸和特征定义对话框重新显示出来，如图 7-84 所示。

05 同理，如果需要编辑特征的截面，在特征树中双击特征节点下的"草图 .1"特征，进入草图工作台修改草图，如图 7-85 所示。

06 在特征树中右击"凸台 .1"节点，在弹出的快捷菜单中选择"属性"选项，会弹出"属性"对话框，如图 7-86 所示。

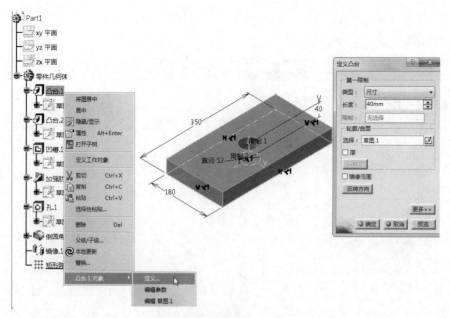

图 7-84

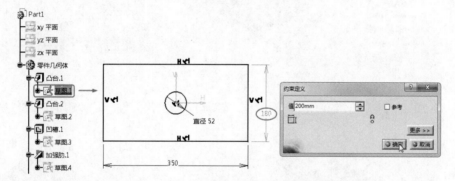

图 7-85

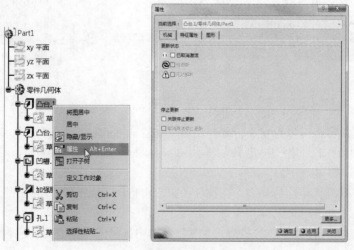

图 7-86

07 在"属性"对话框的"特征属性"选项卡中可以重新为特征命名，如图 7-87 所示。

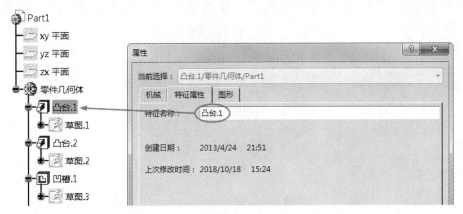

图 7-87

08 在"属性"对话框中的"图形"选项卡中可以设置特征的颜色、边线与曲线的线型线宽、图层及渲染样式等，如图 7-88 所示。

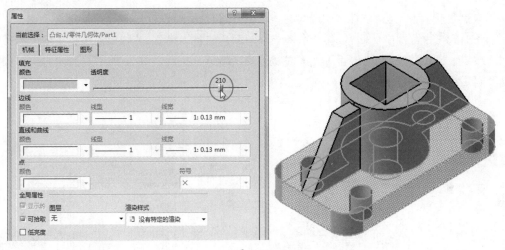

图 7-88

7.4.2　分解特征

分解特征是指将变换操作所生成的变换特征进行分解还原，通过对分解后的原特征进行编辑和重定义，得到新特征。

例如，在特征树中右击要分解的"镜像.1"特征，在弹出的右键菜单中选择"镜像.1 对象"|"分解"命令，将其分解为"凸台.3"基本特征，如图 7-89 所示。接下来就可以对凸台特征的参数进行重定义了。

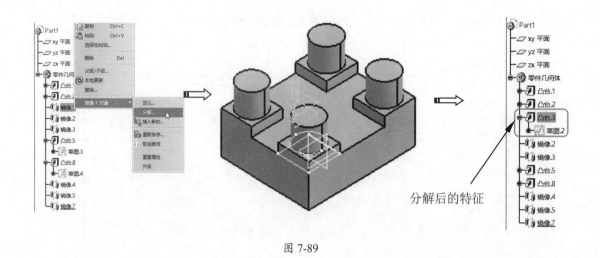

图 7-89

7.4.3　取消激活与激活

　　"取消激活"命令是对特征树中的某些特征进行遮蔽的一种操作，对这些特征起到保护作用。

　　在下面的这个范例中，在特征树中右击要取消激活的盒体特征，在弹出的快捷菜单中选择"盒体.1 对象"|"取消激活"选项即可完成对特征取消激活。执行"取消激活"命令后，盒体特征被遮蔽，当对其他特征进行编辑时，此盒体特征不受任何影响，如图 7-90 所示。

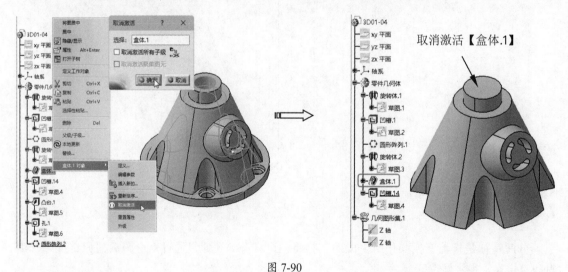

图 7-90

　　特征被遮蔽保护后，可以在特征树中再次右击特征并在弹出的快捷菜单中选择"激活"选项，即可激活被遮蔽的特征，如图 7-91 所示。

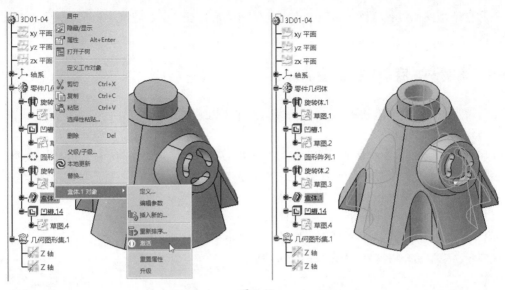

图 7-91

7.4.4 删除特征

删除特征是移除特征树中不需要的特征，删除的特征要跟其他特征无关联，否则系统会提示错误。这跟前面介绍的"取消激活"操作是完全不同的两个概念。删除特征后系统中将不再有此特征的任何信息，而"取消激活"后的特征只是暂时遮蔽（隐藏）了，并没有被删除。删除特征的操作如图 7-92 所示。

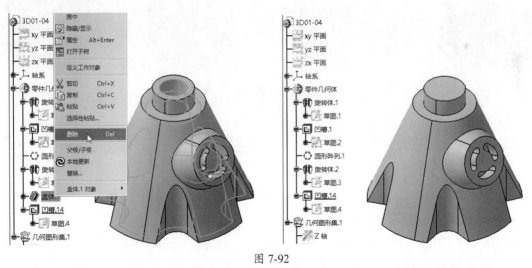

图 7-92

7.5 实战案例

前面学习了一般特征命令建模方法及过程，在本节将结合特征命令和特征变换命令列出几个典型的零件造型案例进行详解。本节将更多地使用变形特征工具、特征编辑工具及其他辅助工具来完成。

7.5.1 案例一：底座零件建模训练

本例需要注意模型中的对称、阵列、相切、同心等几何关系。

建模分析：

（1）首先观察剖面图中所显示的壁厚是否是均匀的，如果是均匀的，建模相对比较简单，通常会采用"凸台"→"盒体"一次性完成主体建模。如果不均匀，则要采取分段建模方式。从本例图形看，底座部分与上半部分薄厚不同，需要分段建模。

（2）建模的起始点在图中标注为"建模原点"。

（3）建模的顺序为：主体→侧面拔模结构→底座→底座沉头孔。

底座零件模型的建模流程的图解如图 7-93 所示。

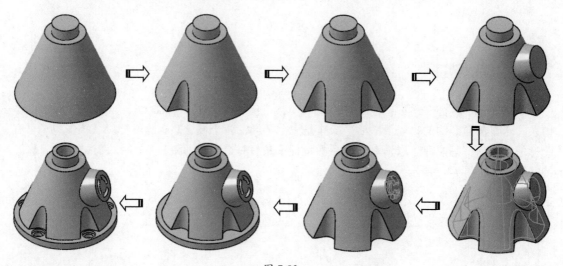

图 7-93

设计步骤：

01 启动 CATIA，在菜单栏中执行"开始"|"机械设计"|"零件设计"命令，进入零件设计工作台（零件设计环境）。

02 首先创建主体部分结构。

- 单击"草图"按钮，选择"xy 平面"作为草图平面进入草图工作台。
- 绘制如图 7-94 所示的草图截面（草图中要绘制旋转轴）。
- 单击"旋转体"按钮，打开"定义旋转体"对话框。选择绘制的草图作为旋转轮廓，单击"确定"按钮完成旋转体的创建，如图 7-95 所示。

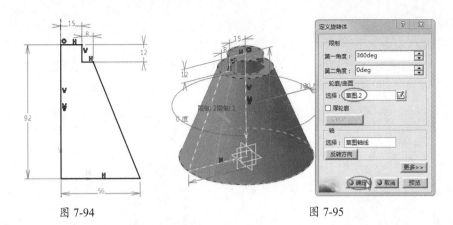

图 7-94　　　　　　　　　　　　　　　　　　图 7-95

- 选择旋转体底部平面作为草图平面，进入草图工作台，绘制如图 7-96 所示的草图。

技巧点拨：

绘制草图时要注意，必须先建立旋转体轮廓的偏置曲线（偏置尺寸为3mm），这是直径为19mm圆弧的重要参考。

- 单击"凹槽"按钮，打开"定义凹槽"对话框。选择上一步绘制的草图作为轮廓，输入凹槽"深度"值为 50mm，单击"确定"按钮完成凹槽的创建，如图 7-97 所示。

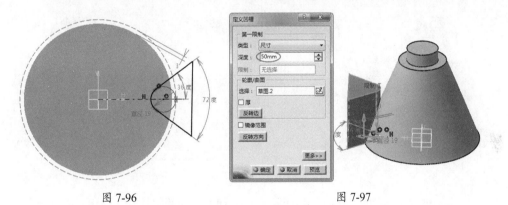

图 7-96　　　　　　　　　　　　　　　　　　图 7-97

- 选中凹槽特征，单击"变换特征"工具栏的"圆形阵列"按钮，创建如图 7-98 所示的圆形阵列。

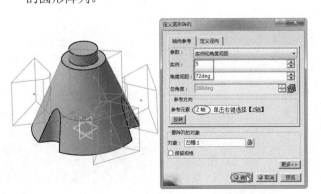

图 7-98

03 创建侧面斜向的结构。

- 选择 zx 平面为草图平面，绘制如图 7-99 所示的草图。
- 单击"旋转体"按钮 ，打开"定义旋转体"对话框，选择轮廓曲线和旋转轴，单击"确定"按钮完成旋转体的创建，如图 7-100 所示。

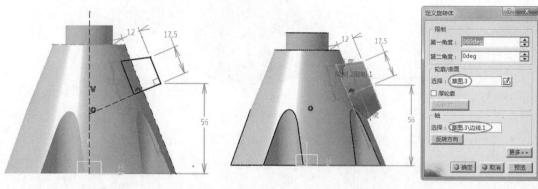

图 7-99   图 7-100

- 在"修饰特征"工具栏中单击"盒体"按钮 ，打开"定义盒体"对话框。选择第一个旋转体的上下两个端面为"要移除的面"，设置"默认内侧厚度"值为 5mm，单击"确定"按钮完成盒体特征的创建，如图 7-101 所示。

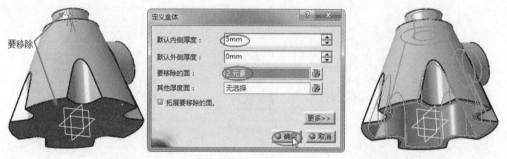

图 7-101

- 单击"凹槽"按钮 打开"定义凹槽"对话框。选择侧面结构的端面为草图平面，进入草图工作台绘制如图 7-102 所示的草图。退出草图环境后设置凹槽深度为 10mm，最后单击"确定"按钮完成凹槽的创建。

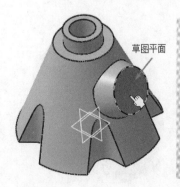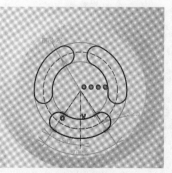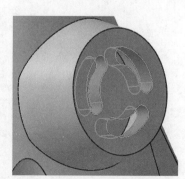

图 7-102

04 创建底座部分结构。

- 选择 xy 平面为草图平面，单击"草图"按钮进入草图工作台绘制如图 7-103 所示的草图。
- 单击"凸台"按钮，打开"定义凸台"对话框。选择上一步绘制的草图为轮廓，设置"长度"值为 8mm，单击"确定"按钮完成凸台的创建，如图 7-104 所示。

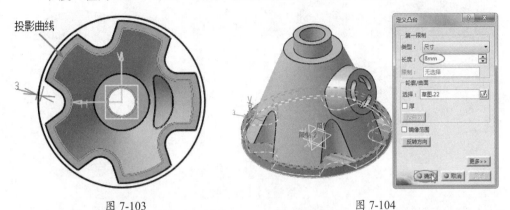

图 7-103　　　　　　　　　　　　　　　图 7-104

- 在"基于草图的特征"工具栏中单击"孔"按钮，选择底座的上表面为孔放置面，选择位置为孔位置参考点，如图 7-105 所示，随后打开"定义孔"对话框。
- 在"扩展"选项卡的"定位草图"选项组中单击"定位草图"按钮，进入草图工作台，对放置参考点进行重新定位，如图 7-106 所示。

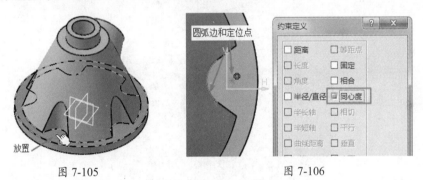

图 7-105　　　　　　　　　　　图 7-106

- 退出草图工作台后，在"定义孔"对话框的"类型"选项卡中设置孔类型及孔参数，其余参数保持默认。最后单击"确定"按钮完成孔的创建，如图 7-107 所示。

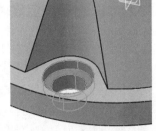

图 7-107

05 最后将沉头孔进行圆形阵列。选中孔特征，单击"圆形阵列"按钮 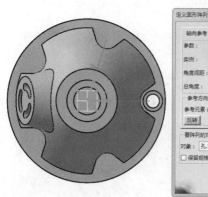，打开"定义圆形阵列"对话框。设置"参考元素"为"Z轴"（右击"Z轴"），设置"实例"值为5，"角度间距"值为72deg，单击"确定"按钮完成圆形阵列，如图7-108所示。

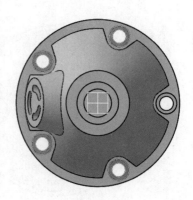

图 7-108

至此，完成了本例机械零件的建模过程，最终效果如图7-109所示。

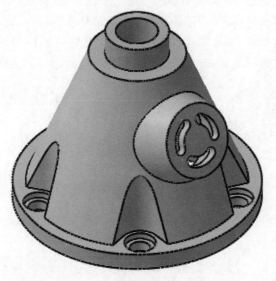

图 7-109

7.5.2 案例二：散热盘零件建模训练

本例散热盘零件模型如图7-110所示。构建本例的零件模型时需要注意以下几点。

- 模型厚度以及红色筋板厚度均为1.9mm（等距或偏置关系）。
- 图中同色表示的区域，其形状大小或者尺寸相同。其中底侧部分的黄色和绿色（请见界面图，本书为黑白印刷）圆角面为偏置距离为T的等距面。
- 凹陷区域周边拔模角度相同，均为33°。
- 开槽阵列的中心线沿凹陷斜面平直区域均匀分布，开槽端部为完全圆角。

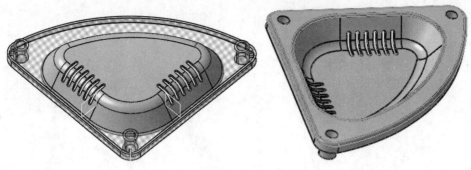

图 7-110

建模分析：

（1）本例零件的壁厚是均匀的，可以采用先建立外形曲面再进行加厚的方法创建。还可以先创建实体特征，再在其内部进行抽壳（创建盒体特征）。本例将采取后一种方法进行建模。

（2）从模型看出，本例模型在两面都有凹陷，说明实体建模时需要在不同的零件几何体中分别创建形状，然后进行布尔运算。所以将以 XY 平面为界限，在 +Z 方向和-Z 方向各自建模。

（3）建模的起始平面为 XY 平面。

（4）建模时需要注意先后顺序。

散热盘零件的建模流程的图解，如图 7-111 所示。

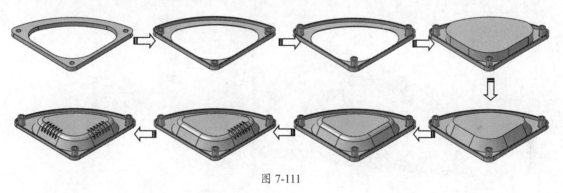

图 7-111

设计步骤：

01 启动 CATIA，在菜单栏中执行"开始"|"机械设计"|"零件设计"命令，进入零件设计工作台（零件设计环境）。

02 创建 +Z 方向的主体结构，首先创建凸台特征。

- 单击"草图"按钮，选择 XY 平面作为草图平面进入草图工作台。
- 绘制如图 7-112 所示的草图截面。
- 单击"凸台"按钮，选择草图创建长度为 8mm 的凸台特征，如图 7-113 所示。

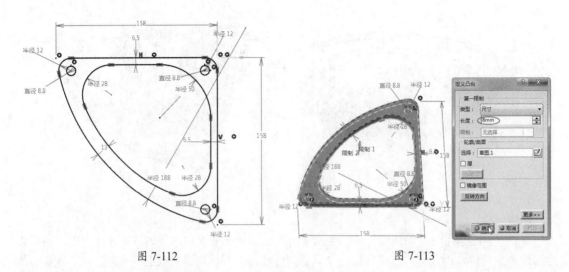

图 7-112   图 7-113

03 在凸台特征的内部创建拔模特征。

- 单击"拔模斜度"按钮，打开"定义拔模"对话框。
- 选择要拔模的面（内部侧壁立面），选择"xy 平面"为中性元素。选择 Z 轴为拔模方向，单击图形区中的拔模方向箭头，使其向下。最后单击"确定"按钮完成拔模的创建，如图 7-114 所示。

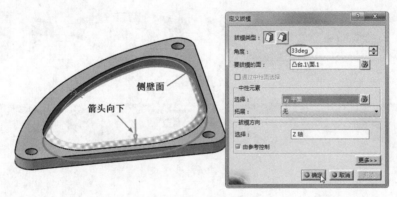

图 7-114

04 创建盒体特征。

- 单击"盒体"按钮，打开"定义盒体"对话框。
- 选择要移除的面，单击"确定"按钮完成盒体特征的创建，如图 7-115 所示。

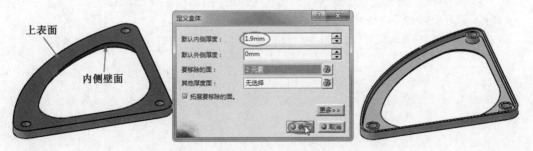

图 7-115

05 创建加强筋。

- 单击"修饰特征"工具栏的"厚度"按钮![icon]，打开"定义厚度"对话框。
- 设置"默认厚度"值为10mm，然后按Ctrl键选择3个立柱顶面进行加厚，如图7-116所示。

图 7-116

技巧点拨：

加厚的目的，其实就是将BOSS柱拉长到图纸中所标注的尺寸位置。

- 单击"加强肋"按钮![icon]，打开"定义加强肋"对话框。单击"创建草图"按钮![icon]，选择如图7-117所示的面作为草图平面，进入草图工作台绘制加强肋截面草图。

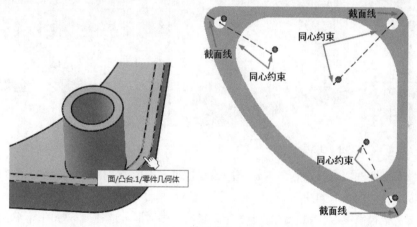

图 7-117

技巧点拨：

绘制的实线长度可以不确定，但不能超出BOSS柱和外轮廓边界。

- 退出草图工作台，在"定义加强肋"对话框中选择"从顶部"模式，设置"厚度1"值为1.9mm，单击"确定"按钮完成加强肋的创建，如图7-118所示。

06 创建-Z 方向的结构，首先创建带有拔模圆角的凸台。

- 在特征树中激活顶层的 Part1，然后在菜单栏中选择"插入"|"几何体"命令，添加一个零件几何体，如图7-119所示。

  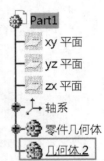

图 7-118　　　　　　　　　　　图 7-119

- 在特征树选中添加的"几何体.2"节点，然后单击"凸台"按钮，打开"定义凸台"对话框。单击对话框中的"创建草图"按钮，选择xy平面后进入草图工作台，如图7-120所示。
- 绘制如图7-121所示的草图（投影拔模的起始边）。

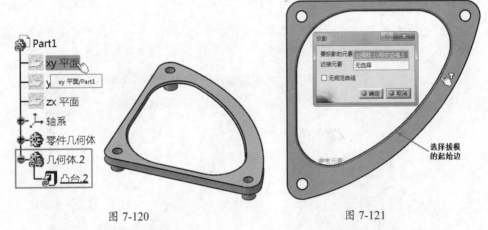

图 7-120　　　　　　　　　　　图 7-121

- 完成草图后在"定义凸台"对话框中设置"长度"值为21mm，最后单击"确定"按钮完成凸台的创建，如图7-122所示。
- 单击"拔模斜度"按钮，打开"定义拔模"对话框。选择要拔模的面（凸台侧面）、中性元素（xy平面）和拔模方向（Z轴），如图7-123所示。

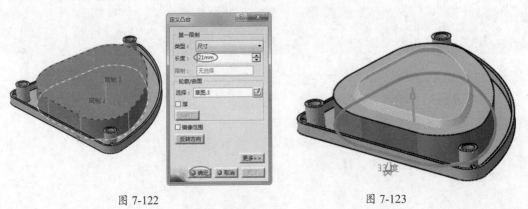

图 7-122　　　　　　　　　　　图 7-123

- 设置拔模"角度"值为33deg，最后单击"确定"按钮完成拔模，如图7-124所示。

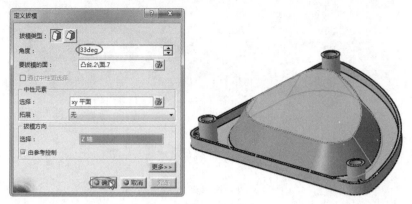

图 7-124

07 创建圆角特征和盒体特征。

- 单击"倒圆角"按钮，打开"倒圆角定义"对话框。选择凸台边，设置圆角"半径"值为10mm，最后单击"确定"按钮完成倒圆角特征的创建，如图7-125所示。

图 7-125

- 翻转模型，选中凸台底部面，再单击"盒体"按钮，在打开的"定义盒体"对话框中设置"默认内侧厚度"值为1.9mm，单击"确定"按钮完成盒体特征的创建，如图7-126所示。

图 7-126

08 创建凹槽。

- 单击"平面"按钮，打开"平面定义"对话框。
- 选择"平行通过点"类型，选择yz平面作为偏置参考，接着再选择如图7-127所示的点作为参考点，单击"确定"按钮创建平面。

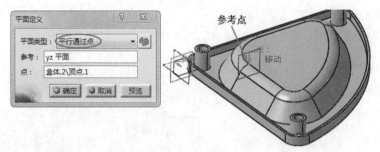

图 7-127

- 单击"草图"按钮![icon]，选中如图 7-128 所示的拔模斜面为草图平面，绘制等距点。同理，在相邻的一侧拔模斜面上也绘制相同的等距点。

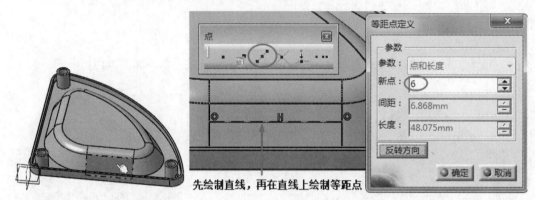

图 7-128

- 单击"平面"按钮![icon]，在"平面定义"对话框中选择"平行通过点"类型，选择 yz 平面为参考平面，再选择上一步绘制的一个草图等距点作为参考点，单击"确定"按钮完成平面的创建，如图 7-129 所示。

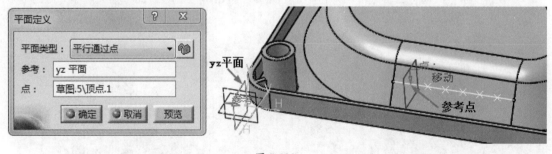

图 7-129

- 单击"凹槽"按钮![icon]，打开"定义凹槽"对话框。选择上一步创建的平面为草图平面，在草图工作台中绘制如图 7-130 所示的草图。
- 退出草图环境后在"定义凹槽"对话框设置"深度"值为 1.5mm，并选中"镜像范围"复选框，单击"确定"按钮完成凹槽的创建，如图 7-131 所示。

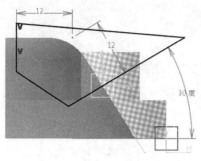

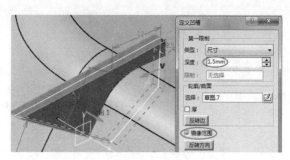

图 7-130　　　　　　　　　　　　　　　　图 7-131

09 创建凹槽阵列。

- 选中要阵列的凹槽特征，单击"用户阵列"按钮 ，打开"定义用户阵列"对话框。
- 首先选择凹槽所在的等距点作为定位参考，然后选择"位置"曲线（草图 5），如图 7-132 所示。

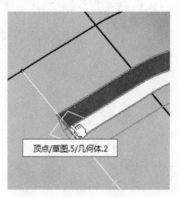

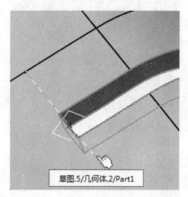

图 7-132

- 单击"确定"按钮完成凹槽的阵列，如图 7-133 所示。

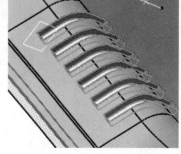

图 7-133

- 双击"三切线内圆角"按钮 ，在凹槽两端创建全圆角，如图 7-134 所示。同理，完成阵列成员中的其他全圆角。

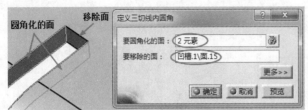

图 7-134

10 创建另一侧的凹槽特征以及凹槽的阵列。操作步骤与前面凹槽特征及其阵列相同。创建的凹槽及用户阵列、全圆角如图 7-135 所示。

11 单击"添加"按钮 🔧，将"几何体 .2"添加到"零件几何体"中，完成零件几何体的合并。再利用"倒圆角"工具，对零件模型倒 2mm 的圆角，如图 7-136 所示。

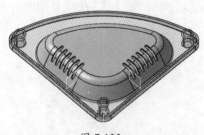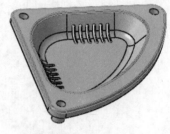

图 7-135   图 7-136

至此，完成了本例机械零件的创建。

7.6 习题

习题一

使用特征创建、操作和编辑命令，创建如图 7-137 所示的底座模型。

详细的操作可以参考结果模型文件中的特征树或以下操作步骤指引。

（1）创建凸台特征。

（2）创建凹槽特征。

（3）创建加强肋特征。

（4）创建孔特征。

（5）创建圆角特征。

（6）创建镜像特征。

（7）创建孔的矩形阵列。

习题二

使用特征、操作和编辑命令，创建如图 7-138 所示的箱体模型。

详细的操作可以参考结果模型文件中的特征树或以下操作步骤指引。

（1）创建凸台、凹槽特征。

（2）创建盒体特征。

（3）创建孔特征。

（4）创建孔的圆形阵列。

（5）创建圆角特征。

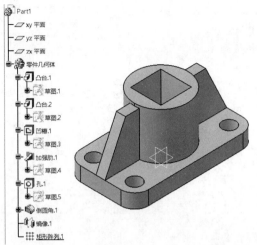

图 7-137

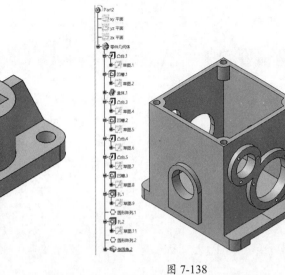

图 7-138

第 8 章 创成式曲线设计

项目导读

曲线是曲面造型的基础，曲线是曲面的"经络"，是实体的"骨架"。曲线创建得越平滑则获得曲面的效果将越好。使用不同类型的曲线作为参照，可以创建各种样式的曲面效果，例如使用规则曲线创建规则曲面，而使用不规则曲线将获得不同的自由曲面效果。

本章将主要介绍 CATIA 创成式外形设计工作台中各种曲线工具应用和空间构建方法。

项目分解

知识点 1：创成式外形设计工作台

知识点 2：创建 3D 空间曲线

8.1 创成式外形设计工作台

曲线是构成实体、曲面的基础，尤其是曲面造型必需的过程。在 CATIA 的曲线可以创建直线、圆弧、圆、样条等简单曲线，也可以创建矩形、多边形、文本、螺旋形等规律曲线，如图 8-1 所示。

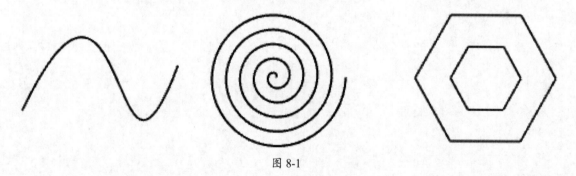

图 8-1

8.1.1 曲线基础知识

曲线可以看作是一个点在空间连续运动的轨迹。按点的运动轨迹是否在同一平面，曲线可分为平面曲线和空间曲线。按点的运动有无一定规律，曲线又可分为规则曲线和不规则曲线。

1. 曲线的投影性质

因为曲线是点的集合，将绘制曲线上的一系列点投影，并将各点的同面投影依次光滑连接，即可得到该曲线的投影，这是绘制曲线投影的一般方法。若能绘制出曲线上一些特殊点（如最高点、最低点、最左点、最右点、最前点及最后点等），则可更确切地表示曲线。

曲线的投影一般仍为曲线，如图 8-2 所示的曲线 L，当它向投影面进行投射时，形成一个投射柱面，该柱面与投影平面的交线必为一曲线，故曲线的投影仍为曲线。属于曲线的点，它的投影属于该曲线在同一投影面上的投影，如图中的点 D 属于曲线 L，则它的投影 d 必属于曲线的投影 l，属于曲线某点的切线，它的投影与该曲线在同一投影面的投影仍相切于切点的投影。

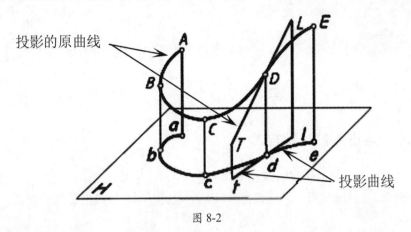

图 8-2

2. 曲线的阶次

由不同幂指数变量组成的表达式称为多项式。多项式中最大指数称为"多项式的阶次"。例如：$5X^3+6X^2-8X=10$（阶次为 3 阶）、$5X^4+6X^2-8X=10$（阶次为 4 阶）。

曲线的阶次用于判断曲线的复杂程度，而不是精确程度。简单来说，曲线的阶次越高，曲线就越复杂，计算量就越大。使用低阶曲线更加灵活，更加靠近它们的极点，使后续操作（显示、加工、分析等）运行速度更快，便于与其他 CAD 系统进行数据交换，因为许多 CAD 只接受 3 次曲线。

使用高阶曲线常会带来如下弊端：灵活性差，可能引起不可预知的曲率波动，造成与其他 CAD 系统数据交换时的信息丢失，使后续操作（显示、加工、分析等）运行速度变慢。一般来讲，最好使用低阶多项式，这就是为什么在 UG、Pro/E 等 CAD 软件中默认的阶次都为低阶的原因。

3. 规则曲线

规则曲线顾名思义就是按照一定规则分布的曲线特征。规则曲线根据结构分布特点可以分为平面和空间规则曲线。曲线上所有的点都属于同一平面，则该曲线称为平面曲线，常见的圆、椭圆、抛物线和双曲线等都属于平面曲线。凡是曲线上有任意 4 个连续的点不属于同一平面，则称该曲线为空间曲线。常见的规则空间曲线有圆柱螺旋线和圆锥螺旋线，如图 8-3 所示。

4. 不规则曲线

不规则曲线又称"自由曲线"，是指形状比较复杂、不能用二次方程准确描述的曲线。自由曲线广泛应用于汽车、飞机、轮船等计算机辅助设计中。涉及的问题有两个方面：其一是由已知的离散点确定曲线，多是利用样条曲线和草绘曲线获得的，如图 8-4 所示为在曲面上绘制样条曲线。其二是对已知自由曲线利用交互方式予以修改，使其满足设计者的要求，即对样条曲线或草绘曲线进行编辑获得的自由曲线。

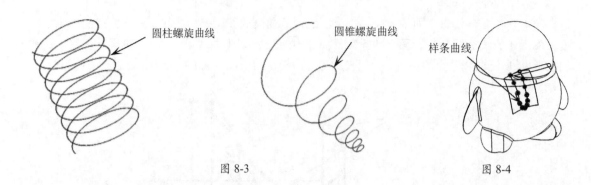

图 8-3 　　　　　　　　　　　　　　　　　　　　图 8-4

8.1.2　CATIA 曲线的构建方式

使用 CATIA 创建各种曲线有两种方式，一是利用草绘工具在草图环境下绘制出用户需要的各种曲线图形，二是直接使用"创成式外形设计"模块中的曲线线框工具栏创建三维空间式的曲线图形。

在草图环境下创建的曲线图形，在退出草绘后系统将其默认为一段曲线图形，如需要对其中某一部分曲线进行操作，则需要通过"拆解"或"提取"命令来分解或提取出操作对象。

使用"创成式外形设计"模块中的线框工具创建的三维空间曲线，在退出命令后所创建的曲线分别具有独立性，如需要对多段曲线进行统一的操作，则需要先通过"接合"命令合并各独立的曲线段。

8.1.3　进入创成式外形设计工作台

在最初启动 CATIA 软件时系统默认在"装配设计"模块环境中，需要手动切换到创成式曲面设计模块环境，具体操作方法如下。

在菜单栏中执行"开始"|"形状"|"创成式外形设计"命令，进入"创成式外形设计"工作台，如图 8-5 所示。

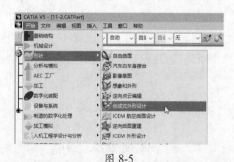

图 8-5

技术要点：

进入创成式外形设计工作台时的提示如下。

- 在切换"创成式外形设计"模块前若是已新建零件，则可以直接进入此工作台。
- 在切换"创成式外形设计"模块前若未新建零件系统，则将弹出新建零件对话框。

在进入创成式外形设计工作台后，系统提供了各种命令工具栏，它们位于绘图窗口的最右侧。创成式外形设计工作台界面布置与零件设计工作台的界面布置基本一致，如图 8-6 所示。

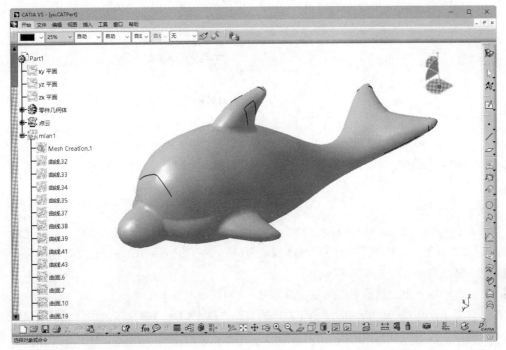

图 8-6

8.2 创建 3D 空间曲线

在 CATIA 创成式外形设计工作台中，空间曲线包括二维平面曲线（2D 曲线）和三维空间曲线（3D 曲线）。二维平面曲线包括点、直线（或轴）、圆 / 圆弧、矩形及样条曲线等，这些曲线的创建及用法在前文（草图绘制指令）已全面介绍，不再赘述。本节仅介绍二维平面曲线中还未曾介绍过的部分指令及三维空间曲线的创建与应用方法。

草图工作台中绘制的点与直线是 2D 曲线，在 3D 空间中绘制的点与直线与 2D 中所不同的是，2D 点与直线的定位取值均为平面中的 H（表示 X 轴）、V（表示 Y 轴）取值，如图 8-7 所示。

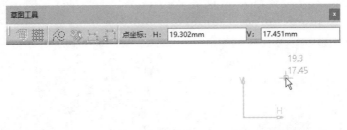

图 8-7

而 3D 点和直线的坐标取值为 X、Y、Z 三坐标取值，如图 8-8 所示。

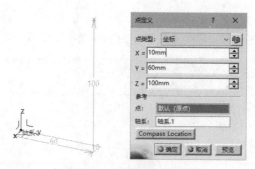

图 8-8

8.2.1 创建空间点

1. 创建空间点

在 3D 空间中创建点，还可以指定参考（如曲线、平面、曲面、球心、切线及两点之间）来创建。在"线框"工具栏中单击"点"按钮■，弹出"点定义"对话框。在该对话框中可以选用 7 种方式来创建空间点，如图 8-9 所示。

- 坐标：以 3 个坐标的取值来定义点位置。
- 曲线上：通过在所选的曲线创建点，需要在曲线上指定点的具体位置，包括"曲线上的距离""沿着方向的距离"和"曲线长度比率" 3 种定位方式。图 8-10 所示的定位方式为"曲线上的距离"。

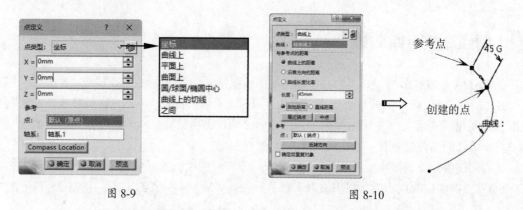

图 8-9   图 8-10

- 平面上：在平面上通过选择参考点及相对于参考点的坐标值来创建点，如图 8-11 所示。

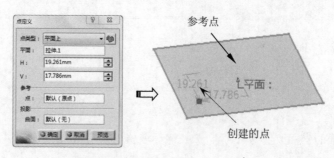

图 8-11

- 曲面上：通过选择曲面并在曲面上定义方向和距离来创建点，如图 8-12 所示。

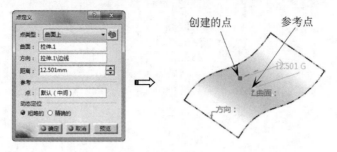

图 8-12

- 圆 / 球面 / 椭圆中心：在选择的圆心或球心处创建点，如图 8-13 所示。

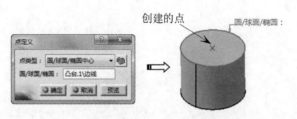

图 8-13

- 曲线上的切线：创建曲线与参考方向上的相切点，如图 8-14 所示。

图 8-14

- 之间：在已知两个点的中间创建点，如图 8-15 所示。

图 8-15

2. 点面复制

"线框"工具栏中的"点面复制"命令用于在选定的曲线上生成多个等距点，以及通过这些等距点创建法向于曲线的平面，如图 8-16 所示。

图 8-16

3. 端点（极值点）

"线框"工具栏中的"端点"命令，通过给定特定条件提取曲线、曲面或凸台元素中的极值点，如图 8-17 所示。

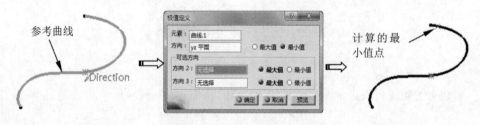

图 8-17

4. 端点坐标（极值极坐标点）

"线框"工具栏中的"端点坐标"命令，通过选择一个已知点为坐标原点，在曲线上创建极值点，如图 8-18 所示。

图 8-18

8.2.2　创建空间直线与轴

空间直线是构成线框的基本单元之一，可以作为创建平面、曲线、曲面的参考，也可以作为方向参考和轴线。空间轴一般用于特征参考线，仅在圆柱面、圆锥面、椭圆面及球面中产生。

1. 创建空间直线

在"线框"工具栏中单击"直线"按钮，弹出"直线定义"对话框，该对话框中包括6种直线的定义类型，如图8-19所示。

图 8-19

6种直线的定义类型介绍如下。

- 点 - 点：以选择空间中的任意两点作为直线的经过点。这种类型可以创建直线段、射线、无限直线等，如图8-20所示。

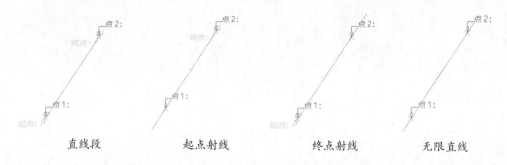

| 直线段 | 起点射线 | 终点射线 | 无限直线 |

图 8-20

- 点 - 方向：指定一个点、方向和支持面来定义空间曲线。如果支持面是平面，则创建空间直线，如果支持面是曲面，那么将创建空间曲线，如图8-21所示。

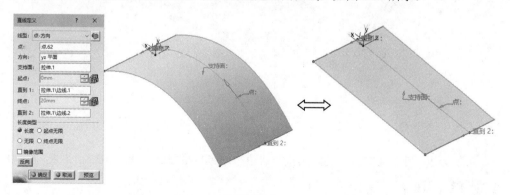

图 8-21

- 曲线的角度 / 法线：指创建与曲线垂直或呈一定角度的空间直线。根据曲线、曲面与起点创建一条直线，该直线与曲线在曲面上的投影在起点处成一角度，该角度为与曲线切线所成角度，创建的直线沿着起点在曲面投影处的切线方向延伸。此外，是否创建为直线或空间曲线，则与支持面的形态（是平面或曲面）有关，如图 8-22 所示。

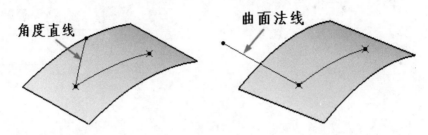

图 8-22

- 曲线的切线：通过指定起点、相切曲线及支持面，创建相切于曲线的切线，如图 8-23 所示。如果指定支持面，将创建与支持面形态相应的空间曲线。

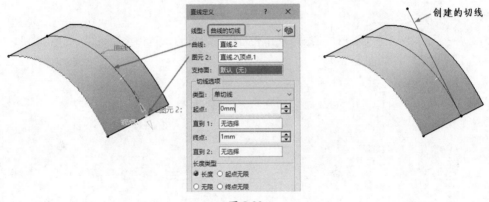

图 8-23

- 曲面的法线：通过指定参考点和参考曲面来创建法向于参考曲面的直线，如图 8-24 所示。

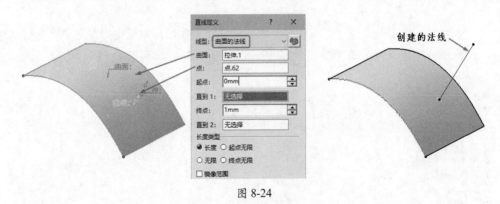

图 8-24

- 角平分线：通过指定相交的两条直线或边来创建角平分线，如图 8-25 所示。

2. 创建空间轴

在创建空间轴时，系统会根据图形区中已有的曲面模型进行自动识别，从而创建出不同的空间轴线。例如所选的参考曲面为圆柱面，系统会自动判断为旋转特征，其中心轴就是要创建的空间轴。若是已有模型为二维图形，则需要指定参考图元、参考方向及轴线类型。

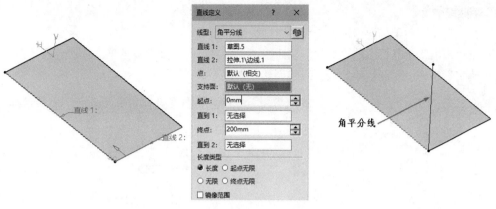

图 8-25

（1）创建基于二维图形的轴线。

此方法是通过选择图形区中已创建的几何图形对象，再定义轴线的放置参数，从而创建需要的几何轴线，如图 8-26 所示。

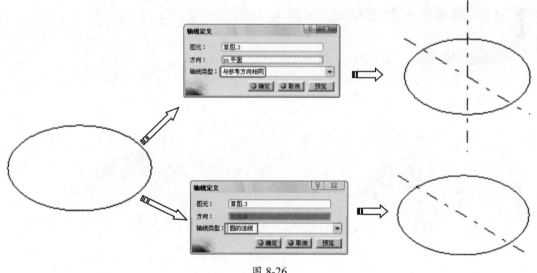

图 8-26

（2）创建基于旋转特征的轴线。

此方法是通过直接选择图形区中已创建的旋转特征对象，从而快速创建旋转特征的轴线，如图 8-27 所示。

图 8-27

3. 创建折线

"折线"命令用于创建通过多个点的连续的折断直线。

单击"线框"工具栏中的"折线"按钮，弹出"折线定义"对话框，依次选择所需的点，单击"确定"按钮，系统自动完成折线的创建，如图 8-28 所示。

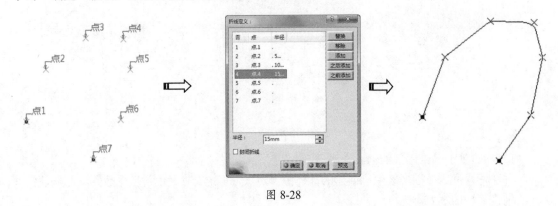

图 8-28

8.2.3 创建投影－混合曲线

1. 创建投影曲线

投影曲线是通过指定投影方向、投影的线段、投影的支持曲面，从而将空间中已知的点、线向一个曲面上进行投影附着的操作，如图 8-29 所示。

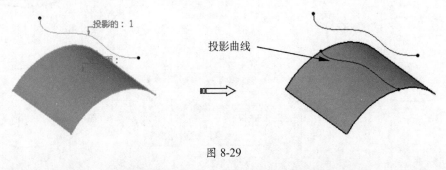

图 8-29

动手操作——创建投影曲线

01 打开本例源文件 8-1.CATPart。

02 在菜单栏中执行"插入"|"线框"|"投影"命令，弹出"投影定义"对话框。

03 定义投影曲线的相关参数。在"投影类型"下拉列表中选择"法线"选项，然后在图形区中选择曲面上方的圆形作为要投影的对象。

04 在图形区中选择圆柱曲面为投影支持面，最后单击"确定"按钮完成投影曲线的创建，如图8-30所示。

"投影定义"对话框中部分选项说明如下。

- 投影类型—"法线"：当选择此投影类型时，系统将沿着与支持曲面垂直的方向进行投影操作，如图8-31（左）所示。

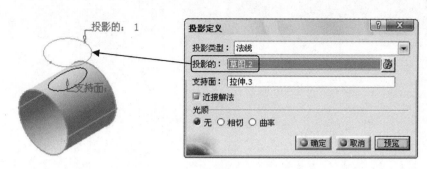

图 8-30

- 投影类型—"沿某一方向"：当选择此投影类型时，系统将沿着指定的线性方向进行投影操作，如图 8-31（右）所示。

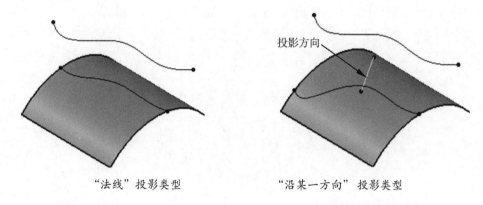

"法线"投影类型　　　　　　　"沿某一方向"投影类型

图 8-31

- 近接解法：选中此复选框系统则保留离投影源对象最近的投影曲线，否则将保留所有的投影结果，如图 8-32 所示。

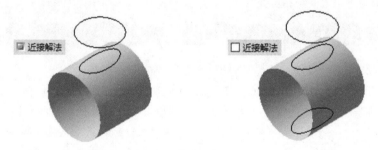

图 8-32

- "光顺"选项组：主要用于对投影的曲线进行光顺处理操作，如在投影曲线后失去源对象曲线的连续性时，可以选中"相切"或"曲率"复选框进行调整。

2. 混合曲线

混合曲线是通过指定空间中两条曲线进行假想拉伸操作，再创建其拉伸面所得的交线，如图 8-33 所示。

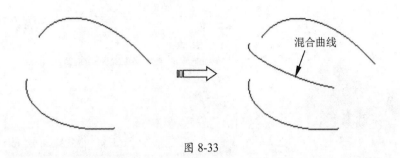

图 8-33

动手操作——创建混合曲线

01 打开本例源文件 8-2.CATPart。

02 单击"线框"工具栏中的"混合"按钮 ，弹出"混合定义"对话框。

03 在"混合类型"下拉列表中选择"法线"选项，然后在图形区中分别选择两条参考曲线。

04 单击"确定"按钮完成混合曲线的创建，如图 8-34 所示。

图 8-34

3. 反射线

"反射线"用于按照反射原理在支持面上生成新的曲线，新曲线所在曲面上的每个点处的法线（或切线）都与指定方向呈相同角度。

动手操作——创建反射线

01 打开本例源文件 8-3.CATPart，并进入创成式外形设计工作台。

02 单击"线框"工具栏中的"反射线"按钮 ，弹出"反射线定义"对话框。

03 在"类型"中选中"二次曲线"单选按钮，在图形区中分别选择支持面和原点。在"角度"文本框中输入 120deg，最后单击"确定"按钮，系统自动完成反射线创建，如图 8-35 所示。

图 8-35

4. 轮廓线

"轮廓"命令是通过沿原点向支持面方向进行投射，得到投射方向上支持面的最大轮廓曲线。

动手操作——创建轮廓线

01 打开本例源文件 8-4.CATPart。

02 单击"轮廓"按钮 ，弹出"轮廓定义"对话框。

03 在"类型"中选中"二次曲线"单选按钮，然后选择曲面作为支持面，选择直线的顶点作为原点。

04 单击"确定"按钮完成轮廓线创建，如图 8-36 所示。

图 8-36

8.2.4 创建相交曲线

此方法是通过指定两个或多个相交的图形对象，从而创建相交的曲线或点特征，如图 8-37 所示。

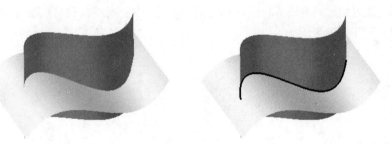

图 8-37

动手操作——创建相交曲线

01 打开本例源文件 8-5.CATPart。

02 单击"线框"工具栏中的"相交"按钮 ，弹出"相交定义"对话框。

03 依次选择第一元素（曲面）和第二元素（实体），单击"确定"按钮完成相交曲线创建，如图 8-38 所示。

图 8-38

8.2.5　创建曲线偏移

在"线框"工具栏中单击"平行曲线"按
钮右下角的三角形，展开"曲线偏移"工具栏，
包含"平行曲线""滚动偏移"和"偏移3D曲线"
工具，如图 8-39 所示。

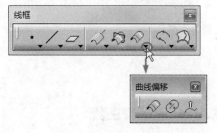

图 8-39

1.创建平行曲线

此方法是通过指定的曲线（或边）、点和支持面，创建通过点和支持面且平行于所选曲线的
平行曲线，如图 8-40 所示。

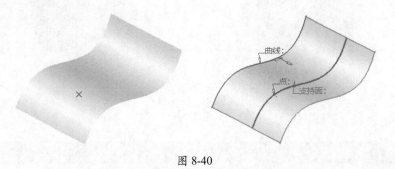

图 8-40

动手操作——创建平行曲线

01 打开本例源文件 8-6.CATPart。

02 在"线框"工具栏中单击"平行曲线"按钮，弹出"平行曲线定义"对话框。

03 在图形区中选择曲面的一条边线作为平行参考对象，接着选择曲面为平行曲线的支持面（附
着面），如图 8-41 所示。

04 激活"点"文本框并选择曲面上的已知点为平行曲线的通过点，保留其余选项默认设置，单击"确

定"按钮完成平行曲线的创建，如图 8-42 所示。

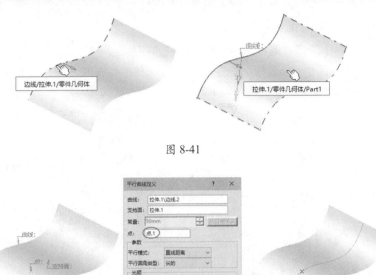

图 8-41

图 8-42

技术要点：

指定"平行曲线"放置位置的技巧。

- 在"平行曲线定义"对话框中，如在"常量"文本框中输入数字，则系统采用指定实际距离的方法来放置偏移的曲线，如在"点"文本框中选择了一个特征点，则偏移的曲线将通过此点以确定放置位置。
- 当选择"平行模式—直线距离"方式时，系统采用偏移曲线和源对象曲线间的最短距离来确定偏移曲线的位置；当选择"平行模式—测地距离"的方式时，系统采用偏移曲线与源对象曲线之间沿着曲线测量的距离。
- 选中"双侧"复选框时，系统将向源对象曲线的两侧偏移曲线。

2. 偏移 3D 曲线

偏移 3D 曲线命令是一种可以将已知曲线进行 3D 空间偏移的操作，它通过指定源对象曲线、偏移方向、偏移距离等参数，从而创建新的空间曲线，如图 8-43 所示。

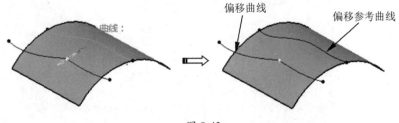

图 8-43

动手操作——创建偏移 3D 曲线

01 打开本例源文件 8-7.CATPart。

02 在"线框"工具栏中单击"偏置 3D 曲线"按钮 ，弹出"3D 曲线偏置定义"对话框。

03 在图形区选择曲面上的一条曲线为偏置参考曲线，右击"拔模方向"文本框并在弹出的快捷菜单中选择 X Component 选项，以指定偏置方向，如图 8-44 所示。

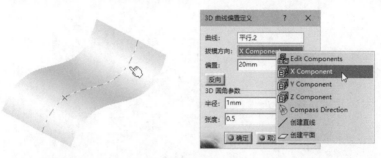

图 8-44

04 在"偏置"文本框中输入 20mm 以指定偏置距离，其余选项保持默认，最后单击"确定"按钮完成 3D 偏移曲线的创建，如图 8-45 所示。

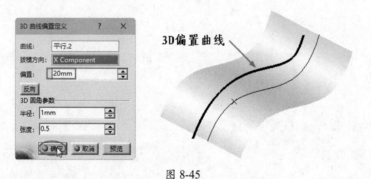

图 8-45

3. 滚动偏移

"滚动偏移"命令是通过将原曲线向两侧同时偏移，同时创建圆形封闭端的封闭曲线，如图 8-46 所示。

图 8-46

8.2.6　创建空间圆 / 圆弧曲线

空间圆弧类曲线主要是指三维空间中的圆和圆弧段图形，它包括圆、圆角、连接曲线以及二次曲线 4 个命令。

1. 圆

"线框"工具栏中的"圆"命令提供了多种创建圆形图形的途径，它们主要有"中心和半径""中心和点""两点和半径""三点""中心和轴线""双切线和半径""双切线和点""三切线""中心和切线" 9 种定义方式。

其中以"中心和半径"方式应用最为普遍和快捷，下面就以图 8-47 所示的实例进行操作说明。

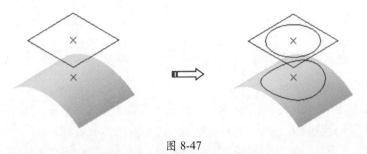

图 8-47

动手操作——创建圆

01 打开本例源文件 8-8.CATPart。

02 在"线框"工具栏中单击"圆"按钮◯，弹出"圆定义"对话框。

03 在"圆类型"下拉列表中选择"中心和半径"选项，接着选择图形中上方的点为中心，选择曲面为圆的支持面。

04 在"半径"文本框中输入 25mm，以指定圆的半径，最后单击"确定"按钮完成平面圆的创建，如图 8-48 所示。

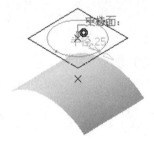

图 8-48

05 再次执行"圆"命令打开"圆定义"对话框。在"圆类型"下拉列表中选择"中心和半径"选项，选择曲面上的点为中心，再选择曲面为圆的支持面。

06 在"半径"文本框中输入 30mm，以指定圆的半径，选中"支持面上的几何图形"复选框，最后单击"确定"按钮完成曲面圆的创建，如图 8-49 所示。

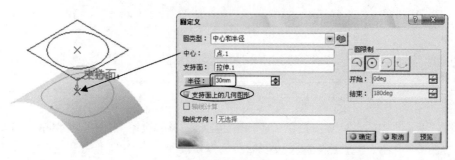

图 8-49

2. 圆角

使用"线框"工具栏中的"圆角"命令可快速对空间中的两条曲线进行圆角处理。

动手操作——创建圆角

01 打开本例源文件 8-9.CATPart。

02 在"线框"工具栏中单击"圆角"按钮 ，弹出"圆角定义"对话框。

03 在"圆角类型"下拉列表中选择"3D 圆角"圆角类型，分别选择图形区中的两条曲线为圆角对象，在"半径"文本框中输入 15mm，最后单击"确定"按钮完成曲线的圆角操作，如图 8-50 所示。

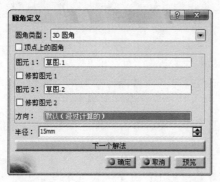 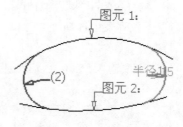

图 8-50

3. 连接曲线

连接曲线是用一条空间曲线，将两条曲线以一种连续形式进行连接的操作。

动手操作——创建连接曲线

01 打开本例源文件 8-10.CATPart。

02 在"线框"工具栏中单击"连接曲线"按钮 ，弹出"连接曲线定义"对话框。

03 在"连接类型"下拉列表中选择"法线"选项，然后在图形区中选择第一曲线（选择曲线的一个端点即可）和第二曲线，保持默认的曲线连接方向，单击"确定"按钮完成连接曲线的创建，如图 8-51 所示。

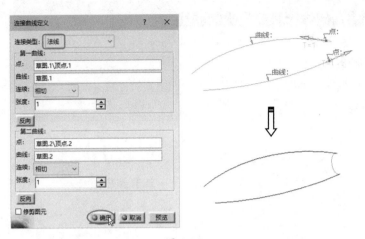

图 8-51

04 同样，以"基曲线"方式来创建连接曲线，如图 8-52 所示。

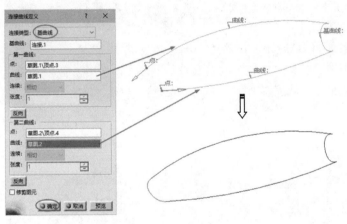

图 8-52

4. 二次曲线

二次曲线是通过指定空间中的起点、终点、穿越点或切线 3 个约束，创建一个相切于两条曲线的曲线特征，如图 8-53 所示。

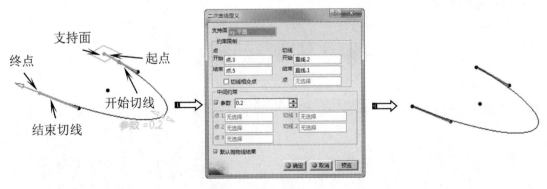

图 8-53

8.2.7　创建由几何体计算而定义的曲线

1. 空间样条曲线

"空间样条曲线"命令是通过指定空间中的一系列特征点并选择合适的方向建立的一条光顺的曲线，如图8-54所示。

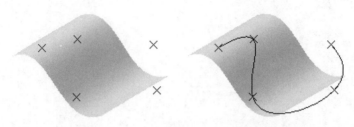

图 8-54

动手操作——创建空间样条曲线

01 打开本例源文件 8-11.CATPart。

02 在菜单栏中执行"插入"|"线框"|"样条曲线"命令，弹出"样条线定义"对话框。

03 依次单击曲面上的 5 个特征点为样条曲线的通过点，单击"确定"按钮完成样条曲线的创建，如图 8-55 所示。

图 8-55

2. 三维螺旋线

螺旋线命令是通过指定起点、旋转轴线、螺距和高度等参数，在空间中创建一条等距或变距的螺旋线。

单击"线框"工具栏中的"螺旋"按钮 ⌇ ，弹出"螺旋曲线定义"对话框，如图8-56所示。

图 8-56

"螺旋曲线定义"对话框中主要选项参数含义如下。

- 起点：用于定义螺旋线的起点。
- 轴：用于定义螺旋线的轴线。
- 螺距：用于定义螺旋线的螺距，S型法则曲线类型不可用。
- 法则曲线：单击该按钮，弹出"法则曲线定义"对话框。如果选中"常量"单选按钮，表示螺距不变，此时只能设置起始值；如果选择"S型"单选按钮，表示螺距按照一定规则在起始值和结束值之间变化，如图8-57所示。

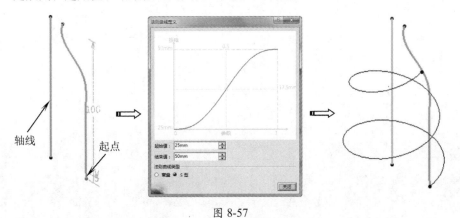

图 8-57

- 高度：用于设置螺旋线的总高度，S型法则曲线类型不可用。
- 方向：用于设置螺旋线方向，包括"顺时针"和"逆时针"两种。
- 起始角度：用于定义螺旋曲线的起始点和轴线的连线与坐标系之间的夹角。
- 拔模角度：用于设置螺旋线的锥角，正值沿螺旋方向扩大，负值沿螺旋方向缩小。
- 方式：用于定义螺旋线的锥形方式，包括"尖锥形"和"倒锥形"两种。
- 轮廓：用于设置螺旋线母线的轮廓，螺旋线的起点必须位于轮廓线上，如图8-58所示。

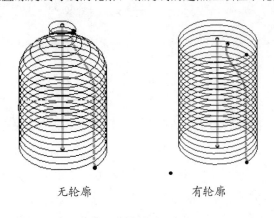

无轮廓　　　　　　有轮廓

图 8-58

动手操作——创建螺旋线

01 打开本例源文件 8-12.CATPart。

02 在菜单栏中执行"插入"|"线框"|"螺旋线"命令，弹出"螺旋曲线定义"对话框。

03 选择图形区中的"点1"为螺旋线的起点，在"轴"文本框中右击并在弹出的快捷菜单中选择"Z轴"为螺旋线的轴线，在"螺距"文本框中输入10mm，以指定螺旋线的螺距，在"高度"文本框中输入80mm，以指定螺旋线的总高度，单击"确定"按钮完成螺旋线的创建，如图8-59所示。

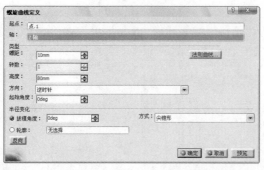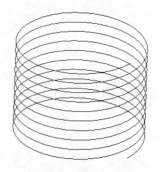

图 8-59

技术要点：

选择旋转轴时，可以选择图形区中已创建的线性图元作为旋转轴线，也可以在"轴"文本框中右击，在弹出的快捷菜单中选择或创建旋转轴线。

3. 等参数曲线

等参数曲线通过指定曲面上的一个特征点，创建通过此点并与曲面曲率相等的曲线，如图8-60所示。

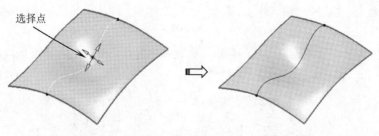

选择点

图 8-60

动手操作——创建等参数曲线

01 打开本例源文件 8-13.CATPart。

02 在菜单栏中执行"插入"|"线框"|"等参数曲线"命令，弹出"等参数曲线"对话框。

03 选择图形区中的曲面特征为等参数曲线的支持面，选择特征目录树中的"点1"为等参数曲线的通过点，在"方向"文本框中右击并在弹出的快捷菜单中选择"X轴"选项，以指定等参数曲线的方向，单击"确定"按钮完成等参数曲线的创建，如图8-61所示。

图 8-61

8.3 实战案例

下面用 3 个案例综合应用前面介绍的曲线命令进行设计。

8.3.1 案例一：绘制环形螺旋线

这个环形螺旋线无法直接使用工具绘制，但可以采用参数化曲线或者叫方程式驱动曲线的方式绘制，CATIA 中叫法则曲线。

设计步骤：

01 启动 CATIA，在菜单栏中执行"开始"|"形状"|"创成式外形设计"命令，进入创成式外形设计工作台。

02 首先在 xy 平面上绘制一个圆，如图 8-62 所示。

03 单击"拉伸"按钮 选择圆并创建拉伸曲面，如图 8-63 所示。

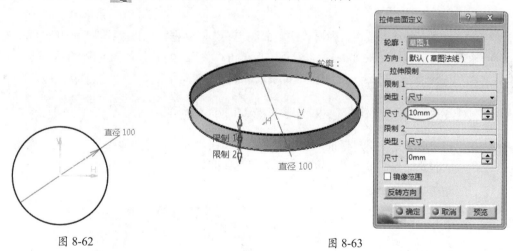

图 8-62   图 8-63

04 在"操作"工具栏中单击"分割"按钮 ，将拉伸曲面分割，"切除元素"选择为 zx 平面，且保留双侧，如图 8-64 所示。

图 8-64

05 创建扫掠曲面。

- 单击"扫掠"按钮 ，选择"显式"轮廓类型，子类型设置为"使用参考曲面"，再选择分割曲面的分割边界为轮廓，选择拉伸曲面底部边界为引导曲线（或圆形草图），最后选择拉伸曲面作为曲面参考（不要选择分割曲面作为参考，可以在特征树中选择拉伸曲面），如图 8-65 所示。

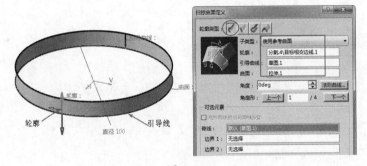

图 8-65

- 单击"法则曲线"按钮，弹出"法则曲线定义"对话框，选择"线性"法则曲线类型，输入"结束值"为3600deg，查看预览后单击"关闭"按钮，如图 8-66 所示。

技巧点拨：

设置3600°的旋转角度，表示旋转圈数为10圈，也可以说是10个周期的正弦曲线。

- 在"扫掠曲面定义"对话框中单击"预览"按钮，查看扫掠曲面的预览效果，如图 8-67 所示。预览无误后单击"确定"按钮关闭对话框。

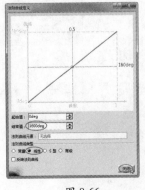

图 8-66

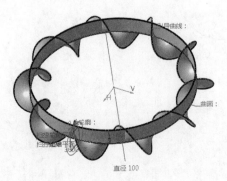

图 8-67

06 在"操作"工具栏中单击"边界"按钮 ，选择扫掠曲面的一条边界进行抽取，如图8-68所示。

图 8-68

07 选中曲面并右击，在弹出的快捷菜单中选择"隐藏/显示"选项，将曲面全部隐藏，得到理想的环形螺旋线，如图 8-69 所示。

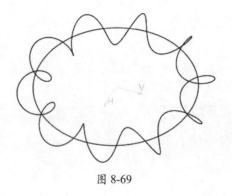

图 8-69

8.3.2 案例二：绘制环形波浪线

CATIA 的方程式曲线（法则曲线）可以说是三维软件中最难创建的，因为有些函数表达式跟一般的表达方程式有所不同，例如常量 t，在 CATIA 中就不能使用 t，需要转换成该软件特有的常量 PI。

关于环形波浪线的绘制，提供以下两种解决方案：第一种是按上一个案例的环形螺旋线的做法先创建环形螺旋线，再将环形螺旋线投影到拉伸曲面上得到环形波浪线，如图 8-70 所示（这个过程不再赘述）。

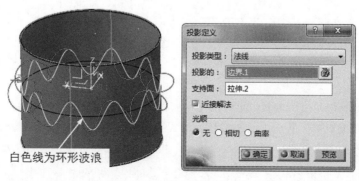

图 8-70

第二种是利用法则曲线建立关系式，再绘制十分之一圆弧，接着通过"平行曲线"工具定义法则曲线进而创建一个周期的正弦线，将正弦线阵列 10 份得到完整的环形波浪线，如图 8-71 所示。下面介绍第二种方法。

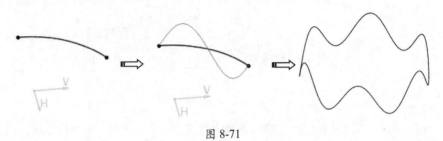

图 8-71

设计步骤：

01 启动 CATIA，在菜单栏中执行"开始"|"形状"|"创成式外形设计"命令，进入创成式外形设计工作台。

02 在"知识工程"工具栏中单击 fog 规则按钮 **fog**，弹出"法则曲线编辑器"对话框，单击"确定"按钮进入"法则曲线编辑器"，如图 8-72 所示。

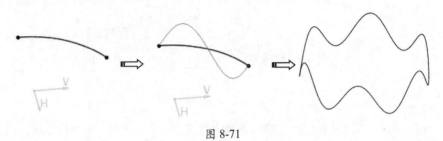

图 8-72

- 在"规则编辑器"对话框的右侧单击"新类型参数"按钮，以实数类型添加一个形式参数，并在文本框中修改形式参数的名称为 a，如图 8-73 所示。

图 8-73

- 同理，选择"角度"类型，再添加一个名称为 b 的形式参数，如图 8-74 所示。
- 在"规则编辑器"的法则曲线参数表达式定义区域内，输入 a=sin（2*b*PI）*20，同时按下顶部的 3 个按钮，最后单击"确定"按钮完成法则曲线的定义，如图 8-75 所示。

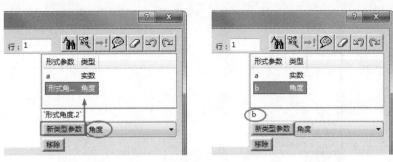

图 8-74

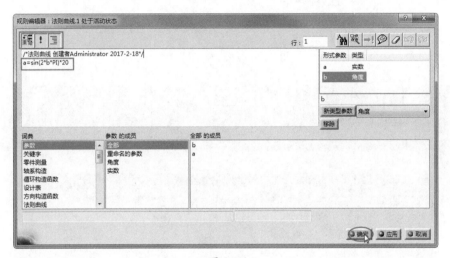

图 8-75

03 在 xy 平面上绘制如图 8-76 所示的圆弧。

04 利用"拉伸"工具，创建如图 8-77 所示的拉伸曲面。

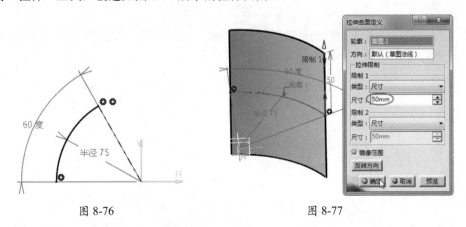

图 8-76   图 8-77

05 单击"平行曲线"按钮，弹出"平行曲线定义"对话框。

- 选择草图为曲线参考，选择拉伸曲面为支持面，单击"法则曲线"按钮，在弹出的"法则曲线定义"对话框中选择"高级"类型，然后在特征树中选择最初创建的法则曲线关系式，如图 8-78 所示。

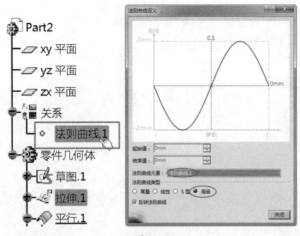

图 8-78

技巧点拨：

要想在特征树中显示关系式，需要在菜单栏中执行"工具"｜"选项"命令，在"选项"对话框中设置选项参数，如图8-79所示。

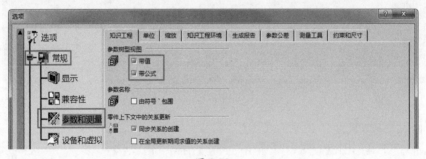

图 8-79

- 返回"平行曲线定义"对话框，单击"预览"按钮查看效果，无误后单击"确定"按钮关闭对话框，如图 8-80 所示。

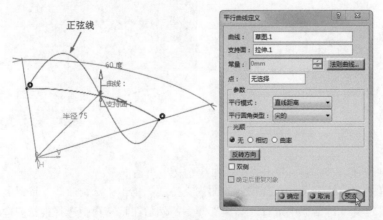

图 8-80

06 单击"圆形阵列"按钮 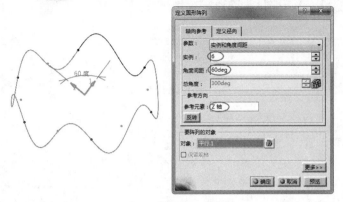，将平行曲线圆形阵列，如图 8-81 所示。

图 8-81

07 将阵列的曲线接合，得到最终的环形波浪线。

8.4 习题

使用"创成式外形设计"模块中的线框工具完成三通管的三维线框结构设计，如图8-82所示。

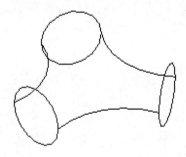

图 8-82

第 9 章 创成式曲面设计

 项目导读

　　曲面造型功能是 CATIA 软件比之其他同类软件具有优势的功能，在 CATIA 中最常用的曲面造型工具有：线框和曲面、创成式外形设计、自由曲面等。

　　本章将重点介绍"创成式外形设计"模块中的曲面造型工具。创成式外形设计模块中的曲面设计工具是具有参数化特点的曲面建模工具，所创建的各种曲面特征都具有参数驱动的特点，能方便地对其进行各种编辑和修改，且能和零件设计、自由曲面、线框和曲面等模块进行任意切换，从而实现真正的无缝链接和混合设计。

项目分解

　　知识点 1：创建基础曲面

　　知识点 2：创建偏置曲面

　　知识点 3：创建扫掠曲面

　　知识点 4：创建其他常规曲面

　　知识点 5：创建高级曲面

9.1 创建基础曲面

　　基础曲面是基于草图进行扫掠的曲面类型，也包括基本体的表面（如球体、圆柱体等）。CATIA 提供了 4 种基础曲面创建工具，包括拉伸曲面、旋转曲面、球面和圆柱面，如图 9-1 所示。

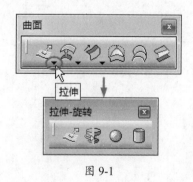

图 9-1

9.1.1 拉伸曲面

　　拉伸曲面是指将草图轮廓或线框曲线沿给定的方向拉伸来创建的曲面。

　　在"曲面"工具栏中单击"拉伸"按钮，弹出"拉伸曲面定义"对话框。选择拉伸截面，设置拉伸参数后，单击"确定"按钮，完成拉伸曲面的创建，如图 9-2 所示。

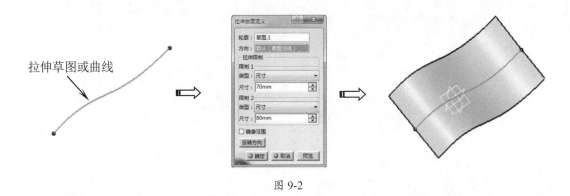

图 9-2

技术要点：

拉伸限制可以用尺寸定义拉伸长度，还可以选择点、平面或曲面，但不能用线作为拉伸限制。如果指定的拉伸限制是点，则系统会垂直于经过指定点拉伸方向平面作为拉伸限制面。

9.1.2　旋转曲面

旋转曲面是通过指定轮廓绕旋转轴进行旋转，从而创建指定角度的片体特征。

在"曲面"工具栏中单击"旋转"按钮，弹出"旋转曲面定义"对话框。选择旋转轮廓和旋转轴，设置旋转角度后单击"确定"按钮，完成旋转曲面的创建，如图 9-3 所示。

图 9-3

技术要点：

在草图模式中创建旋转轮廓时，如直接在草图中绘制轴线，则在创建旋转曲面时系统会自动识别并使用绘制的轴线作为旋转轴。

9.1.3　球面

球面是通过指定空间中一点为球心，从而建立具有一定半径值的球形片体。

在"曲面"工具栏中单击"球面"按钮，弹出"球面曲面定义"对话框。选择一点作为球心，输入球面半径，设置经线和纬线角度后单击"确定"按钮，完成球面曲面的创建，如图 9-4 所示。

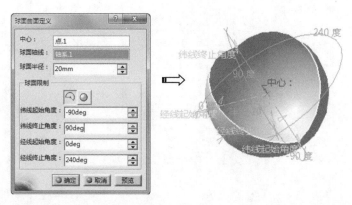

图 9-4

技术要点：

球面轴线决定经线和纬线的方向，如果没有选择球面轴线，系统会自动将X、Y、Z轴中任意一轴定义为当前的轴线。

9.1.4 圆柱面

圆柱面是通过指定空间中的一点和方向，创建圆柱形的片体，圆柱面的两端不会封闭。

在"曲面"工具栏中单击"圆柱面"按钮 ，弹出"圆柱曲面定义"对话框。选择一点作为柱面轴线点，选择直线作为轴线，设置半径和长度后单击"确定"按钮，完成圆柱曲面的创建，如图 9-5 所示。

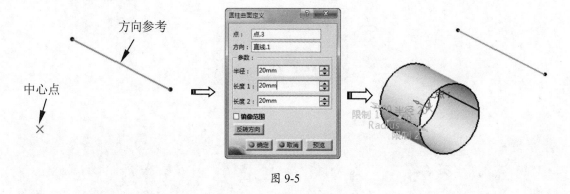

图 9-5

9.2 创建偏置曲面

偏置曲面是通过对已知的曲面特征进行偏置操作，从而创建新的曲面。偏置曲面主要包括偏置曲面、可变偏置、粗略偏置和中间表面 4 种曲面偏置方式。

在"曲面"工具栏中单击"偏置"按钮 右下角的三角形，展开"偏置"工具栏，如图 9-6 所示。

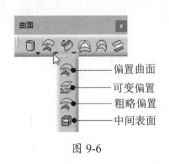

图 9-6

9.2.1　偏置曲面

偏置曲面是通过偏置一个或多个现有曲面来创建一个或多个曲面，如图 9-7 所示。

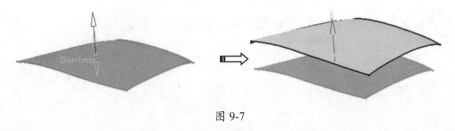

图 9-7

动手操作——创建偏置曲面

01 打开本例源文件 9-1.CATPart。

02 在"曲面"工具栏中单击"偏置"按钮 ，弹出"偏置曲面定义"对话框。

03 在图形区中选择要偏置的曲面，在"偏置曲面定义"对话框中设置"偏置"值为 50mm。

04 单击"确定"按钮，完成偏置曲面的创建，如图 9-8 所示。

图 9-8

技术要点：

若选中"偏置曲面定义"对话框中的Automatically Computes Sub-Elements To Remove（自动计算并移除子图元）复选框，系统会自动计算图形区中显示错误的子元素和标记注释，修改偏置曲面的偏置参数后，使用此复选框可以获得更好的结果。

9.2.2 可变偏置

　　"可变偏置"命令用于将一组曲面中的单个曲面按照不同的偏置量进行偏置来创建偏置曲面。

　　在"曲面"工具栏中单击"可变偏置"按钮，弹出"可变偏置定义"对话框。选择要偏置的曲面组合（多个曲面需要接合成曲面组），然后依次选择多个单曲面并设置偏置类型和偏置量（选择变量时，选定元素的偏置距离是可变的，其具体的偏置距离以其相连元素的偏置距离来确定），单击"确定"按钮，完成偏置曲面的创建，如图9-9所示。

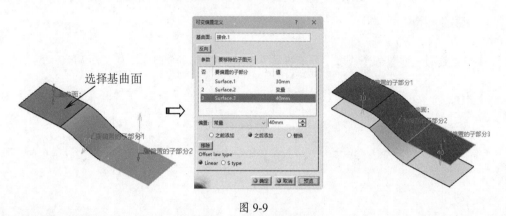

图 9-9

9.2.3 粗略偏置

　　粗略偏置用于创建与初始曲面近似的固定偏置曲面，偏置曲面仅保留初始曲面的主要特征。

　　在"曲面"工具栏中单击"粗略偏置"按钮，弹出"粗略偏置曲面定义"对话框。选择要偏置的曲面，设置偏置量，单击"确定"按钮，完成粗略偏置曲面的创建，如图9-10所示。

图 9-10

技术要点：

　　"偏差"默认为1mm，最小为0.2mm，如果偏差值太小，则会在对话框中显示警告消息。单击"预览"按钮后再选中"偏差分析"复选框，将显示和分析超过最大偏差的点，如图9-11所示。

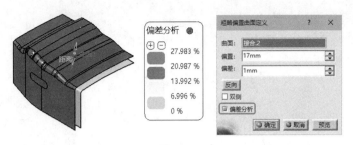

图 9-11

9.2.4　中间表面

"中间表面"命令可从彼此平行的一对面中创建中间面，此功能对于模拟薄固体的中性面很有用。

创建中性面的步骤如下。

01 在"偏置"工具栏中单击"中间表面"按钮，弹出"Mid Surface Defintion（中间表面定义）"对话框。

02 在模型中选择两个面，其平行对应的面会被自动选中。

03 保持默认的偏置值，单击"确定"按钮，自动创建中性面，如图 9-12 所示。

图 9-12

9.3　创建扫掠曲面

"扫掠曲面"命令是指将一个轮廓（截面线）沿着一条（或多条）引导线生成曲面，截面线可以是已有的任意曲线，也可以是规则曲线，如直线、圆弧等。

在 CATIA 中，扫掠曲面分为一般扫掠性曲面和适应性扫掠曲面。其中一般性的扫掠曲面按照其轮廓的不同又可分显式扫掠、直线扫掠、圆扫掠和二次曲线扫掠。

9.3.1　显式轮廓扫掠

显式轮廓扫掠是利用精确的轮廓曲线扫描形成曲面，此时需要指定明确的曲线作为扫掠轮廓、一条或两条引导线。显示扫掠创建曲面时有 3 种方式：使用参考曲面、使用两条引导曲线和按拔模方向等。

1. "使用参考曲面"子类型

利用"使用参考曲面"子类型，在创建显示扫掠曲面时，可以定义轮廓线与某一参考曲面保持一定角度，如图9-13所示。

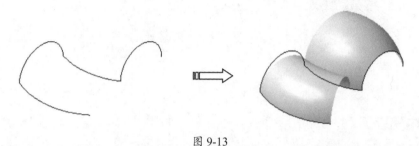

图 9-13

动手操作——以"使用参考曲面"创建扫掠曲面

01 打开本例源文件 9-2.CATPart。

02 在"曲面"工具栏中单击"扫掠"按钮，弹出"扫掠曲面定义"对话框。

03 在"轮廓类型"中单击"显式"图标，在"子类型"下拉列表中选择"使用参考曲面"选项。

04 在图形区中选择一条曲线作为轮廓，选择另一条曲线作为引导曲线。

05 单击"确定"按钮，完成扫掠曲面的创建，如图9-14所示。

图 9-14

2. "使用两条引导曲线"子类型

利用"使用两条引导曲线"子类型，在使用两条引导曲线创建扫掠曲面时，可以定义一条轮廓线在两条引导线上扫掠，如图9-15所示。

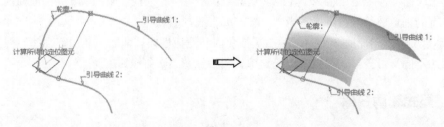

图 9-15

由于截面线要求与两条引导线相交，所以需要对截面线进行定位，"定位类型"包括"两个点"和"点和方向"两种类型。

- 两个点：选择截面线上的两个点，生成的曲面沿第一个点的法线方向，同时自动匹配到两条引导曲线上。
- 点和方向：选择一点及一个方向，生成的曲面通过点并沿平面的法线方向。

动手操作——以"使用两条引导曲线"创建扫掠曲面

01 打开本例源文件 9-3.CATPart。

02 在"曲面"工具栏中单击"扫掠"按钮，弹出"扫掠曲面定义"对话框。

03 在"轮廓类型"中单击"显式"图标，在"子类型"下拉列表中选择"使用两条引导曲线"选项。

04 在图形区中选择一条曲线作为轮廓，选择另两条曲线作为引导曲线，在"定位类型"下拉列表中选择"两个点"选项，分别选择两个点作为定位点。

05 单击"确定"按钮，完成扫掠曲面的创建，如图 9-16 所示。

图 9-16

3. "使用拔模方向"子类型

利用"使用拔模方向"子类型创建显示扫掠曲面时，可以在创建的扫掠曲面上添加拔模特征。"使用拔模方向"子类型等效于"使用参考曲面"子类型，其具有垂直于拔模方向的参考平面。

动手操作——以"使用拔模方向"创建扫掠曲面

01 打开本例源文件 9-4.CATProduct。

02 在"曲面"工具栏中单击"扫掠"按钮，弹出"扫掠曲面定义"对话框。

03 在"轮廓类型"中单击"显式"图标，在"子类型"下拉列表中选择"使用拔模方向"选项。

04 在图形区中选择一条曲线作为轮廓，选择一条曲线作为引导曲线，选择一个平面作为方向（平面的法向量），选择一条曲线作为脊线。

05 单击"确定"按钮，完成扫掠曲面的创建，如图 9-17 所示。

图 9-17

9.3.2 直线轮廓扫掠

直线轮廓扫掠曲面是通过指定引导曲线，使用直线为轮廓线，从而创建扫掠的片体。创建直线轮廓扫掠曲面的子类型包括：两极限、极限和中间、使用参考曲面、使用参考曲线、使用切面、使用拔模方向和使用双切面7种。

1."两极限"子类型

"两极限"是指通过定义曲面边界参照扫掠出曲面，该曲面边界是通过选择两条曲线定义的。

动手操作——以"两极限"创建直线轮廓扫掠

01 打开本例源文件9-5.CATPart。

02 在"曲面"工具栏中单击"扫掠"按钮 🕸，弹出"扫掠曲面定义"对话框。在"轮廓类型"中单击"直线"按钮 📉，在"子类型"下拉列表中选择"两极限"选项，选择两条曲线作为引导曲线，选择一条曲线作为脊线，单击"确定"按钮，完成扫掠曲面的创建，如图9-18所示。

图 9-18

2."极限和中间"子类型

"极限和中间"子类型需要指定两条引导线，系统将第二条引导线作为扫掠曲面的中间曲线。

动手操作——以"极限和中间"创建直线轮廓扫掠

01 打开本例源文件9-6.CATPart。

02 在"曲面"工具栏中单击"扫掠"按钮 🕸，弹出"扫掠曲面定义"对话框。

03 在"轮廓类型"中单击"直线"按钮 📉，在"子类型"下拉列表中选择"极限和中间"选项，选择两条曲线作为引导曲线。

04 单击"确定"按钮，完成扫掠曲面的创建，如图9-19所示。

图 9-19

3. "使用参考曲面"子类型

"使用参考曲面"子类型利用参考曲面及引导曲线创建扫掠曲面。

动手操作——以"使用参考曲面"创建直线轮廓扫掠

01 打开本例源文件 9-7.CATPart。

02 在"曲面"工具栏中单击"扫掠"按钮，弹出"扫掠曲面定义"对话框。

03 在"轮廓类型"中单击"直线"按钮，在"子类型"下拉列表中选择"使用参考曲面"选项。在图形区中选择一条曲线作为引导曲线，激活"参考曲面"文本框。选择曲面作为参考曲面。

04 单击"确定"按钮，完成扫掠曲面的创建，如图 9-20 所示。

图 9-20

4. "使用参考曲线"子类型

"使用参考曲线"是指利用一条引导曲线和一条参考曲线创建扫掠曲面，新建的曲面以引导曲线为起点沿参考曲线向两边延伸。

动手操作——以"使用参考曲线"创建直线轮廓扫掠

01 打开本例源文件 9-8.CATPart。

02 在"曲面"工具栏中单击"扫掠"按钮，弹出"扫掠曲面定义"对话框。

03 在"轮廓类型"中单击"直线"按钮，在"子类型"下拉列表中选择"使用参考曲线"选项。在图形区中选择一条曲线作为引导曲线，选择另一条曲线作为参考曲线。

04 输入角度和长度后，单击"确定"按钮，完成扫掠曲面的创建，如图 9-21 所示。

图 9-21

5. "使用切面"子类型

"使用切面"子类型以一条曲线作为扫掠曲面的引导曲线，新建扫掠曲面以引导曲线为起点，与参考曲面相切，可以使用脊线控制扫描面以决定新建曲面的前后宽度。

01 打开本例源文件 9-9.CATPart。

02 在"曲面"工具栏中单击"扫掠"按钮，弹出"扫掠曲面定义"对话框。

03 在"轮廓类型"中单击"直线"按钮，在"子类型"下拉列表中选择"使用切面"选项。在图形区中选择一条曲线作为引导曲线，选择曲面作为切面。

04 单击"确定"按钮，完成扫掠曲面的创建，如图 9-22 所示。

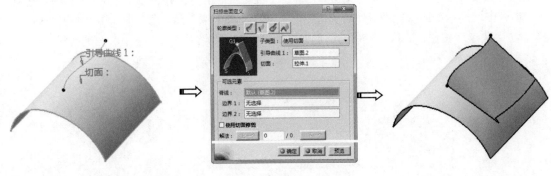

图 9-22

6. "使用拔模方向"子类型

"使用拔模方向"子类型是利用引导曲线和绘图方向创建扫掠曲面，新建曲面以绘图方向并在方向上指定长度的直线为轮廓，沿引导曲线扫掠。

01 打开本例源文件 9-10.CATPart。

02 在"曲面"工具栏中单击"扫掠"按钮，弹出"扫掠曲面定义"对话框。

03 在"轮廓类型"中单击"直线"按钮，在"子类型"下拉列表中选择"使用拔模方向"选项。在图形区中选择一条曲线作为引导曲线，选择已有的平面作为拔模方向参考，如图 9-23 所示。

图 9-23

04 在"长度类型 1"中单击"标准"图标，并设置"长度 1"值为 100mm，在"长度类型 2"中单击"标准"按钮，设置"长度 2"值为 20mm。

05 单击"确定"按钮，完成扫掠曲面的创建，如图 9-24 所示。

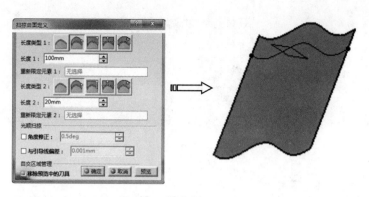

图 9-24

7."使用双切面"子类型

"使用双切面"子类型是利用两相切曲面创建扫掠曲面，新建的曲面与两曲面相切。

动手操作——以"使用双切面"创建直线轮廓扫掠

01 打开本例源文件 9-11.CATPart。

02 在"曲面"工具栏中单击"扫掠"按钮🖋，弹出"扫掠曲面定义"对话框。

03 在"轮廓类型"中单击"直线"按钮√，在"子类型"下拉列表中选择"使用双切面"选项。

04 在图形区中选择一条曲线作为脊线，分别选择两个曲面作为切面。

05 单击"确定"按钮，完成扫掠曲面的创建，如图 9-25 所示。

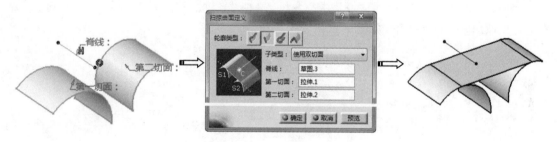

图 9-25

9.3.3 圆轮廓扫掠

圆轮廓扫掠是指创建扫掠曲面时，以圆弧作为轮廓线，只需要定义引导线。在圆轮廓扫掠类型中包括 7 种子类型，简要介绍如下。

1."三条引导线"子类型

此类型是利用 3 条引导线扫描出圆弧曲面，即在扫描的每一个断面上的轮廓圆弧为 3 条引导曲线，在该断面上的三点确定的圆弧，如图 9-26 所示。

图 9-26

2. "两个点和半径" 子类型

"两个点和半径" 子类型是指利用两点与半径成圆的原理创建扫描轮廓，再将轮廓扫描成圆弧曲面，如图 9-27 所示。

图 9-27

3. "中心和两个角度" 子类型

"中心和两个角度" 子类型是利用中心线和参考曲线创建扫掠曲面，即利用圆心和圆上一点创建圆的原理创建扫掠曲面，如图 9-28 所示。

图 9-28

4. "圆心和半径" 子类型

"圆心和半径" 子类型是利用中心和半径创建扫掠曲面，如图 9-29 所示。

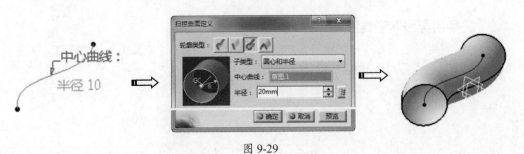

图 9-29

5. "两条引导线和切面"子类型

"两条引导线和切面"子类型是利用两条引导曲线与相切面创建扫掠曲面，如图9-30所示。

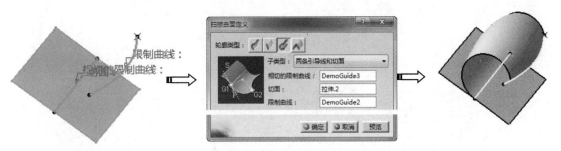

图 9-30

6. "一条引导线和切面"子类型

"一条引导线和切面"子类型是利用一条引导线与一个相切曲面创建扫描面，如图9-31所示。该扫描面经过选定的引导曲线，并与选定的曲面相切。

图 9-31

7. "限制曲线和切面"子类型

"限制曲线和切面"子类型是利用一条限制曲线与一个相切曲面创建扫描面，如图9-32所示。该扫描面经过选定的限制曲线，并与选定的曲面相切。

图 9-32

9.3.4 "二次曲线"轮廓扫掠

"二次曲线"轮廓扫掠是通过指定引导线以及相切线，使用二次曲线作为扫掠轮廓，从而创建扫掠片体。"二次曲线"轮廓扫掠类型包括以下 4 种子类型。

1."两条引导曲线"子类型

"两条引导曲线"子类型是利用两条引导曲线创建圆锥曲线为轮廓线的扫掠曲面，如图9-33所示。

图 9-33

2."三条引导曲线"子类型

"三条引导曲线"子类型是利用 3 条引导曲线创建圆锥曲线为轮廓线的扫掠曲面，如图9-34所示。

图 9-34

3."四条引导曲线"子类型

"四条引导曲线"子类型是利用 4 条引导曲线创建圆锥曲线为轮廓线的扫掠曲面，如图9-35所示。

图 9-35

4."五条引导曲线"子类型

"五条引导曲线"子类型是利用 5 条引导曲线创建圆锥曲线为轮廓线的扫掠曲面，如图9-36

所示。

图 9-36

9.3.5 适应性扫掠面

适应性扫掠曲面是通过变更扫掠截面的相关参数，从而创建可变截面的扫掠片体特征。下面就以图 9-37 所示为例进行操作说明。

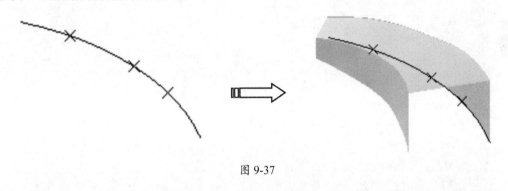

图 9-37

动手操作——创建适应性扫掠曲面

01 打开本例源文件 9-12.CATPart。

02 在"曲面"工具栏中单击"适应性扫掠"按钮 ，弹出"适应性扫掠定义"对话框。

03 在图形区中选择"草图1"曲线作为引导曲线，系统会自动识别脊线和参考曲面，如图9-38所示。

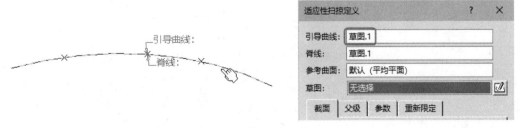

图 9-38

04 单击"草图"按钮 ，弹出"适应性扫掠的草图创建"对话框。激活"点"文本框，选择曲线上的端点作为扫掠的起点，然后单击"确定"按钮进入草绘模式，以坐标原点为起点绘制 3 条直线段，如图 9-39 所示。

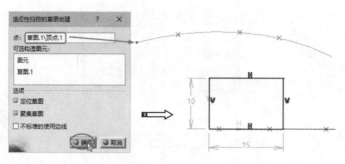

图 9-39

05 从起点方向依次选择曲线上的 3 个点和端点（共 4 个点），在"截面"选项卡中添加扫掠截面，如图 9-40 所示。

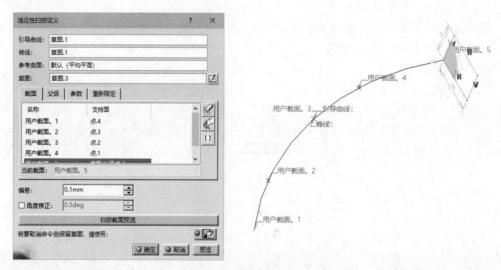

图 9-40

06 在"参数"选项卡中，对截面 2~ 截面 5 的各个截面尺寸进行设置，具体参数如图 9-41 所示。

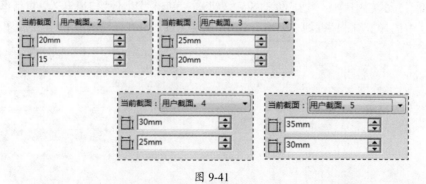

图 9-41

07 通过单击"扫掠截面预览"按钮，提前查看并检查适应性扫掠曲面的截面形状特点，如图 9-42 所示。

08 单击"确定"按钮，完成适应性扫掠曲面的创建，如图 9-43 所示。

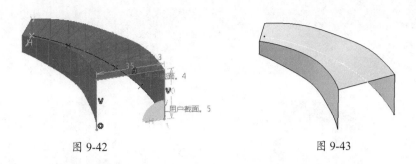

| 图 9-42 | 图 9-43 |

9.4　创建其他常规曲面

其他常规曲面也属于 CATIA 的基础性曲面，是基于曲线或已有曲面的附加曲面创建工具，包括"填充""多截面曲面"和"桥接曲面"等。

9.4.1　创建填充曲面

填充曲面是由一组曲线围成封闭区域，从而形成的片体。下面就以图 9-44 所示为例进行操作说明。

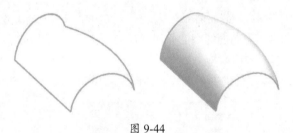

图 9-44

动手操作——创建填充曲面

01 打开本例源文件 9-13.CATPart。

02 在"曲面"工具栏中单击"填充"按钮，弹出"填充曲面定义"对话框。

03 选择一组封闭的边界曲线和支持面，选择一个点作为穿越点。

04 单击"确定"按钮，完成填充曲面的创建，如图 9-45 所示。

图 9-45

技术要点：

在完成封闭轮廓曲线的选择后，可以激活"穿越点"文本框，再在图形区中选择一个点作为填充曲面的穿越点，以此控制曲面的形状，如图9-46所示。

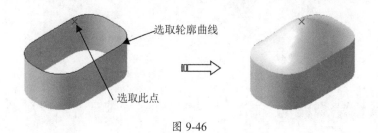

图 9-46

9.4.2 创建多截面曲面

"多截面曲面"命令通过指定多个截面轮廓曲线，从而创建扫掠片体特征。

动手操作——创建多截面曲面

01 打开本例源文件 9-14.CATPart。

02 在"曲面"工具栏中单击"多截面曲面"按钮 ，弹出"多截面曲面定义"对话框。

03 选择"圆1"和"圆2"作为曲面的截面并使其反向一致。在"引导线"选项卡中激活文本框。选择"草图1"和"草图2"为曲面的引导线。

04 单击"确定"按钮完成多截面曲面的创建，如图9-47所示。

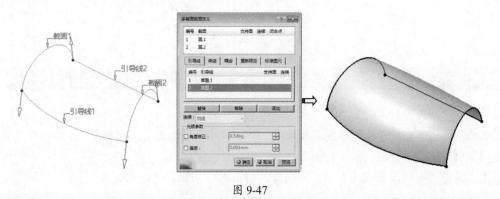

图 9-47

技术要点：

在创建多截面曲面时，如只选择截面轮廓曲线，系统将自动计算截面的连接边界，从而创建多截面曲面。在选择截面轮廓线和引导线时，应注意创建方向一致。

9.4.3 创建桥接曲面

"桥接曲面"命令通过指定两个曲面或曲线，从而创建连接两个对象的片体特征。

动手操作——创建桥接曲面

01 打开本例源文件 9-15.CATPart。

02 在"曲面"工具栏中单击"桥接曲面"按钮，弹出"桥接曲面定义"对话框。

03 依次选择第一曲线、支持面和第二曲线、支持面。

04 在"基本"选项卡中设置连续条件。

05 单击"确定"按钮，完成桥接曲面的创建，如图 9-48 所示。

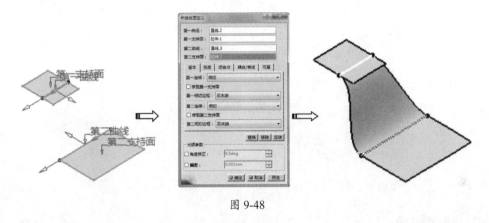

图 9-48

9.5 创建高级曲面

高级曲面是对曲面进行变形生成新的曲面。在"高级曲面"工具栏中包括"凹凸""包裹曲线""包裹曲面"和"外形渐变"。

9.5.1 凹凸曲面

"凹凸"用于通过变形初始曲面而生成凸起曲面或下凹曲面，需要确定变形的曲面、限制曲线、变形中心、变形方向和变形距离 5 个条件。

动手操作——创建凹凸曲面

01 打开本例源文件 9-16.CATPart。

02 单击"高级曲面"工具栏中的"凹凸"按钮，弹出"凹凸变形定义"对话框。

03 激活"要变形的元素"文本框后再到图形区中选择要变形的曲面。接着激活"限制曲线"文本框并在图形区中选择曲面上的曲线作为限制曲线。再激活"变形中心"文本框，在图形区中选择一点作为变形中心，如图 9-49 所示。

04 激活"变形方向"文本框，选择直线或平面作为变形方向参考。在"变形距离"文本框输入 0mm。

05 单击"确定"按钮，完成凹凸曲面的创建，如图 9-50 所示。

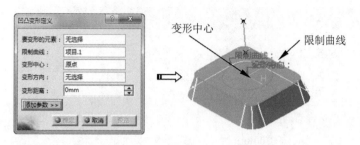

图 9-49

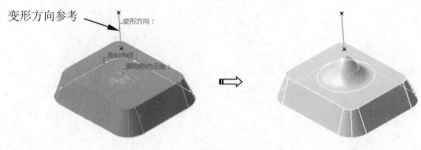

图 9-50

9.5.2 包裹曲线

包裹曲线以参考曲线匹配变形到目标曲线为依据进行曲面变形，即通过从参考曲线变换到目标曲线将定义曲面变形，参考曲线不一定位于初始曲面上。

动手操作——创建包裹曲线

01 打开本例源文件 9-17.CATPart。

02 单击"高级曲面"工具栏中的"包裹曲线"按钮 ，弹出"包裹曲线定义"对话框。

03 选择要变形的曲面，取消选中"隐藏要变形的元素"复选框。

04 选择一条曲线作为参考曲线，选择参考曲线后，激活"目标"文本框。选择一条曲线作为目标曲线，将成对曲线添加到列表框中。

05 单击"确定"按钮，完成包裹曲线变形曲面的创建，如图 9-51 所示。

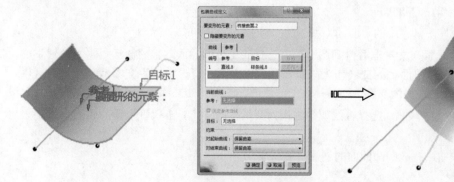

图 9-51

9.5.3 包裹曲面

包裹曲面是以参考曲面到目标曲面为依据进行曲面变形，即通过从参考曲面变换到目标曲面，将定义曲面变形。

动手操作——创建包裹曲面

01 打开本例源文件 9-18.CATPart。

02 单击"高级曲面"工具栏中的"包裹曲面"按钮 ，弹出"包裹曲面变形定义"对话框。

03 在图形区中选择要变形曲面，接着选择一个曲面作为参考曲面，选择另一个曲面作为目标曲面。

04 单击"确定"按钮，完成包裹曲面的创建，如图 9-52 所示。

图 9-52

9.5.4 外形渐变

外形渐变用于将每个参考元素（曲线或点）匹配变形到目标元素（曲线或点）来进行曲面变形。

动手操作——创建外形渐变

01 打开本例源文件 9-19.CATPart。

02 单击"高级曲面"工具栏中的"外形渐变"按钮 ，弹出"外形变形定义"对话框。

03 在图形区中选择要变形的曲面，依次选择两对参考和目标元素，如图 9-53 所示。

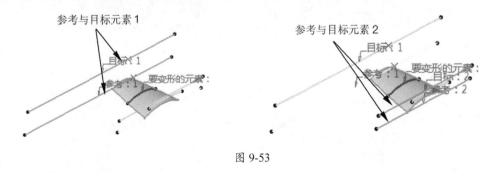

图 9-53

04 单击"预览"按钮，预览变形曲面效果，预览无误后单击"确定"按钮，完成外形渐变曲面的创建，如图 9-54 所示。

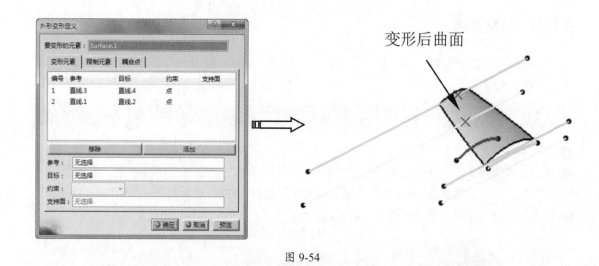

图 9-54

9.6 实战案例——水壶造型设计

本例将通过水壶的曲面造型设计来详解其操作过程，如图 9-55 所示为水壶线框曲线及曲面造型。

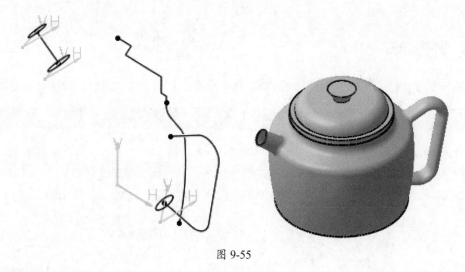

图 9-55

建模分析：

（1）主体形状由回转曲面构成，包括壶身和壶盖。

（2）手柄是由扫掠创建的曲面，壶嘴是利用多截面曲面工具设计的。

（3）建模流程的图解如图 9-56 所示。

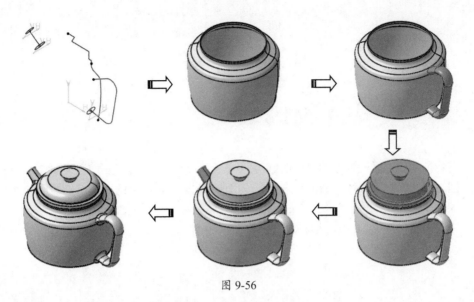

图 9-56

设计步骤:

01 启动 CATIA, 在菜单栏中执行"开始"|"形状"|"创成式外形设计"命令,进入创成式外形设计工作台。

02 在"草图编辑器"工具栏中单击"草图"按钮，并在特征树中选择 yz 平面进入草图工作台。

03 首先绘制用于构建曲面的草图曲线。

* 利用圆弧、直线、轴线和圆角等工具绘制如图 9-57 所示的壶身草图。
* 重新单击"草图"按钮，选择草图平面为 yz 平面,进入草图工作台。利用圆弧、直线、圆角等工具绘制如图 9-58 所示的手柄草图。

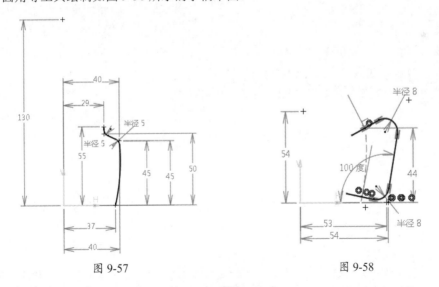

图 9-57   图 9-58

* 单击"线框"工具栏中的"平面"按钮，弹出"平面定义"对话框。在"平面类型"下拉列表中选择"曲线的法线"选项,然后选择草图中的点和曲线作为参考,单击"确定"按钮创建新的平面,如图 9-59 所示。

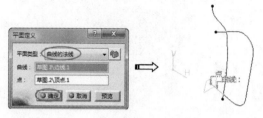

图 9-59

- 在特征树中选中刚创建的"平面.1"，再单击"草图"按钮 ⬚ 进入草图工作台。利用"椭圆"工具绘制长半径为 5mm、短半径为 3mm 的椭圆，此草图用作手柄曲面的截面草图，如图 9-60 所示。

- 单击"草图"按钮 ⬚，选择 yz 平面为草图平面后进入草图工作台，然后绘制如图 9-61 所示的壶盖草图。

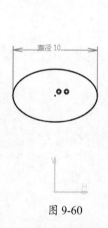

图 9-60

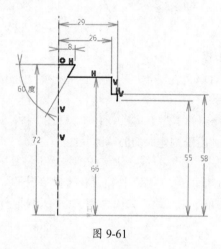

图 9-61

- 单击"草图"按钮 ⬚，选择草图平面为 yz 平面后进入草图工作台。利用"直线"工具绘制斜线，如图 9-62 所示。

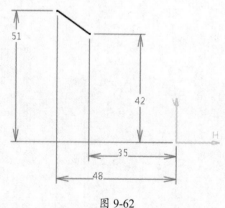

图 9-62

- 单击"线框"工具栏中的"平面"按钮 ⬚，弹出"平面定义"对话框。在"平面类型"下拉列表中选择"曲线的法线"选项，再选择点和曲线参考（在上一步绘制的草图中选择），单击"确定"按钮完成平面的创建，如图 9-63 所示。

- 在特征树中选中"平面.2"，单击"草图"按钮 ⬚ 后进入草图工作台，然后绘制直径为 9mm 的圆，如图 9-64 所示。

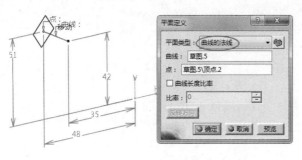

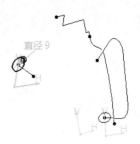

图 9-63　　　　　　　　　　　　　　　　　　图 9-64

04 单击"平面"按钮 ⟋，弹出"平面定义"对话框。在"平面类型"下拉列表中选择"曲线的法线"选项，选择点和曲线参考，再单击"确定"按钮完成平面创建，如图 9-65 所示。

05 在特征树中选中"平面.3"，单击"草图"按钮 后进入草图工作台，然后绘制直径为11mm的圆，如图 9-66 所示。

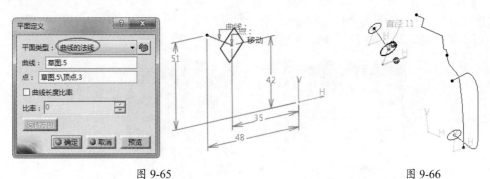

图 9-65　　　　　　　　　　　　　　　　　　图 9-66

06 绘制多个草图后，需要将部分草图中的多段曲线接合成整体曲线。

- 单击"操作"工具栏中的"接合"按钮 ，弹出"接合定义"对话框。选择草图 1 中所包含的曲线作为要接合的元素，最后单击"确定"按钮完成曲线的接合操作，如图 9-67 所示。

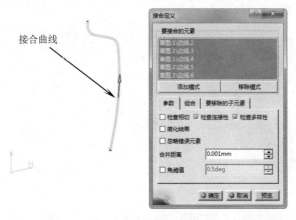

图 9-67

- 单击"接合"按钮 ，弹出"接合定义"对话框。依次选择草图 2 中所包含的曲线，单击"确定"按钮完成曲线的接合操作，如图 9-68 所示。

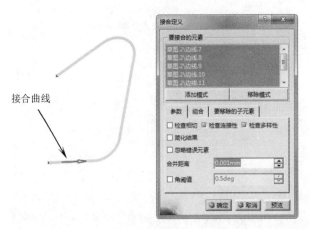

图 9-68

07 在"曲面"工具栏中单击"旋转"按钮 ，弹出"旋转曲面定义"对话框。激活"轮廓"文本框，选择"接合.1"（即接合的壶身曲线）作为轮廓，选择"草图.1"中的纵向轴为旋转轴，单击"确定"按钮，完成旋转曲面的创建，如图 9-69 所示。

图 9-69

08 在"曲面"工具栏中单击"扫掠"按钮 ，弹出"扫掠曲面定义"对话框。在"轮廓类型"中单击"显式"按钮 ，并在"子类型"下拉列表中选择"使用参考曲面"选项，随后在特征树中选择"草图.3"作为轮廓，选择"接合.2"作为引导曲线，单击"确定"按钮完成扫掠曲面的创建，如图 9-70 所示。

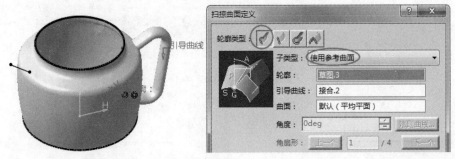

图 9-70

09 在"曲面"工具栏中单击"旋转"按钮 ，弹出"旋转曲面定义"对话框。激活"轮廓"文本框，选择"草图.4"作为轮廓，单击"确定"按钮，完成旋转曲面创建，如图 9-71 所示。

图 9-71

10 在"曲面"工具栏中单击"多截面曲面"按钮 ，弹出"多截面曲面定义"对话框。选择草图.6 和草图.7 作为截面，单击"确定"按钮完成多截面曲面的创建，如图 9-72 所示。

图 9-72

11 单击"操作"工具栏中的"修剪"按钮 ，弹出"修剪定义"对话框。选择图中的两个曲面（壶身曲面和手柄曲面）进行相互修剪的元素，单击"确定"按钮完成修剪操作，如图 9-73 所示。

图 9-73

12 单击"操作"工具栏中的"倒圆角"按钮 ，弹出"倒圆角定义"对话框。选择需要倒圆角的边，在"半径"文本框中输入 3mm，单击"确定"按钮，完成圆角的创建，如图 9-74 所示。

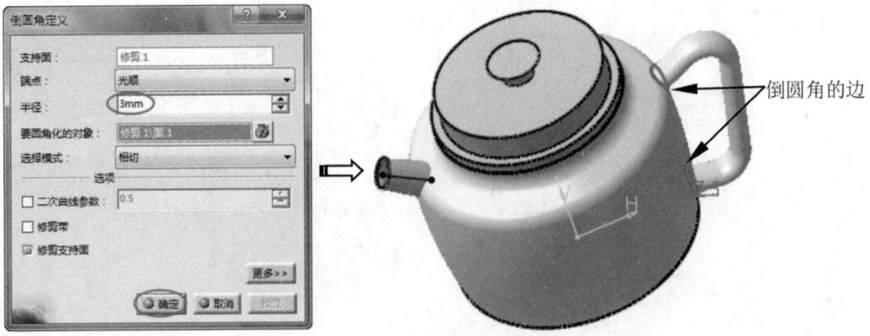

图 9-74

13 单击“修剪”按钮，弹出“修剪定义”对话框。选择要进行相互修剪的两个曲面元素，单击“确定”按钮完成修剪操作，如图 9-75 所示。

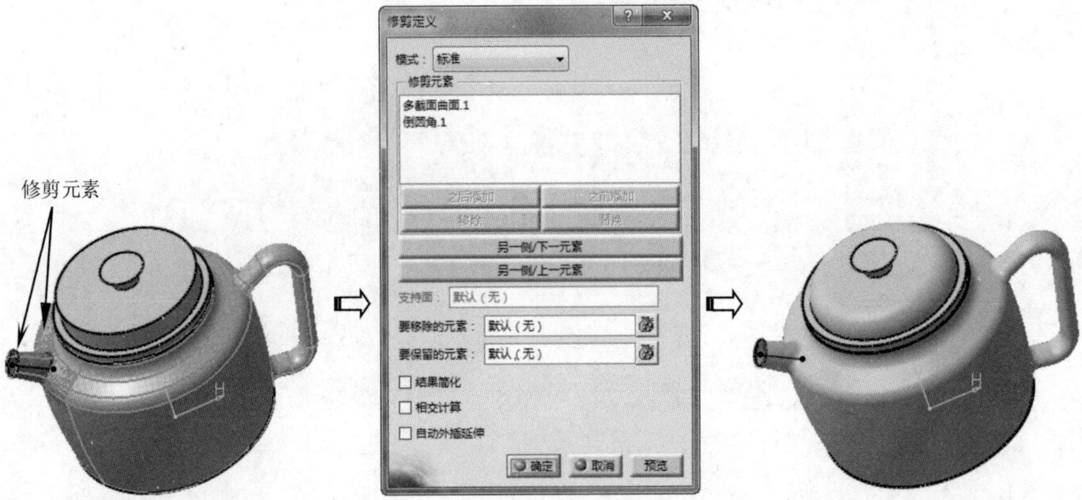

图 9-75

14 单击“操作”工具栏中的“倒圆角”按钮，弹出“倒圆角定义”对话框。选择需要倒圆角的边，在“半径”文本框中输入 3mm，单击“确定”按钮完成曲面圆角的创建，如图 9-76 所示。

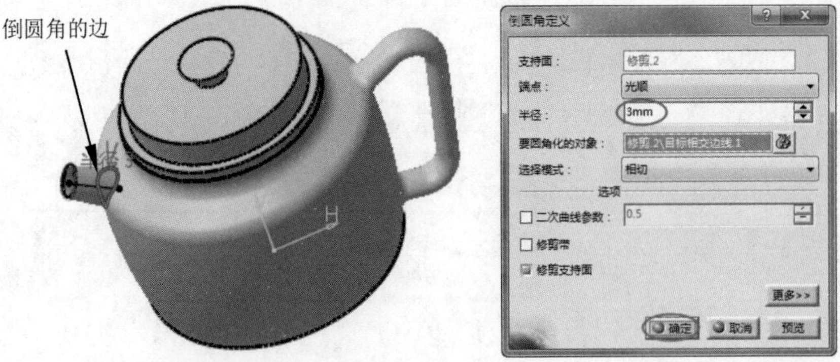

图 9-76

15 单击"倒圆角"按钮 🖎，弹出"倒圆角定义"对话框。选择要倒圆角的边，设置倒圆"半径"为 7mm，单击"确定"按钮完成圆角的创建，如图 9-77 所示。

图 9-77

9.7 习题

利用创成式外形设计工作台中的曲面和曲线工具，以及零件设计工作台中的厚曲面工具，完成图 9-78 所示的盒盖产品设计。

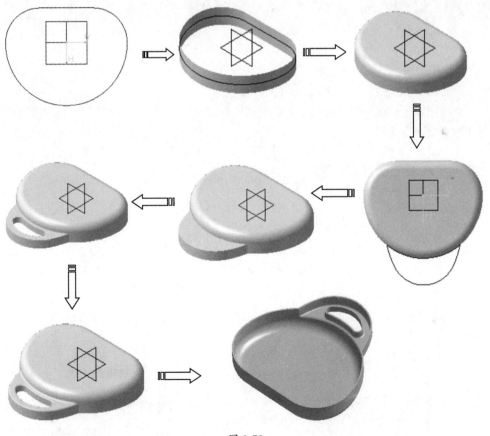

图 9-78

第 *10* 章 零件装配设计

项目导读

在 CATIA 中将各种零件几何体、零部件或子产品组装在一起形成一个完整产品装配体的过程叫作"装配设计"。CATIA 的装配设计模式包括自底向上装配设计和自顶向下装配设计。本章主要学习最常见的装配模式——自底向上装配设计。

项目分解

知识点 1：装配设计概述

知识点 2：自底向上装配设计

知识点 3：装配修改

知识点 4：由装配部件生成零件几何体

10.1 装配设计概述

作为一个可伸缩的工作台，装配设计工作台可以和当前其他伴侣产品（如零部件设计和工程制图）共同使用。通过解决方案操作，还可以访问软件中其他应用广泛的应用模块，以支持完整的产品开发流程（从最初的概念到产品的最终运行）。

还可以使用电子样机漫游器检查功能审查和检查装配，交互式的变速技术以及其他查看工具使你可以直观地浏览大型装配。

10.1.1 进入装配设计工作台

启动 CATIA，在基础结构界面的菜单栏中执行"开始"|"机械设计"|"装配设计"命令，进入装配设计工作台，如图 10-1 所示。

或者在 CATIA 的零件设计工作台中完成零件设计后，再在菜单栏中执行"文件"|"新建"命令，弹出"新建"对话框。在"类型列表"中选择 Product 选项，单击"确定"按钮后即可进入装配设计工作台，如图 10-2 所示。

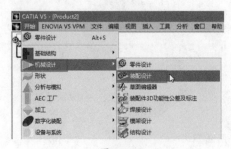

图 10-1

图 10-2

装配设计工作台中包含了与装配设计相关的各项指令和选项。CATIA 的装配设计工作台界面与零部件设计工作台的界面基本相同，其装配设计命令的执行方式和操作步骤都相同，如图 10-3 所示。

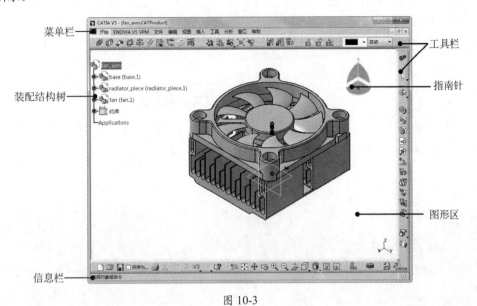

图 10-3

10.1.2 产品结构设计与管理

每种工业产品都可以逻辑结构的形式进行组织，即包含大量的装配、子装配和零部件。例如，轿车（产品）包含车身装配（车顶、车门等）、车轮装配（包含 4 个车轮），以及大量其他零部件。

产品结构设计的内容包含在装配结构树中，一个完整的产品结构设计如图 10-4 所示。其中，"子产品"对应的添加工具是"产品" （在右侧工具栏中），部件对应的添加工具是"部件" ，零部件对应的添加工具是"零部件" 。

图 10-4

技术要点：

零部件设计工作台中的零部件几何体也称"实体"，实体由特征组成。在装配设计工作台中，零部件则称为"零部件"或"组件"。

下面介绍如何添加子产品、部件和零部件的空文档。

1. 添加空子产品

"产品"工具用于在空白装配文件或已有装配文件中添加子产品结构节点。

首先在装配结构树中激活顶层的 Product1，然后单击"产品结构工具"工具栏中的"产品"按钮，系统自动添加一个子产品到总装产品节点下，如图10-5所示。

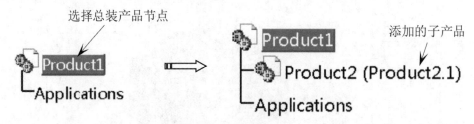

图 10-5

技术要点：

当然也可以先单击"产品"按钮，然后在装配结构树中选择总装产品节点，同样可以完成子产品的添加。

2. 添加空部件

"部件"工具用于在空白装配文件或已有装配文件中添加部件子节点，部件比子产品小一个级别，部件是子产品的子节点。

激活装配结构树中的 Product2 (Product2.1) 子产品节点，然后单击"产品结构工具"工具栏中的"部件"按钮，系统将会在子产品节点下自动添加一个部件，如图10-6所示。

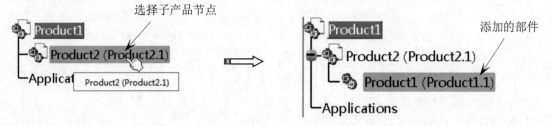

图 10-6

3. 添加空零部件

"零部件"用于在现有部件节点下添加一个零部件（即零件设计工作台创建的零件几何体）节点。零部件节点比部件节点小一个级别。

在装配结构树中激活部件节点，然后单击"产品结构工具"工具栏中的"零部件"按钮，系统自动在部件节点下添加空零部件，如图10-7所示。

在零部件节点下双击 Part1 零部件节点，可以进入零部件设计工作台中进行零部件设计。

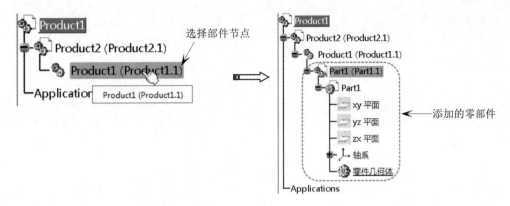

图 10-7

10.1.3 两种常见的装配建模方式

目前最常见的两种装配设计方式为自底向上装配设计和自顶向下装配设计。

1. 自底向上装配方式

自底向上装配是指单个设计人员将设计完成的零部件保存后,通过装配设计工作台中的装配设计工具,逐一将零部件导入工作台进行装配,以此完成产品的总装设计。这种装配建模需要设计人员交互地给定配合构件之间的配合约束关系,然后由 CATIA 系统自动计算构件的转移矩阵,并实现虚拟装配。

初次接触 CATIA 的用户,大多采用自底向上的装配建模方式,装配方式较为简单,容易掌握。

2. 自顶向下装配方式

自顶向下装配,是指在装配级中创建与其他部件相关的部件模型,是在装配部件的顶级向下产生子装配和部件(即零部件)的装配方法。即先由产品的大致形状特征对整体进行设计,然后根据装配情况对零部件进行详细的设计。

自顶向下的装配建模方式,是 CATIA 大型产品建模的常见方式,也就是在局域网内的多台设备中同时进行部件的参数化设计。在图 10-7 的装配结构树中,双击 Part1 零部件节点进入零部件设计工作台中进行零部件设计,就是自顶向下装配建模的具体体现。

10.2 自底向上装配设计

自底向上装配方式是基于已完成详细设计的各零部件基础之上,再将零部件逐一添加到装配设计工作台中进行装配约束。

10.2.1 插入部件

通过装配设计工作台中的几种插入零部件的方式,将事先设计好的零部件逐一组装到产品结构中。

1. 加载现有部件

"加载现有部件"就是将已存储在用户计算中的零部件或者产品（一个产品就是一个装配体）依次插入当前产品装配结构中，从而构成一个完整的大型装配体。

单击"产品结构工具"工具栏中的"现有部件"按钮 ，然后在装配结构树中选择根节点（也称作"指定装配主体"），随后弹出"选择文件"对话框。在系统文件路径中选择要插入的装配体文件或零部件文件，单击"打开"按钮，系统自动载入该零部件，该零部件也自动成为装配主体节点下的子部件，如图10-8所示。

图 10-8

2. 加载具有定位的现有部件

"具有定位的现有部件"命令是对"现有部件"命令的增强。利用"智能移动"对话框使插入的零部件在插入的瞬间即可轻松定位到装配体中，还可以通过创建约束来进行定位。

如果在插入零部件时没有要放置的零部件，则此功能具有与"现有部件"命令相同的操作。

单击"产品结构工具"工具栏中的"具有定位的现有部件"按钮 ，在装配结构树中选择装配主体，弹出"选择文件"对话框。选择需要插入的零部件文件后单击"打开"按钮，再弹出"智能移动"对话框，如图10-9所示。

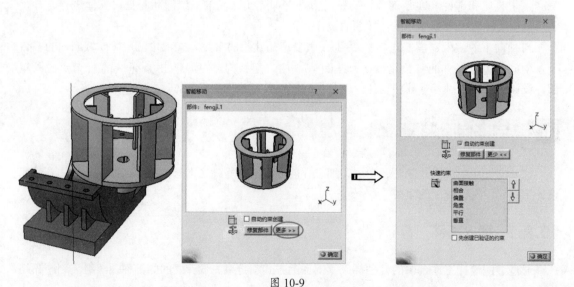

图 10-9

"智能移动"对话框相关选项参数含义如下。

- "自动约束创建"复选框：选中该复选框，系统将按照"快速约束"列表中的约束顺序依次创建装配约束。
- "修复部件"按钮：单击此按钮，将自动创建固定约束，固定后零部件不再自由移动，如图10-10所示。

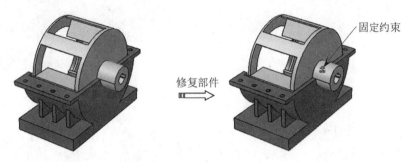

图 10-10

"智能移动"对话框的约束创建过程如下。

（1）在"智能移动"对话框中选择零部件的一个面。

（2）在图形区中选择已有零部件的一个面作为相合参考，随后两个零部件面与面对齐。

（3）选择"智能移动"对话框中的零部件的轴。

（4）到图形区中选择另一零部件上圆弧面的轴，两个零部件将会随之进行轴对齐。

（5）单击"确定"按钮关闭"智能移动"对话框。

3. 加载标准件

CATIA 提供了标准件库，标准件是依据相关国家的设计标准而建立的零部件模型，一般会选择基于 ISO 标准的标准件来使用。

在图形区底部的"目录浏览器"工具栏中单击"目录浏览器"按钮 ⊘，或在菜单栏中执行"工具"|"目录浏览器"命令，弹出"目录浏览器"对话框。选择符合设计需求的标准件后并双击，可将其添加到装配文件中，如图10-11所示。

"目录浏览器"对话框中的标准件包括 ISO 公制、US 美制、JIS 日本制和 EN 英制 4 种。标准件类型有螺栓、螺钉、垫圈、螺母、销钉、键等。

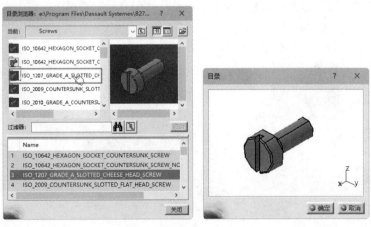

图 10-11

动手操作——加载标准件

01 打开本例源文件 10-1.CATProduct，如图 10-12 所示。

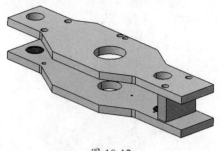

图 10-12

02 在图形区底部的"目录浏览器"工具栏中单击"目录浏览器"按钮◇，弹出"目录浏览器"对话框。首先在 ISO 标准类型下双击选择 Bolts（螺栓）标准件，如图 10-13 所示。

03 在展开的 Bolts 标准件型号系列中，双击选择 ISO_4016_GRADE_C_HEXAGON_HEAD_BOLT 型号，如图 10-14 所示。

图 10-13

图 10-14

04 在随后展开的螺栓标准件规格列表中，双击选择 ISO 4016 BOLT M10×100 规格的标准件，如图 10-15 所示。

05 在装配设计工作台中加载所选螺栓标准件，并弹出"目录"对话框，如图 10-16 所示。

图 10-15

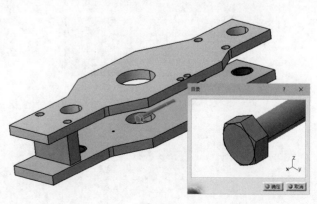

图 10-16

06 单击"确定"按钮完成标准件的载入，关闭"目录浏览器"对话框。

07 通过使用"相合约束"和"接触约束"工具，将螺栓标准件装配到装配体中，如图10-17所示。

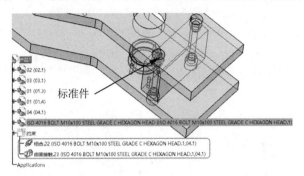

图 10-17

10.2.2 管理装配约束

装配约束能够使装配体中的各零部件正确地进行定位，只需要指定要在两个零部件之间设置的约束类型，系统就会按照设计师想要的方式正确地放置这些零部件。装配约束主要是通过约束零部件之间的自由度来实现的。装配约束的相关工具指令在"约束"工具栏中，如图10-18所示。

图 10-18

1. 相合约束

相合约束也称"重合约束"。"相合约束"命令是通过选择两个零部件中的点、线、面（平面或表面）或轴系等几何元素来获得同心度、同轴度和共面性等几何关系。当两个几何元素的最短距离小于0.001mm（1μm）时，系统默认为重合。

技术要点：

要在轴系之间创建重合约束，两个轴系在整个装配体环境中必须具有相同的方向。

单击"约束"工具栏中的"相合约束"按钮，选择第一个零部件约束表面，然后选择第二个零部件约束表面，如果是两个平面约束，弹出"约束属性"对话框，如图10-19所示。

图 10-19

"约束属性"对话框主要选项参数含义如下。

- 名称：显示默认的相合约束名，也可以自定义约束名。
- 支持面图元：支持面图元列表中显示所选择的几何元素及其约束状态。
- 方向："方向"列表中有可选的平面约束方向。分别是"相同""相反"和"未定义"，如图10-20所示。如果选择"未定义"选项，系统将自动计算出最佳的解决方案。当然，也可以在零部件上双击方向箭头直接更改约束方向。

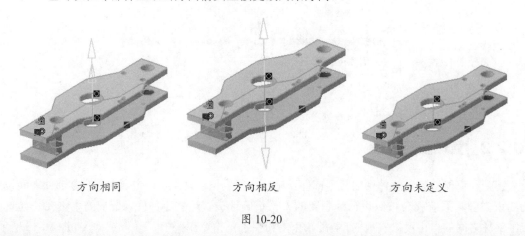

方向相同　　　　　　　　方向相反　　　　　　　　方向未定义

图 10-20

技术要点：

约束定义完成后，如果发现零部件之间的相对位置关系未发生变化，可以在图形区底部的"工具"工具栏中单击"全部更新"按钮 ⊗，图形区中的模型信息将随之更新。

在相合约束中，主要表现为点 - 点约束、线 - 线约束和面 - 面约束。

（1）点 - 点约束。

可以选择的点包括模型边线的端点、球心、圆锥顶点等。选择的第二点保持位置不变，选择的第一点将自动与第二点重合，如图10-21所示。

第一点

第二点

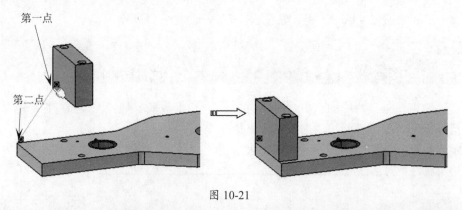

图 10-21

技术要点：

在相合约束中，移动的总是第一个几何元素，第二个几何元素则保持固定状态。当然，除其中一个几何元素事先添加了其他约束而不能移动外。

（2）线 - 线约束。

能够作为线 - 线约束的几何元素包括零件边线、圆锥或圆柱零件的轴等。选择两个圆柱面的轴线，系统会自动约束两条轴线重合，如图 10-22 所示。

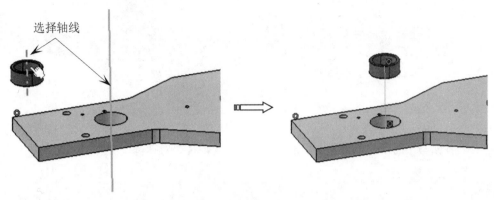

图 10-22

技术要点：

在选择轴几何元素时，鼠标指针要尽量靠近圆柱面，此时系统会自动显示圆柱的轴线，这有助于轴线的选择。

（3）面 - 面约束。

能够作为面 - 面约束的几何元素包括基准平面、平面曲面、圆柱面或圆锥面等，选择两个圆柱面，系统自动添加相合约束，如图 10-23 所示。

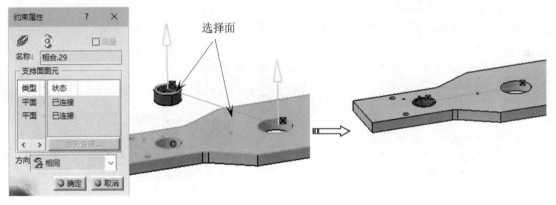

图 10-23

2. 接触约束

"接触约束"是在两个有向（有向是指曲面内侧和外侧可以由几何元素定义）的曲面之间创建接触类型约束。两个曲面元素之间的公共区域可以是平面区域、线（线接触）、点（点接触）或圆（环形接触）。两个基准平面是不能使用此类型约束的。下面介绍几种常见的接触约束类型。

（1）球面与平面的接触约束。

当选择球面与平面进行接触约束时，将创建为相切约束，如图 10-24 所示。

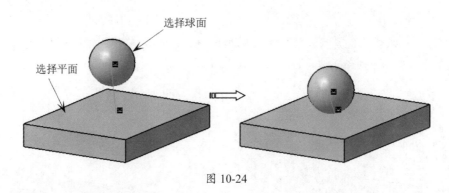

图 10-24

（2）圆柱面与平面的接触约束。

选择圆柱面与平面创建相切约束时，会弹出"约束属性"对话框，如图 10-25 所示。

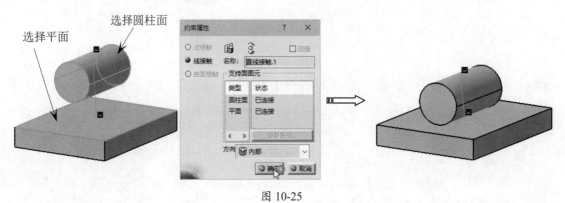

图 10-25

（3）平面与平面接触约束。

选择平面与平面创建接触约束，两个平面的法线方向相反，如图 10-26 所示。

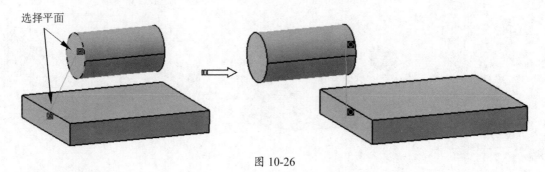

图 10-26

3. 偏置约束

"偏置约束"通过定义两个零部件中几何元素（可以是点、线或平面）的偏置值。

单击"偏置约束"按钮 ，依次选择两个零部件的约束表面，弹出"约束属性"对话框。在"方向"下拉列表中选择约束方向，在"偏置"文本框中输入距离值，单击"确定"按钮完成偏置约束的创建，如图 10-27 所示。

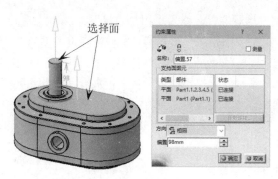

图 10-27

4. 角度约束

"角度约束"是指通过设定两个零部件几何元素（线或平面）的角度来约束两个部件之间的相对位置关系。

单击"角度约束"按钮 ，选择两个零部件的表面平面，弹出"约束属性"对话框。在"角度"文本框中输入角度值后，单击"确定"按钮完成角度约束的创建，如图 10-28 所示。

图 10-28

角度约束包含 3 种常见模式。

- 平行模式：选择此种模式，两个约束平面将保持平行状态，如图 10-29 所示。
- 垂直模式：选择此种模式，仅创建角度值为 90 的角度约束，如图 10-30 所示。

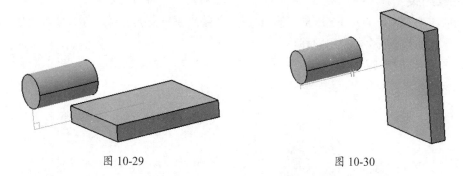

图 10-29　　　　　　　　　　　　　　　图 10-30

- 角度模式：此种模式为默认模式，将创建自定义的角度约束。

5. 固定约束

添加固定约束，可以将零部件固定在装配体中的某个位置上。有两种固定方法：一种是根据装配的几何原点固定部件，需要设置部件的绝对位置，称为"绝对固定"；另外一种是根据其他部件来固定此部件，拥有相对位置，称为"相对固定"。

单击"约束"工具栏中的"固定约束"按钮，选择要固定的零部件，系统自动创建固定约束。

- 绝对固定：当创建固定约束后，在零部件中会显示固定约束图标，双击此图标，会弹出"约束定义"对话框，单击"更多"按钮，展开所有约束定义选项。在展开的选项中可看见"在空间中固定"复选框被选中，而X、Y、Z文本框中显示的是当前零部件在装配环境中的绝对坐标系位置参数，如图10-31所示。可以修改绝对坐标值。

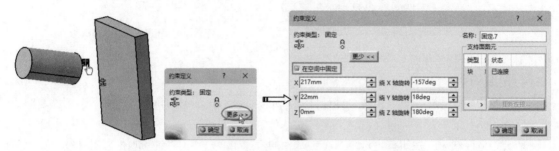

图 10-31

- 相对固定：当在"约束定义"对话框中取消选中"在空间中固定"复选框后，可以用指南针移动相对固定的零部件，如图10-32所示。绝对固定与相对固定的直观区别在于图标的变化，绝对固定的图标中有一把锁，而相对固定的图标中则没有。

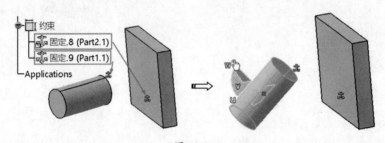

图 10-32

6. 固联约束

"固联约束"工具是将多个零部件按照当前各自的位置关系连接成一个整体，当移动其中一个部件时，其他部件也会相应跟随移动。

单击"固联约束"按钮，弹出"固联"对话框。选择多个要固联部件，单击"确定"按钮，系统自动创建约束，如图10-33所示。

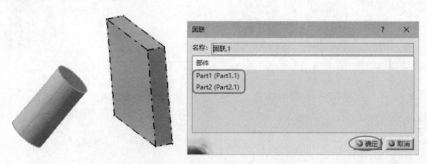

图 10-33

技术要点：

当创建固联约束后，若要使部件整体移动，需要进行详细设置。执行菜单栏中的"工具"|"选项"命令，在弹出的"选项"对话框的"装配设计"页面的"常规"选项卡中，选中"移动已应用固联约束的部件"选项组中的"始终"单选按钮，可使固联组件一起移动，如图10-34所示。

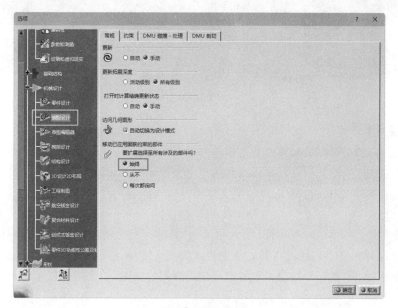

图 10-34

7. 快速约束

"快速约束"工具可以根据用户所选的几何元素来判断该创建何种装配约束，可以自动创建"面接触""相合""接触""距离""角度"和"平行"等约束。

单击"快速约束"按钮🔳，任意选择两个零部件中的几何元素，系统根据所选部件的情况自动创建装配约束，如图 10-35 所示。

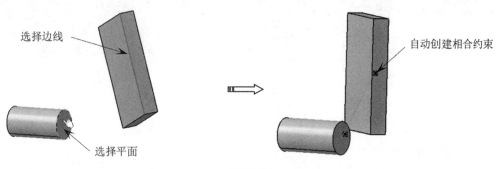

图 10-35

8. 更改约束

"更改约束"是指在已完成装配约束的零部件上更改装配约束类型。

单击"约束"工具栏中的"更改约束"按钮🔄，在装配体中选择一个装配约束图标，弹出"可能的约束"对话框，在该对话框中选择一种要更改的约束类型，单击"确定"按钮，系统完成装配约束的更改，如图 10-36 所示。

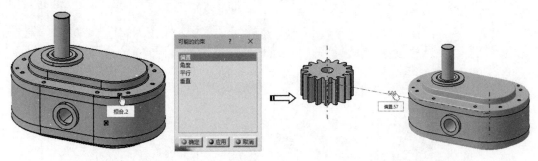

图 10-36

9. 重复使用阵列

"重复使用阵列"是将装配体中某个零部件建模时的阵列关系，重复使用到装配环境中的其他零部件，可以创建矩形阵列、圆形阵列和用户定义的阵列。

在装配结构树中先按 Ctrl 键选择装配主体零部件（此零部件有阵列性质的孔）和要进行阵列的零部件（如螺钉），单击"重复使用阵列"按钮 🥢，弹出"在阵列上实例化"对话框。在装配树中选择零件几何体的阵列特征，将其收集到"在阵列上实例化"对话框的"阵列"选项组中，再到装配树中选择螺钉零部件，将其收集到"在阵列上实例化"对话框的"要实例化的部件"文本框中，最后单击"确定"按钮，完成重复使用阵列的操作，如图 10-37 所示。

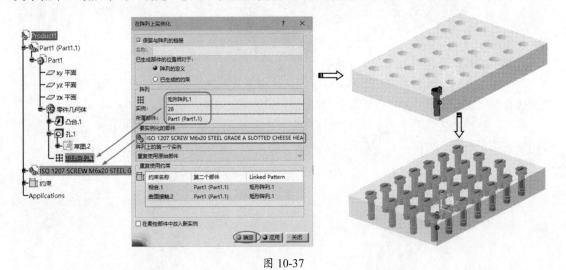

图 10-37

10.2.3 移动部件

在装配完成零部件后，有时需要模拟机械装置的运动状态，需要对某个零部件的方位进行变换操作。同时，为了防止零部件之间发生装配干涉现象，也需要零部件之间存在一定的间隙，这就需要调整零部件的位置，便于约束和装配。移动部件的相关工具指令在"移动"工具栏中，如图 10-38 所示。

图 10-38

技术要点：

要平移的零部件必须是活动的，且不能添加任何约束。

1．平移或旋转零部件

"平移或旋转"工具包含 3 种转换组件的方法：通过输入值、通过选择几何图元和通过指南针。

（1）"通过输入值"方法。

在"移动"工具栏中单击"平移或旋转"按钮，弹出"移动"对话框。在图形区中选择要平移的零部件，随后在"移动"对话框的"平移"选项卡中输入偏置值，单击"应用"按钮即可完成零部件的平移，如图 10-39 所示。

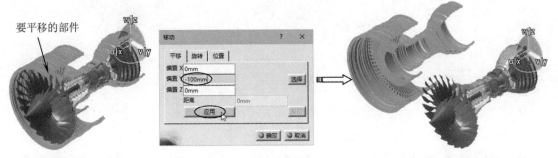

图 10-39

（2）"通过选择几何图元"方法。

通过单击"移动"对话框中的"选择"按钮，可以定义平移的方向并进行平移操作。首先选择要平移的零部件，打开"移动"对话框后，单击"选择"按钮，在装配体中选择几何体元素（可以是点、线或平面）作为平移的方向参考，输入平移距离值并按 Enter 键确认，最后单击"应用"按钮，完成零部件的平移操作，如图 10-40 所示。

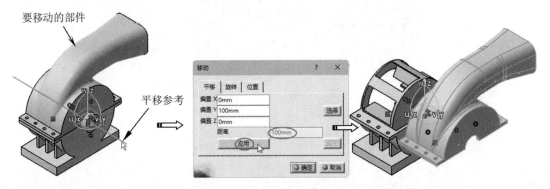

图 10-40

零部件的旋转变换操作，可在"移动"对话框的"旋转"选项卡中设置旋转轴及旋转角度来完成操作。其操作方法与平移相同，这里不再赘述。

（3）通过指南针进行变换操作。

将图形区右上角的指南针（选中指南针的操作把）直接拖至零部件上，然后拖动指南针的优先平面和旋转把手来平移或旋转零部件，如图10-41所示。

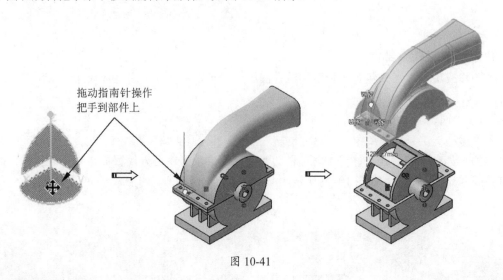

图 10-41

2. 操作零部件

利用"操作"工具，可以使用鼠标徒手操作零部件的平移或旋转。下面以实例来说明"操作"工具和鼠标的用法。

动手操作——操作零部件

01 打开本例源文件 10-2.CATProduct，如图 10-42 所示。

图 10-42

02 在"移动"工具栏中单击"操作"按钮 ，弹出"操作参数"对话框。单击"沿 Y 轴拖动"按钮 ，然后到图形区中选择齿条零部件往任意方向拖动，可见齿条零部件因方向限制只能在Y 轴方向平移，如图 10-43 所示。

03 同理，单击其他按钮，可以在其他轴向上平移或绕轴旋转。

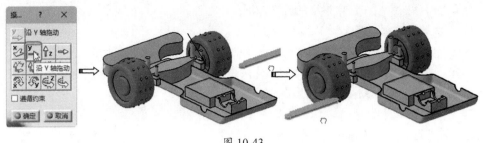

图 10-43

3. 捕捉并移动零部件

利用"捕捉"命令，可将一个零部件捕捉到另一个零部件上。此命令也是一个便捷的平移或旋转零部件的变换操作工具。

单击"移动"工具栏中的"捕捉"按钮 ，选择第一个零部件的面，然后再选择第二个零部件的面，此时第一个零部件将平移到第二个零部件位置，所选的两个零部件表面将重合。此外，第一个所选的面上会显示一个绿色箭头，单击此箭头可以反转第一个零部件表面，如图 10-44 所示。

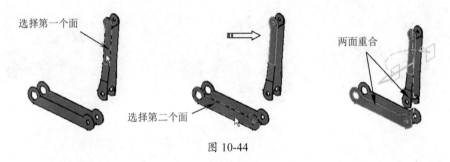

图 10-44

10.2.4 创建爆炸装配

利用"分解"命令，可以创建装配约束来爆炸装配，目的是了解零部件之间的位置关系，这有利于生成装配图纸。

选择要分解的零部件，在"移动"工具栏中单击"分解"按钮 ，弹出"分解"对话框。单击"应用"按钮，自动创建爆炸装配，如图 10-45 所示。

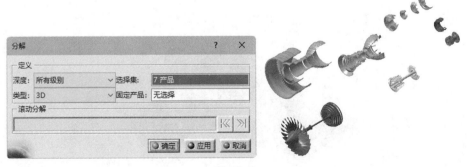

图 10-45

"分解"对话框中相关选项参数的含义如下。

（1）"深度"选项。

"深度"选项用于设置分解的层次（装配结构树中的节点层级），包括两个选项。

- 第一级别：只将产品总装配体的第一层炸开，其余层级的节点装配则不会炸开。
- 所有级别：将总装配体下的所有层级节点完全分解。

（2）"选择集"选项。

"选择集"选项用于选择并收集要分解的零部件。

（3）"类型"选项。

"类型"选项用于设置分解类型（如图 10-46 所示），包括以下选项。

- 3D：将装配体在三维空间中分解。
- 2D：装配体分解后投影到 XY 平面上。
- 受约束：将装配体按照约束条件进行分解，默认情况下该类型的爆炸效果与 2D 效果相同。

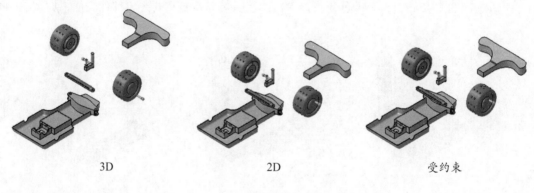

3D   2D   受约束

图 10-46

（4）"固定产品"选项。

"固定产品"选项用于选择分解时固定不动的零部件。

（5）"滚动分解"滑块。

拖动滚动分解的滑块，改变从初始爆炸到完整爆炸的爆炸状态，可以单击 ≪ 与 ≫ 按钮，直接滚动到初始爆炸位置和最终爆炸位置。

动手操作——分解装配体

01 打开本例源文件 10-3.CATProduct，如图 10-47 所示。

图 10-47

02 在图形区中选中所有的装配体零部件，然后在"移动"工具栏中单击"分解"按钮，弹出"分解"对话框，如图 10-48 所示。

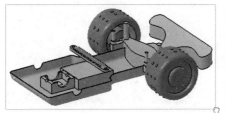 

图 10-48

03 在"深度"下拉列表中选择"所有级别"选项，在"类型"下拉列表中选择 3D 选项，单击"固定产品"文本框，到图形区中选择玩具车下箱板零部件为固定零部件，如图 10-49 所示。

图 10-49

04 在"分解"对话框中单击"应用"按钮，弹出"信息框"对话框。提示可用 3D 指南针在分解视图内移动产品，并在视图中显示分解预览效果，如图 10-50 所示。

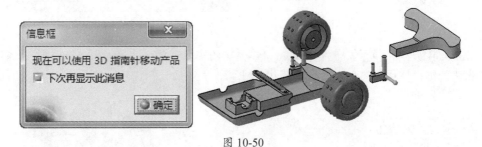

图 10-50

05 单击"确定"按钮，弹出"警告"对话框，单击"是"按钮完成分解，如图 10-51 所示。

图 10-51

技术要点：

在创建分解状态时，可以单击"移动"工具栏中的"操作"按钮，在弹出的"操作参数"对话框中选择移动方向，在图形区移动模型后，重新执行分解。

10.3 装配修改

CAITA 提供了用于装配修改工具，便于及时对错误的装配进行适当修改。本节将介绍约束编辑、替换部件、复制零部件、多实例化及特征阵列等。

10.3.1 约束编辑

可以对当前的装配约束进行重命名约束、替换参考几何图素、约束重新连接等约束编辑操作，下面通过实例进行操作演示。

动手操作——约束编辑

01 打开本例源文件10-4.CATProduct，如图10-52所示。

02 在装配结构树上展开"约束"节点，双击"相合.1"约束，系统打开"约束定义"对话框。单击"更多"按钮，对话框的右侧显示出更多的约束相关参数，如图10-53所示。

图10-52

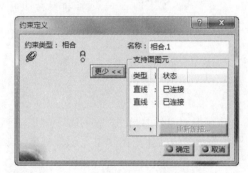

图10-53

03 在"支持面图元"选项框左侧栏中右击，在弹出的快捷菜单中选择"居中"选项，在视图中将所选图素的约束显示在中心位置，如图10-54所示。

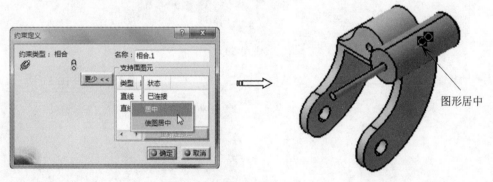

图形居中

图10-54

04 在"支持面图元"左侧栏中右击，在弹出的快捷菜单中选择"使图居中"选项，在装配结构树中将所选约束显示在中心位置，如图10-55所示。

05 在"支持面图元"右侧栏中选中第二行中的"已连接"，单击"重新连接"按钮，在图形区选择轴线，单击"确定"按钮，完成约束参考图素的编辑，如图10-56所示。

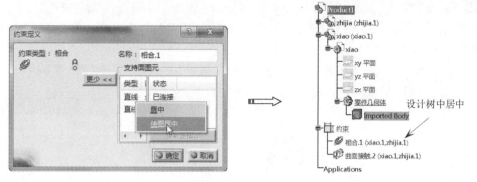

图 10-55

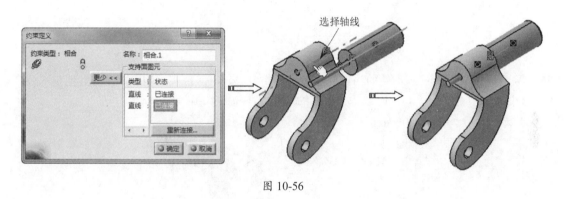

图 10-56

10.3.2 替换部件

"替换部件"工具用于对装配体中的零部件用新零件进行替换。在一个装配文档中，可用两个完全不同的零部件互相替换，如用一个型号的轴承替换另一型号的轴承。

动手操作——替换零部件

01 打开本例源文件 10-5.CATProduct，如图 10-57 所示。

02 单击"产品结构工具"工具栏中的"替换部件"按钮，从装配结构树中选择需要替换的零部件 xiao，如图 10-58 所示。

图 10-57   图 10-58

03 弹出"选择文件"对话框，选择替换文件，如图10-59所示，单击"打开"按钮完成。

04 随后弹出"对替换的影响"对话框，如图10-60所示。保持默认设置，单击"确定"按钮完成零部件的替换。

图 10-59　　　　　　　　　　　　　　　　　　　　　　图 10-60

05 替换完成后，原来 xiao 部件的约束已经失效（相合 .2），但替换后的零部件与其他零部件产生了新的约束（相合 .1），此时删除失效的约束即可，如图10-61所示。

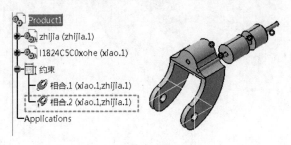

图 10-61

10.3.3　复制零部件

复制零部件是在装配体中创建零部件的副本对象，对于装配较少数量的相同零部件可以创建副本零部件来完成重复装配操作。

在装配结构树上选中要复制的零部件，然后在菜单栏中执行"编辑"|"复制"命令，或者右击，在弹出的快捷菜单中选择"复制"选项，创建零部件的副本，接着在装配结构树中选择一个父节点进行粘贴操作，将副本粘贴到父节点之下，如图10-62所示。

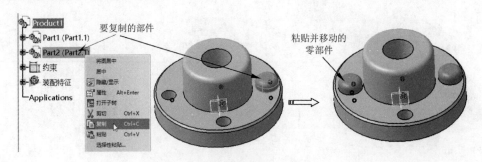

图 10-62

10.3.4　定义多实例化

"定义多实例化"命令可以对已插入的零部件进行多重复制，并可预先设置复制的数量及方向，常用于一个产品中存在多个相同零部件的情况，主要用于在装配体中重复使用的零部件。

单击"产品结构工具"工具栏中的"定义多实例化"按钮，弹出"多实例化"对话框。在结构树中选择要实例化的零部件，设置实例数、间距、参考方向后，单击"确定"按钮即可创建零部件的多实例，如图 10-63 所示。

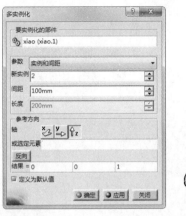

图 10-63

10.3.5　快速多实例化

"快速多实例化"命令用于对载入的零部件进行快速复制，复制的方式以"定义多实例化"命令中的默认值为准。在"产品结构工具"工具栏中单击"快速多实例化"按钮，选择要实例化的零部件，单击"确定"按钮，即可自动创建副本实例化，如图 10-64 所示。一次操作将创建一个副本实例，可以连续单击"定义多实例化"按钮来创建多个副本实例。

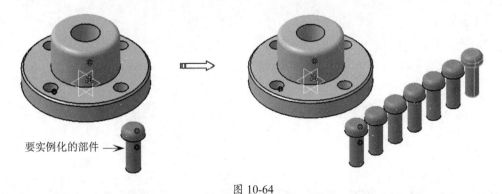

图 10-64

动手操作——多实例化

01 打开本例源文件 10-6.CATProduct，如图 10-65 所示。

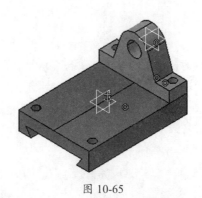

图 10-65

02 在"产品结构工具"工具栏中单击"定义多实例化"按钮，弹出"多实例化"对话框。

03 选择要实例化的部件，然后在"多实例化"对话框中设置实例化参数，单击"确定"按钮后完成零部件的实例化操作，如图 10-66 所示。

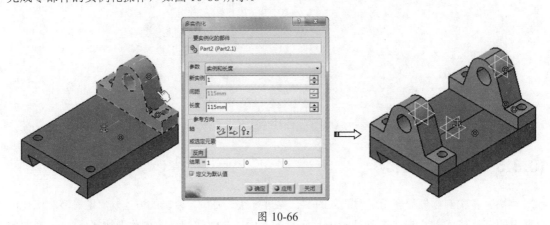

图 10-66

10.3.6 创建对称特征

"对称"命令用来创建零部件的副本，可以创建镜像副本、平移副本和旋转副本。"对称"工具在"装配特征"工具栏中，如图 10-67 所示。

图 10-67

技术要点：

"对称"工具与"移动"工具栏中的"平移或旋转"工具所产生的装配效果完全不同，前者可以创建零部件的副本特征，后者仅是在添加装配约束时对零部件的位置进行调整，并不产生副本。

动手操作——创建零部件的镜像复制

01 打开本例源文件 10-7.CATProduct，如图 10-68 所示。在装配结构树中将 Part1 零部件节点下的平面全部显示。

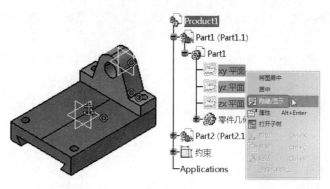

图 10-68

02 单击"装配特征"工具栏中的"对称"按钮 ，弹出"装配对称向导"对话框。

03 选择对称平面为 yz 平面，如图 10-69 所示。再选择要对称的零部件 Part2，如图 10-70 所示。

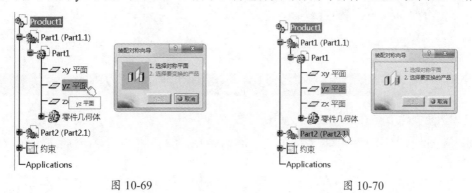

图 10-69 　　　　　　　　　　　　　　　　图 10-70

04 弹出"装配对称向导"对话框。选中"镜像，新部件"单选按钮，其余选项保持默认设置，单击"完成"按钮，如图 10-71 所示。

图 10-71

05 弹出"装配对称结果"对话框，显示增加新部件1个，产品数目1个，单击"关闭"按钮，完成零部件的镜像如图10-72所示。

06 此时装配结构树中增加一个Symmetry of Part2_1零部件副本，如图10-73所示。

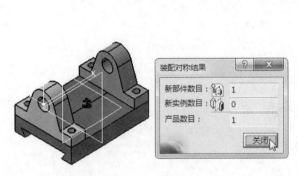

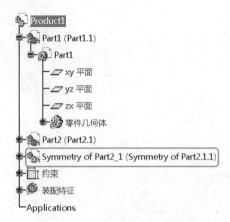

图 10-72   图 10-73

动手操作——创建零部件的旋转复制

01 打开本例源文件10-8.CATProduct，如图10-74所示。

02 单击"装配特征"工具栏中的"对称"按钮，弹出"装配对称向导"对话框。依次选择对称平面（yz平面）和要对称的零部件（Part2螺钉）。

03 弹出"装配对称向导"对话框，选中"旋转，新实例"单选按钮，并选中"YZ平面"单选按钮，如图10-75所示。

技术要点：

如果选择"旋转，相同实例"选项，其结果不产生零部件的副本。

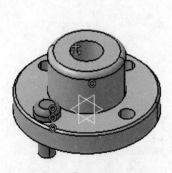

图 10-74   图 10-75

04 单击"完成"按钮，完成零部件的旋转复制，结果如图10-76所示。

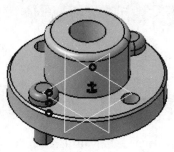

图 10-76

动手操作——创建零部件的平移复制

01 打开本例源文件 10-9.CATProduct，如图 10-77 所示。

02 单击"装配特征"工具栏中的"对称"按钮，选择对称平面（yz 平面）和要对称的零部件（03）。

03 弹出"装配对称向导"对话框，选中"平移，新实例"单选按钮，如图 10-78 所示。

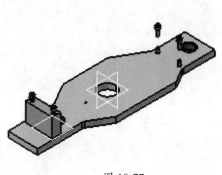

图 10-77　　　　　　　　　　　　图 10-78

04 单击"完成"按钮，弹出"装配对称结果"对话框，显示增加新实例数目 1 个，产品数目 1 个，如图 10-79 所示。单击"关闭"按钮完成平移复制，如图 10-80 所示。

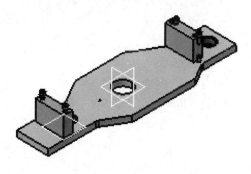

图 10-79　　　　　　　　　　　　图 10-80

技术要点：

在"装配对称向导"对话框中选中"平移，新实例"单选按钮时，镜像对象会以平移操作方式来完成镜像，系统会根据所选的镜像中心点的两倍距离进行平移。

10.4 由装配部件生成零件几何体

由装配体生成CATPart是指利用现有装配生成一个新零部件。在新零部件中，装配中的各个零部件转换为零部件几何体。

动手操作——从产品生成 CATPart

01 打开本例源文件 10-10/Assembly_01.CATProduct，如图 10-81 所示。

02 在菜单栏中选择"工具"|"从产品生成 CATPart"命令，弹出"从产品生成 CATPart"对话框。

03 在装配结构树中选择顶层节点 Assembly_01，对话框中将显示新零部件编号，如图 10-82 所示。

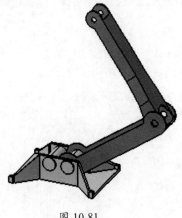

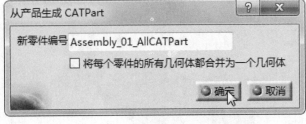

图 10-81   图 10-82

04 单击"确定"按钮，完成新零部件的建立，生成的新零部件中所有零部件已经转换成相应的零件几何体，如图 10-83 所示。

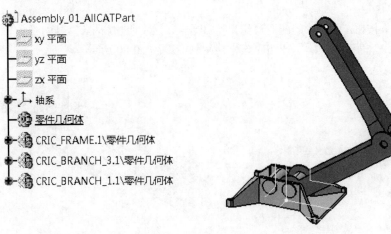

图 10-83

10.5 实战案例——鼓风机装配

本例以鼓风机的自底向上装配为例，详解在 CATIA 中装配一个完整产品的操作方法，鼓风机的装配结构如图 10-84 所示。

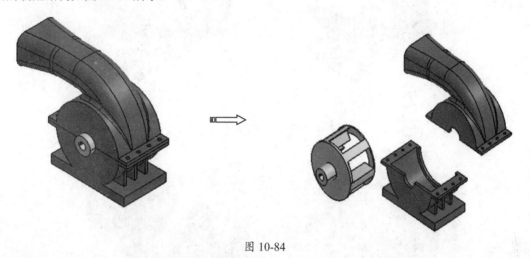

图 10-84

设计步骤：

01 启动 CATIA，在"标准"工具栏中单击"新建"按钮，弹出"新建"对话框，如图 10-85 所示，选择 Product 类型，单击"确定"按钮进入装配设计工作台。

02 在图形区右侧的"产品结构工具"工具栏中单击"现有部件"按钮，然后在装配结构树中选择装配主体（Product 节点），弹出"选择文件"对话框。将本例源文件夹中的 xiaxiangti.CATPart 底座零部件文件载入当前装配设计工作台，如图 10-86 所示。

图 10-85

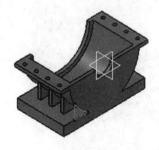

图 10-86

03 单击"约束"工具栏中的"固定约束"按钮，选择底座部件创建固定约束，在零部件中会显示固定约束标记，如图 10-87 所示。

04 同理，单击"现有部件"按钮，在装配结构树中选择 Product1 节点，然后将风机零部件文件 fengji.CATPart 自动载入，如图 10-88 所示。

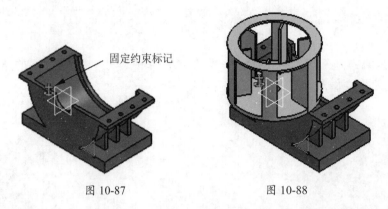

固定约束标记

图 10-87   图 10-88

05 在"移动"工具栏中单击"操作"按钮，利用旋转操作调整好位置，如图 10-89 所示。

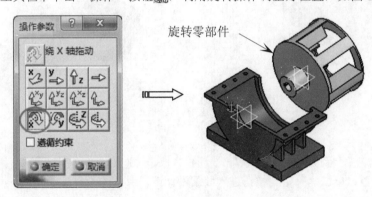

旋转零部件

图 10-89

06 单击"约束"工具栏中的"相合约束"按钮，选择风轮轴线和底座孔轴线进行相合约束，单击"确定"按钮完成约束，如图 10-90 所示。

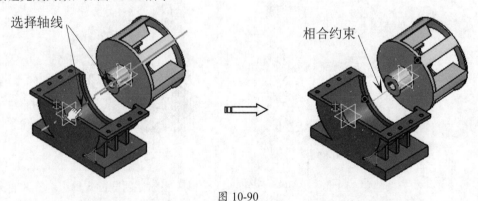

选择轴线   相合约束

图 10-90

07 单击"约束"工具栏中的"偏置约束"按钮，选择风机端面和机座端面作为要进行偏置约束的组合，随后弹出"约束属性"对话框。在"偏置"文本框中输入 10，单击"确定"按钮完成约束，如图 10-91 所示。

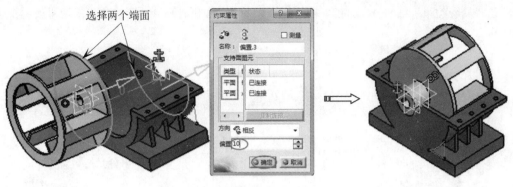

图 10-91

08 单击"产品结构工具"工具栏中的"现有部件"按钮，在装配结构树中选择 Product1 节点，将源文件夹中的上箱体文件 shangxiangti.CATPart 载入当前工作台中，先用"移动"操作调整上箱体的位置，如图 10-92 所示。

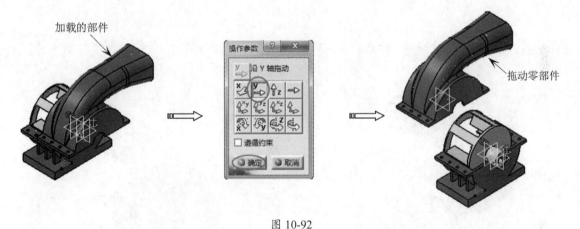

图 10-92

09 单击"相合约束"按钮，选择风机轴线和上箱体孔的轴线进行相合约束，约束结果如图 10-93 所示。

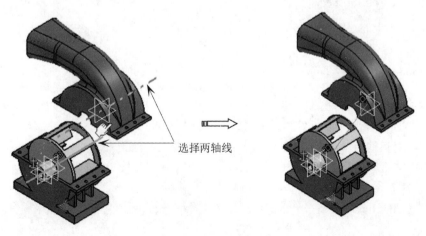

图 10-93

10 单击"相合约束"按钮![icon]，选择上箱体侧面和下座端面进行相合约束，约束的结果如图 10-94 所示。

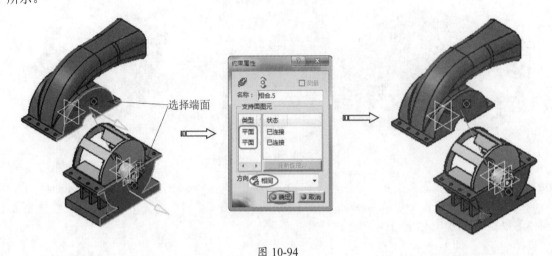

图 10-94

11 单击"接触约束"按钮![icon]，选择上箱体的下端面和下座体的上端面进行接触约束，约束结果 如图 10-95 所示。

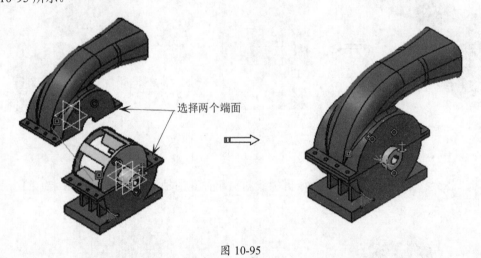

图 10-95

12 单击"移动"工具栏中的"分解"按钮![icon]，弹出"分解"对话框。在"深度"下拉列表中选择"所 有级别"选项，然后激活"选择集"文本框，并在装配结构树中选择装配根节点（即选择总装产品） 作为要分解的装配组件，再在"分解"对话框的"类型"下拉列表中选择 3D 选项，激活"固定 产品"文本框后选择下座体零部件为固定零部件，如图 10-96 所示。

13 在"分解"对话框中单击"应用"按钮，弹出"信息框"对话框。该对话框提示"现在可以 使用 3D 指南针移动产品"，并在视图中显示分解预览效果，如图 10-97 所示。最后单击"确定" 按钮，在弹出"警告"对话框中单击"是"按钮，完成分解。

14 在图形区底部的工具栏中单击"全部更新"按钮![icon]，恢复原始装配状态，如图 10-98 所示。

图 10-96

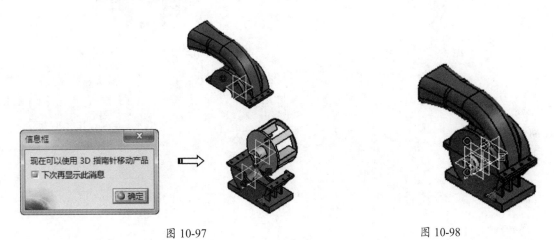

图 10-97　　　　　　　　　　　　　　　　　图 10-98

10.6　习题

习题一

通过调用 CATIA 装配命令，完成如图 10-99 所示的机械手装配体设计。

操作内容如下。

（1）建立装配体文件。

（2）添加现有部件到装配体工作台中。

（3）添加装配约束。

（4）创建爆炸图。

习题二

通过调用 CATIA 装配命令，完成如图 10-100 所示的读卡器装配体设计。

操作内容如下。

（1）建立装配体文件。

（2）添加现有部件到装配体工作台中。

（3）添加装配约束。

（4）创建爆炸图。

图 10-99

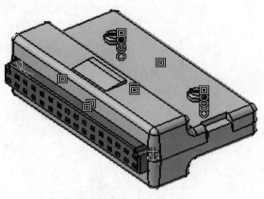

图 10-100

第 *11* 章 零件工程图设计

项目导读

随着三维 CAD 软件的发展，利用计算机进行三维建模的效率和质量在不断提升，但是三维模型并不能将所有的设计要求表达清楚。本章将学习 CATIA 的工程制图模块，这个模块也是 CATIA 中的一个比较重要的模块，并且在实际工作中，各类技术人员也是将工程图作为技术交流的工具。

项目分解

知识点 1：CATIA 工程制图设计概述
知识点 2：定义工程图纸
知识点 3：创建工程视图
知识点 4：标注图纸尺寸
知识点 5：文本注释

11.1 CATIA 工程制图设计概述

CATIA 是一个参数化的设计系统。利用 CATIA 创建的工程图与其实体模型具有相关性（若修改了实体模型，则工程图会发生相应变化；若修改了工程图中的尺寸，则实体模型也会发生相应变化）。这种具有相关性及参数化的设计方法给广大工程师带来了极大的方便。在这里列举了一些 CATIA 工程制图工作台中非常实用的功能和特点。

- 能够方便地创建各种视图。
- 能够灵活地控制视图的显示模式与视图中各边线的显示模式。
- 能够通过草绘的方式添加图元，以填补视图表达的不足。
- 既可以自动创建尺寸，也可以手动添加尺寸（自动创建的尺寸为零件模型中包含的尺寸，属于驱动尺寸，修改驱动尺寸可以驱动零件模型做出相应的修改）。
- 尺寸的编辑与整理非常容易，能够统一编辑管理。
- 能够通过各种方式添加注释文本，并且能够按照需要自定义文本样式。
- 能够添加基准、尺寸公差和几何公差，并且能够通过符号库添加符合标准与要求的表面粗糙度符号和焊缝符号。
- 能够创建普通表格、零件族表、孔表和材料清单，并且能够自定义工程图的格式。
- 能够自定义绘图模板，并且定制文本样式、线型样式和符号。利用模板创建工程图能够节省大量的重复劳动。
- 用户能够自定义 CATIA 的配置文件，使工程图符合不同标准的要求。
- 能够从外部插入工程图文件，也可以导出不同类型的工程图文件，实现对其他软件的兼容。

- 能够输出打印工程图。

　CATIA 的工程制图从 3D 零件和装配中直接生成相互关联的 2D 图样。下面介绍如何进入工程制图工作台及工程图环境的设置方法。

11.1.1　工程制图工作台界面环境

　CATIA 工程图设计是基于零件或装配体进行的一项图纸设计工作，也就是需要提前将零件或装配体模型载入工程图工作台，以便与图纸设计保持关联，当用户完成零件或装配体的修改后，会将修改结果及时反馈到工程图中。

　CATIA 工程制图工作台的界面如图 11-1 所示，界面中增加了图纸设计相关命令和工程图结构树。

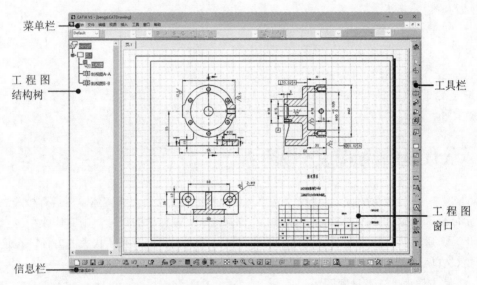

图 11-1

11.1.2　工程图环境设置

　CATIA 工程制图工作台中的图纸标准是系统默认的，不能进行自定义，但可载入标准文件来完成符合 GB 国标图纸的建立。

动手操作——工程制图环境设置

01 将本例源文件夹中的 GB.xml 文件复制到 CAITA 软件的安装路径（X：\Program Files\Dassault Systemes\B21\win_b64\resources\standard\drafting）下的文件夹中。

02 在源文件夹中双击 ChangFangSong.tff 字体文件，将其安装在系统中，也可以将其复制并粘贴到 C：\Windows\Fonts 文件夹中。

03 在菜单栏中执行"工具"|"选项"命令，打开"选项"对话框。在"常规"|"兼容性"选项节点中，单击选项卡右侧的 ▶，往右逐一显示选项卡，直至显示 IGES 2D 选项卡，如图 11-2 所示。

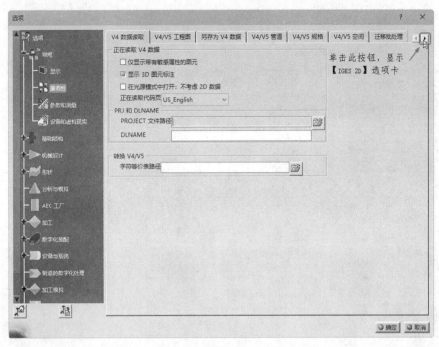

图 11-2

04 在 IGES 2D 选项卡的"工程制图"下拉列表中选择 GB 作为工程图标注，如图 11-3 所示。

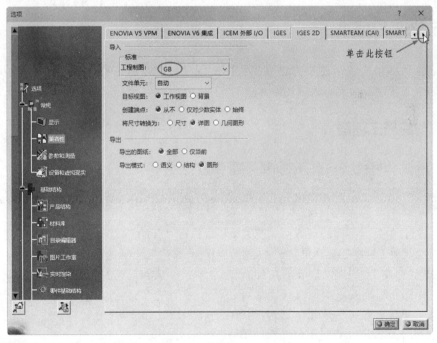

图 11-3

05 在"机械设计"|"工程制图"选项节点中，进入"视图"选项卡选中"生成轴""生成螺纹""生成中心线""生成圆角"等复选框。单击"生成圆角"选项后的"配置"按钮，在弹出的"生成圆角"对话框中选中"投影的原始边线"单选按钮，完成工程图环境的配置，如图 11-4 所示。

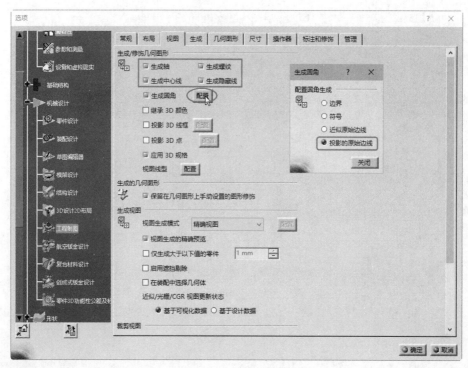

图 11-4

11.2　定义工程图纸

要建立工程图纸，就需要事先定义工程图制图模板，在这里称作"定义工程图纸"。在CATIA中定义工程图纸大致有以下几种方法。

11.2.1　创建新工程图

进入工程图工作台时系统会自动创建图纸，操作步骤如下。

01 在零件工作台中完成零件的设计后，在菜单栏中执行"开始"|"机械设计"|"工程制图"命令，弹出"创建新工程图"对话框。

02 "创建新工程图"对话框显示了几种基于ISO标准的视图布局样式，根据设计需求可任选一种样式，单击"确定"按钮，进入工程制图工作台，同时系统会自动创建新工程图纸，如图11-5所示。

图 11-5

03 若要创建基于 GB 国标的工程图图纸，就要在"创建新工程图"对话框中单击"修改"按钮，在随后弹出的"新建工程图"对话框中选择 GB 标准与图纸样式，单击"确定"按钮，完成 GB 标准的图纸修改，如图 11-6 所示。

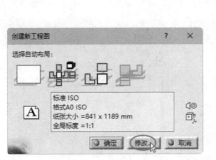

图 11-6

04 如果事先并没有设计零件模型，将创建一张空白图纸，在"创建新工程图"对话框中单击"确定"按钮，会弹出"工程图错误"提示信息对话框，再单击"确定"按钮，完成空白模型的图纸创建，如图 11-7 所示。

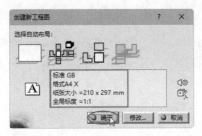
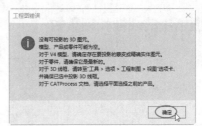

图 11-7

11.2.2 新建图纸页

进入工程图工作台后，系统会自动创建一个默认名为"页.1"的图纸页，所有创建或添加的制图要素都会保存在这个图纸页中。若需要在一个工程图纸模板中创建多张工程图（对于装配体的零件图纸就是如此），可以在"工程图"工具栏中单击"新建图纸"按钮□，添加新的图纸页，如图 11-8 所示。

提示：

无论添加多少新图纸页，其制图模板相同，都是基于第一次建立的新工程图的图纸标准和图纸样式。

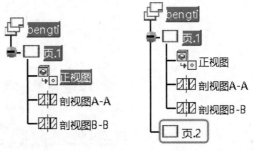

图 11-8

11.2.3 新建详图

详图是表达机械零件局部结构的大样图，详图不是局部视图或详细视图，而是一张独立的图纸，所以需要在"工程图"工具栏中单击"新建详图"按钮 ⊙ ，创建新的详图页，如图11-9所示。

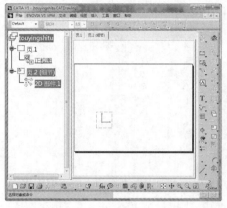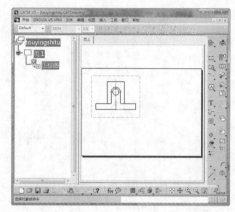

图 11-9

11.2.4 图纸中的图框和标题栏

新建的图纸页中并没有图纸图框与标题栏，下面介绍3种添加图框和标题栏的方式。

1. 新建图框和标题栏

CATIA提供了创建图框和标题栏的工具，在图纸区的模板背景下直接利用绘图和编辑命令直接绘制图框和标题栏。

动手操作——创建图框和标题栏

01 进入工程图工作台后，在菜单栏中执行"编辑"|"图纸背景"命令，进入图纸背景编辑模式。

02 可以利用CAITA提供的草图绘制命令和表格命令，绘制出所需的图框和标题栏，如图11-10所示。

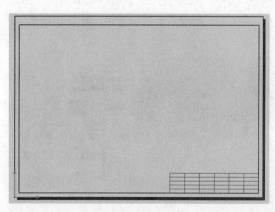

图 11-10

2. 管理图框和标题栏

鉴于手工绘制图框和标题栏的步骤较为烦琐，也可以通过管理图框和标题栏来导入标准的工程图模板，以此来提高制图效率。

动手操作——导入工程图模板

01 将本例源文件夹（11-2/CATIA 工程图模板 \FrameTitleBlock）中的所有文件，复制到 X:\Program Files\Dassault Systemes\B21\win_b64\VBScript\FrameTitleBlock 路径下并替换。

02 在菜单栏中执行"编辑"|"图纸背景"命令，进入图纸背景编辑模式。

03 在右侧工具栏中单击"框架和标题节点"按钮 □ ，弹出"管理框架和标题块"对话框。

04 在"标题块的样式"下拉列表中可选择 GB_Titleblock1、GB_Titleblock2 或 GB_Titleblock3 标题栏样式，然后在"指令"列表中选择 Creation 指令，右侧显示图框及标题栏的预览，如图 11-11 所示。

图 11-11

05 单击"确定"按钮，图纸背景模板中插入图框与标题栏，如图 11-12 所示。

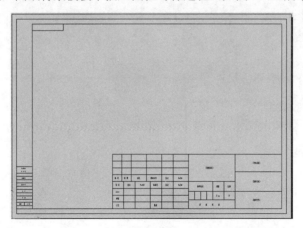

图 11-12

06 在菜单栏中执行"编辑"|"工作视图"命令，返回工作视图模式。

3. 插入背景视图

除了前面介绍的两种方式，还可以将图纸模板（图框与标题栏）以背景视图的方式插入当前工作视图。

动手操作——插入背景视图

01 新建工程图（选择 GB 标准的 A4X 纵向图纸样式），进入工程图工作台。

02 在菜单栏中执行"文件"|"页面设置"命令，弹出"页面设置"对话框。

03 在"页面设置"对话框中单击 Insert Background View（插入背景视图）按钮，弹出"将图元插入图纸"对话框，如图 11-13 所示。

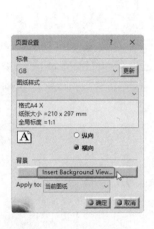

图 11-13

04 单击"浏览"按钮，从本例源文件夹中打开 A4_zong.CATDrawing 图纸文件（将作为图元的形式插入当前图纸页）并返回"页面设置"对话框中单击"插入"按钮，退回"页面设置"对话框，单击"确定"按钮，完成背景视图的插入，如图 11-14 所示。

技术要点：

如果是新建图纸时选择了不合适的图纸样式，还可以在"页面设置"对话框中重新选择图纸标准、图纸样式和图幅方向。

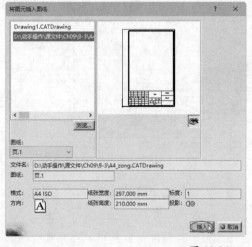

图 11-14

05 在图纸背景中插入的图框和标题栏如图 11-15 所示。

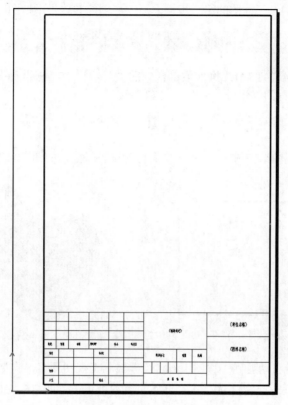

图 11-15

11.3 创建工程视图

一幅完整的机械零件工程图是由多个视图组成的，主要用来表达机件内外部形状和结构。下面详细介绍 CATIA 工程图工作台中常见的几种视图类型。

11.3.1 创建投影视图

在工程制图中常把物体在某个投影面上的正投影称为"视图"，相应的投射方向称为"视向"，分别有正视、俯视、侧视。正面投影、水平投影、侧面投影所得的视图图形分别称为正视图、俯视图、侧视图。

单击"视图"工具栏中"正视图"按钮右下角的三角形，弹出"投影"工具栏，其中包括多个相关投影视图命令按钮，如图 11-16 所示。

图 11-16

1. 正视图

正视图是建立 CATIA 工程图的第一步，之后才能创建其他投影视图、剖视图及断面图等。

动手操作——创建正视图

01 打开本例源文件 11-4.CATPart，执行菜单栏中的"开始"|"机械设计"|"工程制图"命令，选择空白模板后进入工程图工作台，如图 11-17 所示。

02 单击"投影"工具栏中的"正视图"按钮 ，在菜单栏中执行"窗口"|11-4.CATPart 命令，切换到零件模型窗口。

03 在工程图窗口或工程图结构树中选择 zx 平面作为投影平面，如图 11-18 所示。

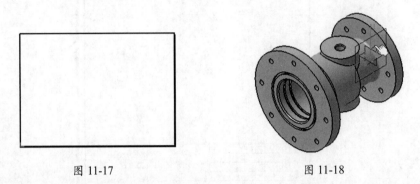

图 11-17　　　　　　　　　　　图 11-18

04 选择投影平面后系统自动返回工程图工作台，并显示正视图预览，同时显示方向控制器。

05 单击绿色旋转手柄顺时针旋转 90°，在图纸页空白处单击，即自动完成主视图的创建，如图 11-19 所示。

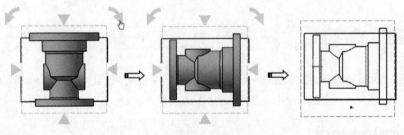

图 11-19

06 创建视图后，如果要调整视图的位置，可以将鼠标指针移至主视图虚线边框，鼠标指针变成手形，通过拖动其边框将正视图移至任意位置，如图 11-20 所示。

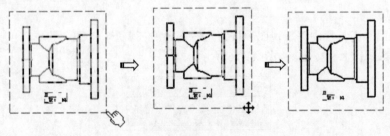

图 11-20

2. 展开视图

展开视图是从钣金零件创建的投影视图，用于截面中包括某些特定角度的元素。因此，切除面可能会弯曲，以便通过这些特征。

动手操作——创建展开视图

01 打开本例源文件 11-5.CATProduct，执行菜单栏中的"开始"|"机械设计"|"工程制图"命令，选择空白模板后进入工程图工作台。

02 单击"投影"工具栏中的"展开视图"按钮 ，切换到 3D 模型窗口，选择如图 11-21 所示的表面作为展开视图的参考平面，系统自动返回工程图工作台。

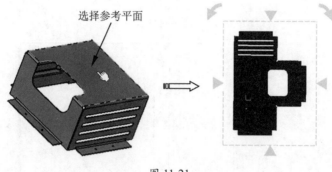

图 11-21

03 利用方向控制器调整视图方位后，单击图纸页空白处，创建展开视图，如图 11-22 所示。

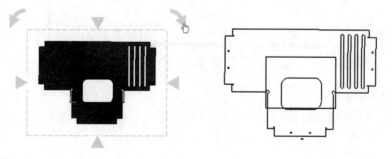

图 11-22

3. 3D 视图

3D 视图中包含了 3D 公差规格和标注的 3D 零件、产品或流程。

动手操作——创建 3D 视图

01 打开本例源文件 11-6. CATPart"，执行菜单栏中的"开始"|"机械设计"|"工程制图"命令，选择空白模板后进入工程图工作台。

02 单击"投影"工具栏中的"3D 视图"按钮 ，切换到 3D 模型窗口，选择标注集中的视图平面（也可以在特征结构树中选择），随后系统自动返回工程图工作台，如图 11-23 所示。

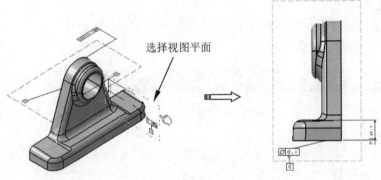

图 11-23

03 在空白区域单击，完成 3D 视图的创建，如图 11-24 所示。

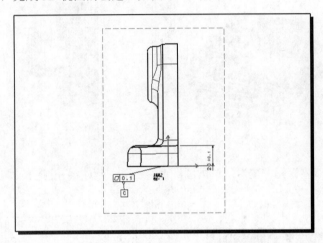

图 11-24

4. 创建投影视图

投影视图是利用光线的投影原理从正视图（即父视图）往 6 个方向进行投影而得到的视图，投影视图与父视图存在关联关系。创建的投影视图将与父视图自动对齐，且视图比例相同。

动手操作——创建投影视图

01 打开本例源文件 11-7. CATDrawing"。

02 单击"视图"工具栏中的"投影视图"按钮 ，当鼠标指针靠近主视图时，会显示投影视图预览，如图 11-25 所示。

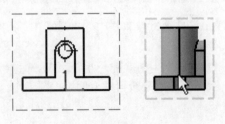

图 11-25

技术要点:

默认情况下，主视图是系统自动激活的，无须重新激活视图。

03 移动鼠标指针到要放置投影视图的位置，单击即放置投影视图。同理，如果有必要，可以创建其他投影视图，如图 11-26 所示。

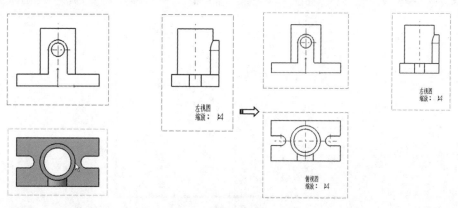

图 11-26

技术要点:

投影视图与父视图存在关联关系，例如要移动单个视图，就必须解除该视图与父视图的关联关系，否则不能移动。解除关联关系的操作是：激活投影视图并右击，在弹出的快捷菜单中选择"视图定位"|"不根据参考视图定位"选项，即可单独拖动投影视图了。

5. 辅助视图

辅助视图的用途相当于机械制图中的向视图，它是一种特殊的投影视图，但它是垂直于现有视图中参考边线的展开视图。

动手操作——创建辅助视图

01 打开本例源文件 11-8.CATDrawing。

02 单击"投影"工具栏中的"辅助视图"按钮 ，在主视图中选择一点作为投影方向起点，移动鼠标并单击可以确定投影方向，再沿投影方向移动鼠标，将显示辅助视图预览，如图 11-27 所示。

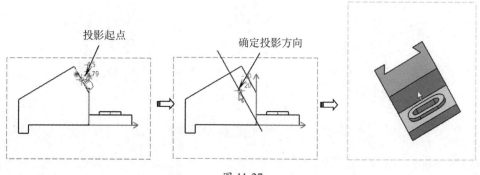

图 11-27

03 将视图预览移至合适位置，单击即生成所需的辅助视图，然后将辅助视图移至图纸页中，如图 11-28 所示。

技术要点:

如果无法将辅助视图移至想要的位置，可以右击辅助视图，在弹出的快捷菜单中选择"视图定位"|"不根据参考视图定位"选项，即可自由定位辅助视图。

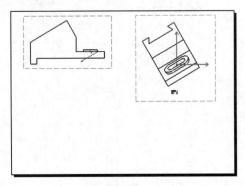

图 11-28

6. 等轴测视图

轴测图是一种单面投影图，在一个投影面上能同时反映出物体 3 个坐标面的形状，并接近于人们的视觉习惯，形象、逼真，富有立体感。但是轴测图一般不能反映物体各表面的实形，因而度量性差，同时作图较复杂。因此，在工程上常把轴测图作为辅助图样，来说明机器的结构、安装、使用等情况，在设计中，用轴测图帮助构思、想象物体的形状，以弥补正投影图的不足。

动手操作——创建等轴测视图

01 打开本例源文件 dengzhouceshitu.CATPart，然后重新打开 11-9.CATDrawing 工程图文件。

02 单击"视图"工具栏中的"等轴侧视图"按钮回，切换到 dengzhouceshitu.CATPart 零件窗口选择模型的任何一个面，系统会自动返回工程图工作台，同时查看轴测视图的预览，如图 11-29 所示。

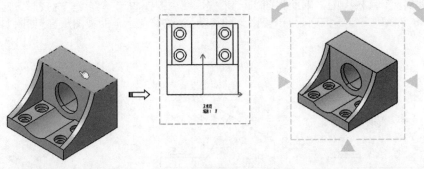

图 11-29

03 可以利用方向控制器调整视图方位，若保持默认方位，在图纸页空白处单击，随即创建轴测图，如图 11-30 所示。

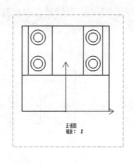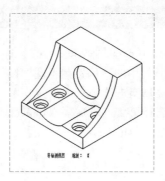

图 11-30

11.3.2 创建剖面视图

剖面视图是通过用一条剖切线分割父视图所生成的，属于派生视图，然后借助分割线拉出预览投影，在工程图投影位置上生成一个剖面视图。

剖切平面可以是单一剖切面或者用阶梯剖切线定义的等距剖面。其中用于生成剖面视图的父视图可以是已有的标准视图或派生视图，并且可以生成剖面视图的剖面视图。

可以生成全剖、半剖、阶梯剖、旋转剖、局部剖、斜剖视等。

单击"视图"工具栏中"偏置剖视图"按钮 右下角的三角形，弹出包含截面视图命令按钮的"截面"工具栏，如图 11-31 所示。

图 11-31

1. 全剖视图

"偏置剖视图"工具可以创建全剖视图、半剖视图、阶梯剖视图等。

全剖视图是用一个剖切平面将机件完全剖开，将观察者和剖切平面之间的部分移去，再向正交投影面作投影所得的图形，如图 11-32 所示。

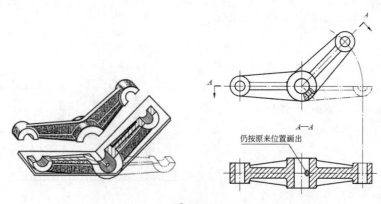

图 11-32

动手操作——创建全剖视图

01 打开本例源文件 11-10.CATDrawing。

02 单击"截面"工具栏中的"偏置剖视图"按钮，在主视图中选择两点绘制直线来定义零件的剖切平面，在选择第二点时需要双击鼠标才能结束剖切面的创建，如图 11-33 所示。

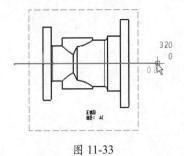

图 11-33

03 向下移动鼠标可以看到剖切视图的预览，单击放置预览视图，随即生成全剖视图，如图 11-34 所示。

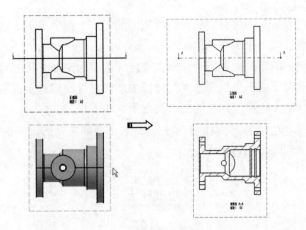

图 11-34

技术要点：

剖切视图在主视图的上或下，可以决定剖切方向。

2. 半剖视图

当机件具有对称平面，向垂直于对称平面的投影面上投影时，以对称中心线（细点画线）为界，一半画成视图用于表达外部结构形状，另一半画成剖视图用以表达内部结构形状，这样组合的图形称为"半剖视图"，如图11-35所示。

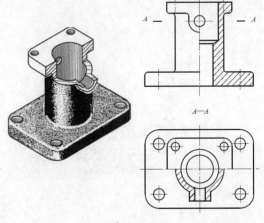

图 11-35

01 打开本例源文件 11-11.CATDrawing。

02 单击"偏置剖视图"按钮，依次选择 4 点来绘制剖切线，可定义半剖切视图的平面，在拾取第 4 点时双击结束拾取，然后向上移动剖切视图预览，如图 11-36 所示。

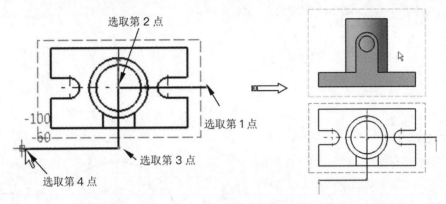

图 11-36

03 移动视图到所需位置处单击，随即自动生成半剖视图，如图 11-37 所示。

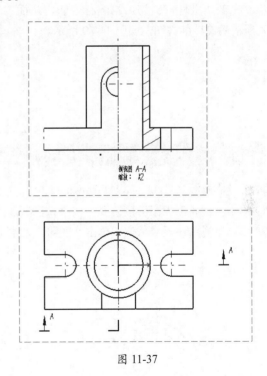

图 11-37

3. 阶梯剖视图

阶梯剖视图使用几个相互平行或垂直的剖切平面来剖切机件。阶梯剖视图的创建方法与创建半剖视图的方法是完全相同的。区别在于，将绘制剖切线的第 3 点和第 4 点在零件内部选择时，即可创建阶梯剖视图，如图 11-38 所示。

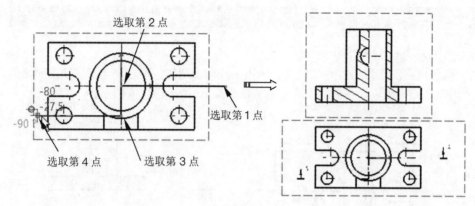

图 11-38

4. 旋转剖视图

当机件内部不能用一个剖切平面来剖切进行表达时，而且这个机件又具有回转体特性，此时可以通过两个相交剖切面并绕轴旋转一定角度来剖切机件，剖切后再进行投影，从而得到所需的旋转剖视图，如图 11-39 所示。

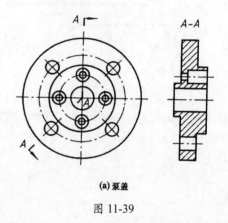

(a) 泵盖

图 11-39

动手操作——创建旋转剖视图

01 打开本例源文件 11-12.CATDrawing。

02 单击"对齐剖视图"按钮，依次在已激活的视图中选择 4 点来定义旋转剖切平面。

03 将预览视图移至合适位置单击，随即自动生成旋转剖视图，如图 11-40 所示。

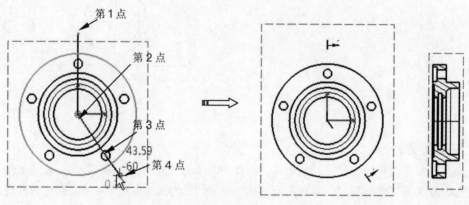

图 11-40

11.3.3 创建局部放大视图

局部放大视图（也叫"详图"）是现有工程视图的一部分，当机件中存在用常规基本视图都无法表达清楚或不便于标注尺寸的细节时，可将该处放大比率单独画出展示，如图 11-41 所示。

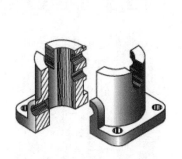
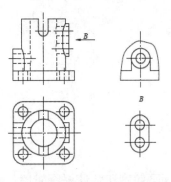

图 11-41

单击"视图"工具栏中"详细视图"按钮
右下角的三角形，弹出"详细信息"工具栏，
如图 11-42 所示。

图 11-42

1. 详细视图和快速详细视图

CATIA 的局部放大视图创建工具包括"详细视图"和"快速详细视图"。下面举例说明两种局部放大视图的创建方法。

动手操作——创建详细视图

01 打开本例源文件 11-13.CATDrawing。

02 单击"详细信息"工具栏中的"详细视图"按钮，在主视图中选择一点以定义圆心和圆半径，然后将详细视图移至所需位置处单击，如图 11-43 所示。

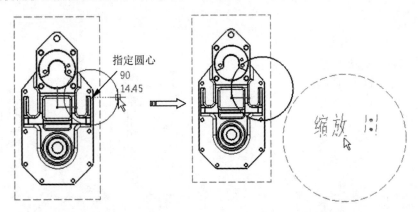

图 11-43

03 随后完成详细视图的创建，如图 11-44 所示。

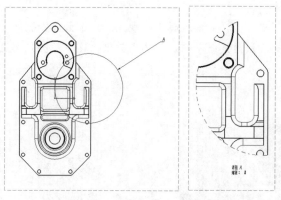

图 11-44

2. 详细视图轮廓和快速详图轮廓

"详细视图轮廓"工具利用绘制的多边形区域将视图局部放大并生成详细视图。

动手操作——创建详细视图轮廓

01 打开本例源文件 11-14.CATProduct。

02 单击"视图"工具栏中的"详细视图轮廓"按钮，在主视图中绘制多边形轮廓（双击可使轮廓自动封闭），系统自动将轮廓内的视图以数倍放大，如图 11-45 所示。

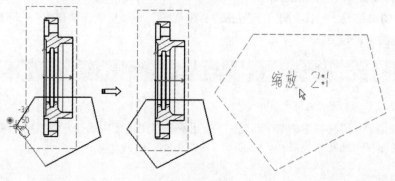

图 11-45

03 移动放大视图到合适位置处单击，将自动创建详细视图，如图 11-46 所示。

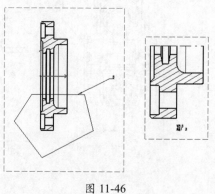

图 11-46

11.3.4 断开视图

断开视图工具可以创建断面视图、局部剖视图和裁剪视图。下面重点介绍断面视图和局部剖视图的创建方法。

断面视图与剖视的区别在于，断面只画出剖切平面和机件相交部分的断面形状，而剖视则需要把断面和断面后可见的轮廓线都画出来，如图11-47所示。

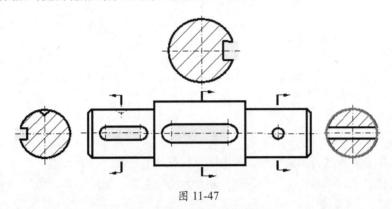

图 11-47

单击"视图"工具栏中"局部视图"按钮![btn]右下角的三角形，展开"断开视图"工具栏，如图11-48所示。

图 11-48

1. 断面视图

对于较长且沿长度方向形状一致或按一定规律变化的机件，如轴、型材、连杆等，通常采用将视图中间一部分截断并删除，余下两部分靠近绘制，即断面视图。

> **提示：**
>
> CATIA中很多按钮命令的中文翻译主要是由翻译机自动翻译的，难免出现一些与GB机械制图中的名词有别的问题。例如，断开视图的按钮![btn]，机器翻译为"局部视图"，为了引导读者轻松学习软件指令，仍然会采用机器翻译的中文命名。

动手操作——创建断开视图

01 打开本例源文件11-15.CATDrawing，图纸中已经创建了一个主视图。

02 单击"局部视图"按钮![btn]，在主视图中选择模型边线上的一点以作为第一条断开线的位置点，随后显示一条绿色虚线，移动鼠标使第一条断开线水平，单击确定第一条断开线，如图11-49所示。

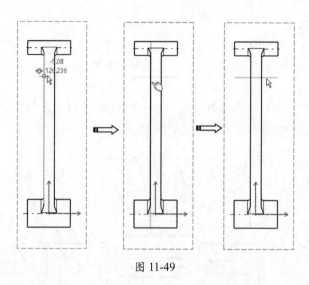

图 11-49

03 随后移动第二条断开线至所需位置，单击即可放置第二条断开线。

04 在主视图外的任意位置单击，主视图则自动变为断开视图，如图 11-50 所示。

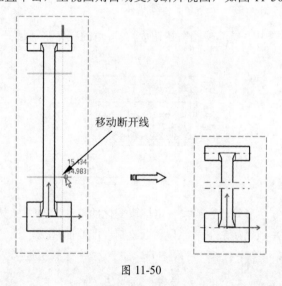

移动断开线

图 11-50

2. 局部剖视图

局部剖视图是剖面视图的一种特例，是在父视图上对机件进行局部剖切以表达该部件内部结构的一种视图。

动手操作——创建局部剖视图

01 打开本例源文件 11-16.CATDrawing，已经创建了主视图和投影视图，如图 11-51 所示。

02 单击"剖面视图"按钮，在主视图中连续选择多个点，以此绘制封闭的多边形，如图 11-52 所示。

03 弹出"3D 查看器"对话框，在查看器窗口中可以自由旋转模型，查看剖切情况。选中"动画"复选框可以根据鼠标指针在生成的视图位置上可视化 3D 零件，如图 11-53 所示。

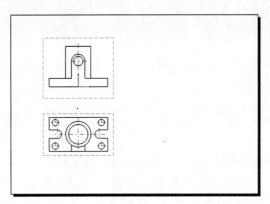

图 11-51

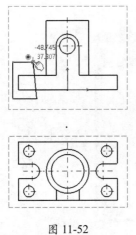

图 11-52

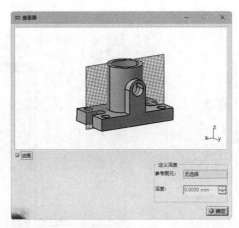

图 11-53

04 激活"3D 查看器"对话框中的"参考图元"文本框,再选择投影视图中的圆心标记或圆孔为剖切参考,如图 11-54 所示。

选择剖
切参考

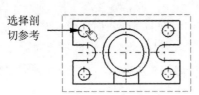

图 11-54

05 单击"确定"按钮,将在主视图中的多边形内自动生成局部剖视图,如图 11-55 所示。

局部剖
视图

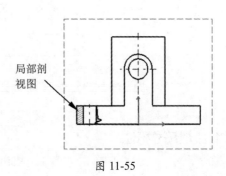

图 11-55

11.4　标注图纸尺寸

标注是完成工程图的重要环节，通过尺寸标注、公差标注、技术要求等将设计者的设计意图和对零部件的要求完整表达。

11.4.1　生成尺寸

自动生成尺寸用于根据建模时的全部尺寸自动标注在工程图中。

选择要自动标注尺寸的视图，在"生成"工具栏中单击"生成尺寸"按钮 ，弹出"尺寸生成过滤器"对话框。单击该对话框中的"确定"按钮，再弹出"生成的尺寸分析"对话框。在该对话框中选中要进行分析的约束选项和尺寸选项，最后单击"确定"按钮，自动完成尺寸标注，如图11-56所示。

图 11-56

11.4.2　标注尺寸

标注尺寸是指在图纸上依据零件形状轮廓来标注不同类型的尺寸，如长度、距离、直径/半径、倒角、坐标标注等。工程图中的尺寸是从动尺寸，不能以尺寸驱动零件形状的更改。这与草图中的尺寸（驱动尺寸）是不同的，草图中的尺寸也称"尺寸约束"，用来驱动图形的变化。当零件模型尺寸发生改变时，工程图中的这些尺寸也会发生相应更改。

单击"尺寸标注"工具栏中"尺寸"按钮 右下角的三角形，弹出"尺寸"工具栏，如图11-57所示。"尺寸"工具栏中就包含了所有的常规尺寸标注类型。

图 11-57

1. 线性尺寸标注

在"尺寸"工具栏中单击"尺寸"按钮 时，弹出"工具控制板"工具栏。利用该工具栏中相关按钮可以选择尺寸标注样式，如图 11-58 所示。

图 11-58

"工具控制板"工具栏包括 7 种线性标注样式。

- 投影的尺寸：此标注样式主要是标注零件投影轮廓的尺寸，可以标注任何图形元素的尺寸，如标注长度、距离、圆 / 圆弧、角度等，如图 11-59 所示。
- 强制标注图元尺寸：强制（只能标注）标注线性尺寸和直径尺寸，包括斜线标注、水平标注、垂直标注和直径标注，如图 11-60 所示。

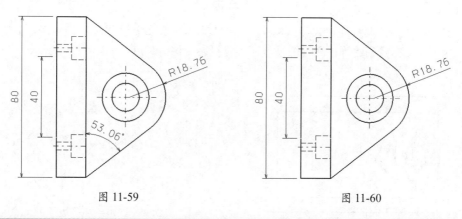

图 11-59   图 11-60

技术要点：

切记！要想连续进行尺寸标注，需要双击尺寸标注按钮。

- 强制尺寸线在视图水平：强制标注水平尺寸，如图 11-61 所示。
- 强制尺寸线在视图垂直：强制标注垂直尺寸，如图 11-62 所示。

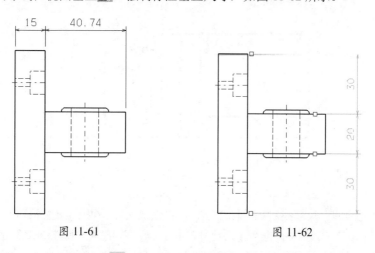

图 11-61   图 11-62

- 强制沿同一方向标注尺寸：选择尺寸标注方向的参考（可以是水平线、垂直线或斜线），所标注的尺寸线与所选方向平行，如图 11-63 所示。

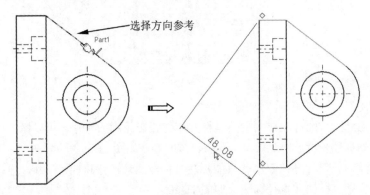

图 11-63

- 实长尺寸 ✎：此标注样式可以标注零件的实际尺寸，如标注零件中倾斜表面的实际轮廓线长度（需要创建等轴测视图），而不是投影视图的长度，如图 11-64 所示。

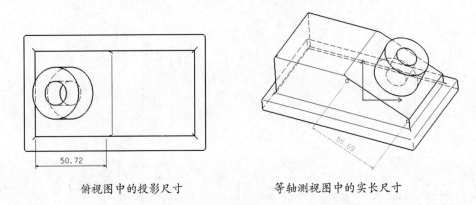

俯视图中的投影尺寸　　　　　　　　等轴测视图中的实长尺寸

图 11-64

- 检测相交点 ▨：选择该样式，标注尺寸后会显示选择交点或延伸交点，如图 11-65 所示。

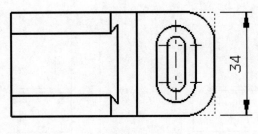

图 11-65

2. 链式尺寸

链式尺寸是连续的、尺寸线对齐的标注样式，"链式尺寸"用于创建链式尺寸标注。

单击"尺寸标注"工具栏中的"链式尺寸"按钮 ▦，弹出"工具控制板"工具栏，依次选择要标注的模型边线，系统会自动完成链式尺寸标注，如图 11-66 所示。

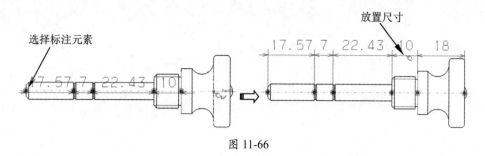

图 11-66

利用线性尺寸标注工具也可以创建链式尺寸标注，如图 11-67 所示。

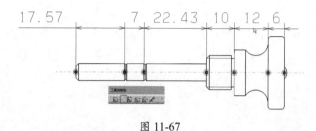

图 11-67

3. 累积尺寸

累积尺寸就是以一个点或线为基准创建坐标式尺寸标注，主要用来标注模具零部件。
累积尺寸标注方法与其他线性尺寸标注方法相同，如图 11-68 所示。

4. 堆叠式尺寸

堆叠式尺寸是基于同一个标注起点来创建的阶梯式尺寸标注。堆叠式尺寸标注方法与其他线性尺寸标注方法相同，如图 11-69 所示。

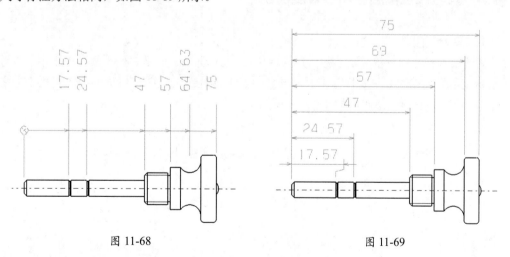

图 11-68

图 11-69

5. 倒角尺寸

"倒角尺寸"用于标注零件的倒角轮廓线。

单击"尺寸标注"工具栏中的"倒角尺寸"按钮，弹出"工具控制板"工具栏，选择一种倒角标注类型，然后到视图中选择斜角线，将倒角尺寸放置于合适位置，如图 11-70 所示。

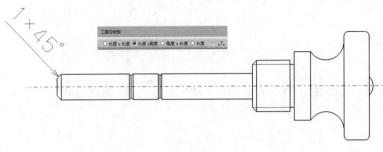

图 11-70

6. 螺纹尺寸

"螺纹尺寸"可以标注孔螺纹尺寸。单击"尺寸标注"工具栏中的"螺纹尺寸"按钮 ⌐ ，
弹出"工具控制板"工具栏，在视图中选择螺纹线或者圆心标记，系统自动完成螺纹尺寸标注，
如图 11-71 所示。

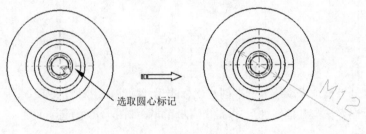

图 11-71

11.4.3　尺寸单位精度与尺寸公差标注

1. 尺寸单位精度

默认的尺寸标注单位精度是小数点后的两位数。GB 标注一般是 3 位小数。由于不能设置默
认单位精度，只能在"数字属性"工具栏（此工具栏默认在工程图窗口上方的工具栏中）中同
时进行单位和单位精度的更改，如图 11-72 所示。

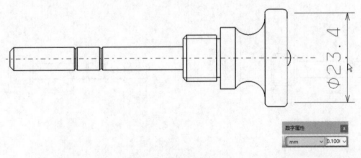

图 11-72

当完成尺寸标注，也可以右击要更改精度的尺寸，在弹出的快捷菜单中选择"属性"选项，
弹出"属性"对话框。在该对话框的"值"选项卡中，可以设定当前选定尺寸的尺寸精度，如
图 11-73 所示。

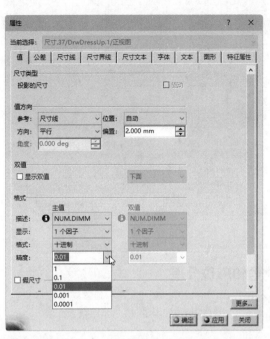

图 11-73

2. 尺寸公差标注

当执行了尺寸标注命令后，可以在"尺寸属性"工具栏中设置公差类型和公差值，如图 11-74 所示。

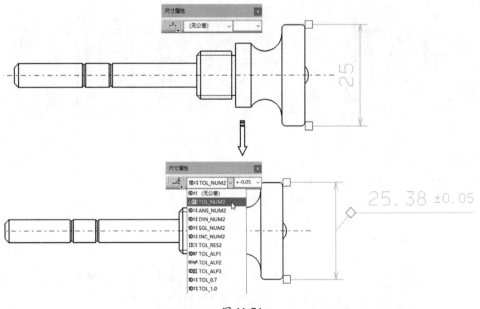

图 11-74

同理，也可以右击尺寸，在弹出的快捷菜单中选择"属性"选项，在弹出的"属性"对话框中设置尺寸公差类型和公差值，如图 11-75 所示。

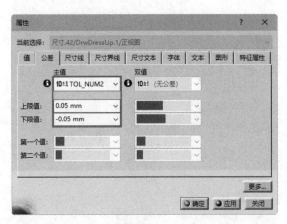

图 11-75

11.4.4 标注基准代号和形位公差

工程图的尺寸标注完成后，再为其标注基准代号和形位公差。

1. 标注基准代号

基准代号的线型为加粗的短画线，由引线符号、引线、方框和字母组成。

单击"尺寸标注"工具栏中的"基准特征"按钮 **A**，再选择视图中要标注基准的直线或尺寸线，随后弹出"创建基准特征"对话框，在该对话框中输入字母，再单击"确定"按钮，完成基准代号的标注，如图 11-76 所示。

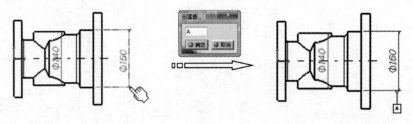

图 11-76

2. 标注形位公差

形位公差表示特征的形状、轮廓、方向、位置和跳动的允许偏差。

形位公差一般由形位公差代号、形位公差框、形位公差值及基准代号组成，如图 11-77 所示。

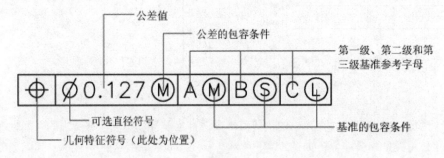

图 11-77

单击"尺寸标注"工具栏中的"形位公差"按钮 ，再单击图上要标注公差的直线或尺寸线，弹出 Geometrical Tolerance（几何公差）对话框，设置形位公差参数后，单击"确定"按钮完成形位公差标注，如图 11-78 所示。

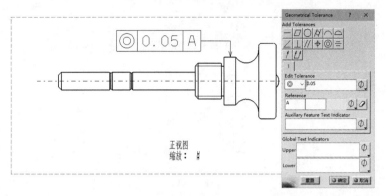

图 11-78

11.4.5 标注粗糙度符号

单击"标注"工具栏中的"粗糙度符号"按钮 ，在零件视图中选择粗糙度符号标注位置，再在弹出的"粗糙度符号"对话框中输入常用表面粗糙度参数 Ra、粗糙度值，选择粗糙度类型，最后单击"确定"按钮即可完成粗糙度符号的标注，如图 11-79 所示。

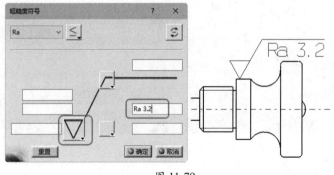

图 11-79

11.5 文本注释

文本注释是机械工程图中很重要的图形元素。在一个完整的图样中，还包括一些文字注释来标注图样中的一些非图形信息。例如，机械图形中的技术要求、装配说明、标题栏信息、选项卡等。

单击"标注"工具栏中"文本"按钮 右下角的三角形，弹出有关标注文本命令按钮，如图 11-80 所示。

本节仅介绍常见的不带引线的文本注释和带引线的文本注释。

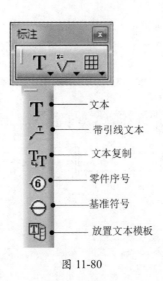

图 11-80

1. 不带引线的文本注释

单击"标注"工具栏中的"文本"按钮 **T**，选择欲标注文字的位置，弹出"文本编辑器"对话框。输入注释文本后单击"确定"按钮，完成文本注释，如图 11-81 所示。

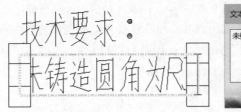

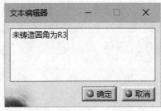

图 11-81

技术要点：

如果需要换行书写文本，可以按快捷键Ctrl+Enter。

2. 带引线的文本

单击"标注"工具栏中的"带引线的文本"按钮 ，选中引出线箭头所指位置，选中欲标注文字的位置，弹出"文本编辑器"对话框，在文本框内输入文字后再单击"确定"按钮，完成带引线文本的创建，如图 11-82 所示。

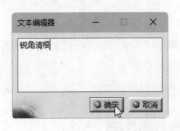

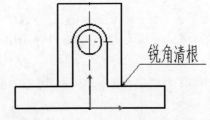

图 11-82

11.6 实战案例——泵体工程图设计

泵体零件是常见四大类机械零件中的箱体类零件，本节以泵体零件的工程图绘制为例，详解 CATIA 工程图的创建流程，要绘制的泵体零件工程图如图 11-83 所示。

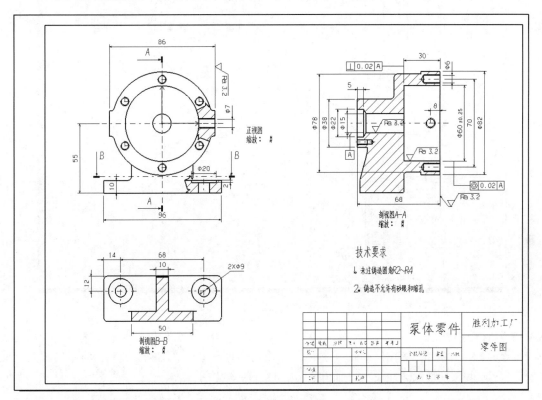

图 11-83

操作步骤

01 打开本例源文件 benti.CATPart。

02 在菜单栏中执行"开始" | "机械设计" | "工程制图"命令，弹出"创建新工程图"对话框。选择 ▦ 布局后单击"修改"按钮，单击"确定"按钮，在弹出的"新建工程图"中选择 GB 标准和 A3 X 图纸样式，最后单击"确定"按钮进入工程图工作台，如图 11-84 所示。

图 11-84

03 系统会自动创建图纸布局，包括主视图和两个投影视图，如图 11-85 所示。

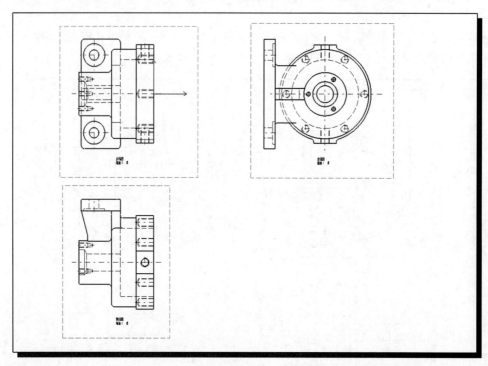

图 11-85

04 在菜单栏中执行"文件"|"页面设置"命令，弹出"页面设置"对话框。单击 Insert Background View 按钮，弹出"将图元插入图纸"对话框。单击"浏览"按钮，将本例源文件夹中的 A3_heng 图样样板文件插入当前图纸页，如图 11-86 所示。

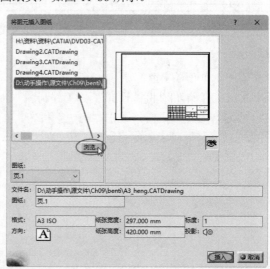

图 11-86

05 插入图纸样板后，发现自动创建的图纸布局并不符合制图要求，需要重定义主视图和投影视图。右击主视图边框，再选择快捷菜单中的"主视图对象"|"修改投影平面"选项，如图 11-87 所示。

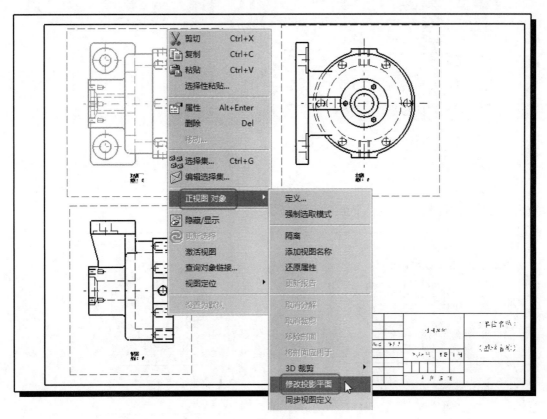

图 11-87

06 在"窗口"菜单中选择 benti.CATPart 零件窗口，在零件窗口中重新选择投影平面，如图 11-88 所示。

07 选择投影平面后自动返回工程图工作台，在任意区域位置单击，完成主视图的修改，如图 11-89 所示。

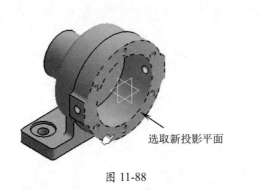

图 11-88

选取新投影平面

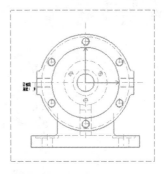

图 11-89

08 删除其余两个投影视图，需要重新创建剖面视图。在"视图"工具栏中单击"偏置剖视图"按钮，在主视图中选择两个点来定义剖切平面，然后将鼠标指针移出视图并在主视图右侧双击，此时将显示视图预览，拖动视图预览并在合适位置单击，随即生成全剖视图，如图 11-90 所示。

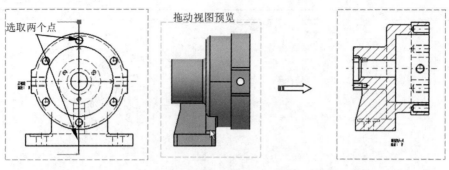

图 11-90

09 同理，再在主视图下方创建一个全剖视图，如图 11-91 所示。

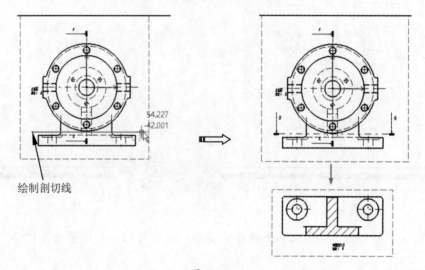

图 11-91

10 按 Ctrl 键选择 3 个视图，右击并选择"属性"命令，在弹出的"属性"对话框的"视图"选项卡中取消选中"隐藏线"复选框，单击"确定"按钮，隐藏 3 个视图中内部虚线，如图 11-92 所示。

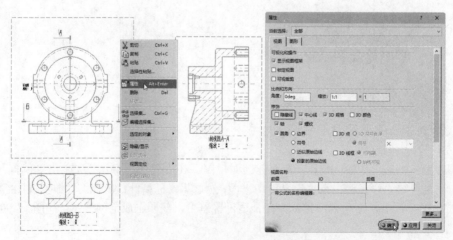

图 11-92

11 如果发现视图中的文字太小，可以选中文本，在"文本属性"工具栏中（窗口上方）修改字体大小，修改后的视图如图 11-93 所示。

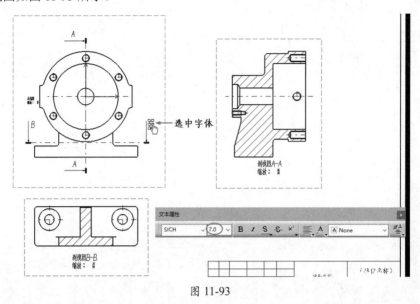

图 11-93

12 接下来需要在主视图中创建零件底座上的局部剖视图。单击"视图"工具栏中的"剖面视图"按钮 ，在主视图中的零件底座上绘制封闭的多边形，随后弹出"3D 查看器"对话框，如图 11-94 所示。

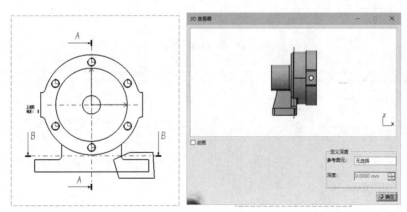

图 11-94

13 激活"3D 查看器"对话框中的"参考元素"文本框，再在全剖视图中选择圆心标记作为剖切位置参考，单击"确定"按钮，随即自动生成局部剖视图，如图 11-95 所示。

14 同理，再在主视图上创建另一局部剖视图，如图 11-96 所示。

15 单击"尺寸标注"工具栏中的"尺寸"按钮 ，弹出"工具控制板"工具栏。逐一标注 3 个视图中的线性尺寸、圆形轮廓尺寸和孔直径尺寸，如图 11-97 所示。

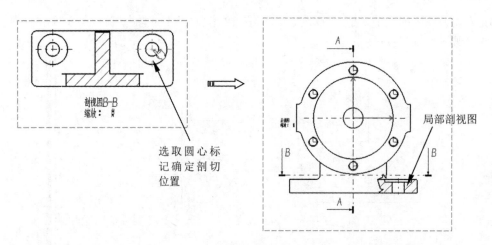

图 11-95

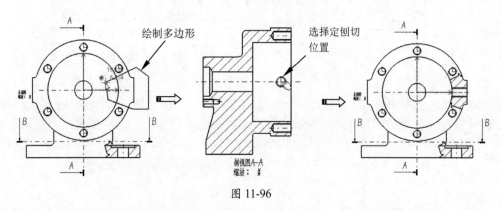

图 11-96

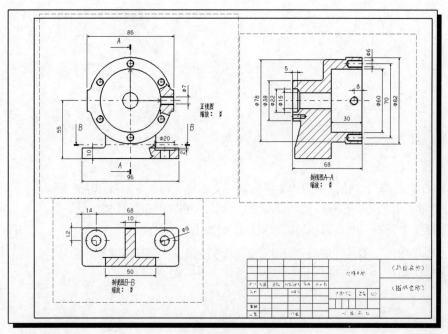

图 11-97

16 添加尺寸公差。选中 φ60 尺寸，激活"尺寸属性"工具栏。设置尺寸公差，如图 11-98 所示。

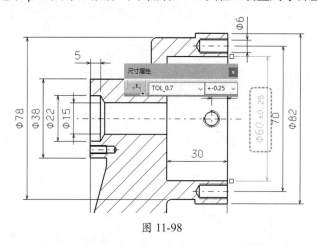

图 11-98

17 单击"粗糙度符号"按钮 ，选择粗糙度符号所在位置，在弹出的"粗糙度符号"对话框中输入粗糙度的值、选择粗糙度类型，单击"确定"按钮即可完成粗糙度符号标注，如图 11-99 所示。

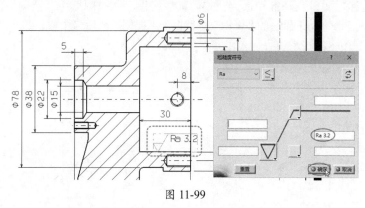

图 11-99

18 单击"基准特征"按钮 ，再选择剖切视图中要标注基准代号的尺寸线，弹出"创建基准特征"对话框。在该对话框中输入基准代号 A，单击"确定"按钮，标注基准代号，如图 11-100 所示。

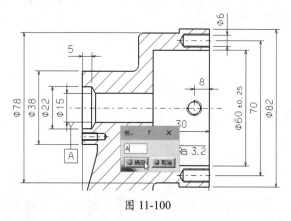

图 11-100

19 单击"形位公差"按钮 ，选择全剖视图中 φ30 的尺寸线，弹出"形位公差"对话框。设置形位公差参数后单击"确定"按钮，完成形位公差标注，如图 11-101 所示。

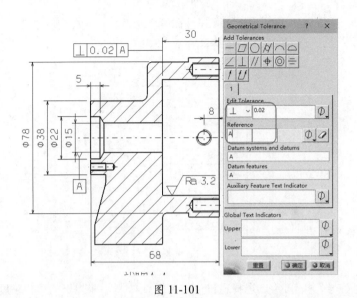

图 11-101

20 同理，重复上述粗糙度、基准和形位公差的标注操作，完成图纸中其余的标注。按 Ctrl 键，右击并选择"属性"命令，在弹出的"属性"对话框的"视图"选项卡中取消选中"显示视图框架"复选框，使 3 个视图中的视图边界完全隐藏，如图 11-102 所示。

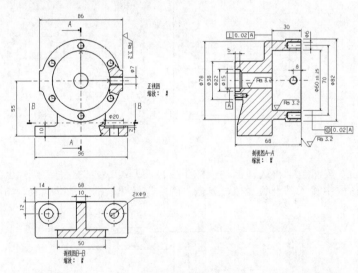

图 11-102

21 单击"文本"按钮 **T**，选择标题栏上方位置为标注文字的位置，弹出"文本编辑器"对话框，输入文字（可以通过选择字体输入汉字），单击"确定"按钮，完成文字添加，如图 11-103 所示。

图 11-103

22 单击"文本"按钮 **T**，完成文本输入，如图 11-104 所示。

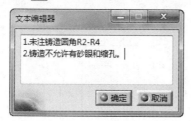

图 11-104

23 至此，完成了泵体工程图的设计，如图 11-105 所示。

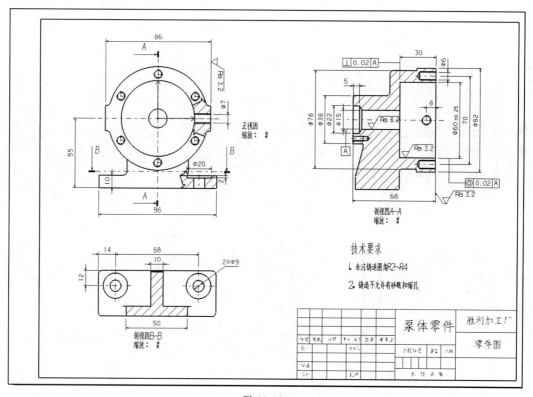

图 11-105

11.7 习题

习题一

使用工程图制图的相关命令，创建如图 11-106 所示的零件图。

绘制过程及内容如下。

（1）创建图纸模板。

（2）添加标题栏。

（3）创建正视图。

（4）创建剖视图。

（5）标注尺寸和其他注释。

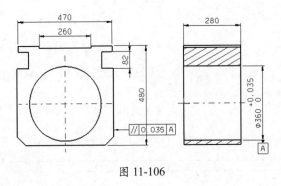

图 11-106

习题二

使用工程图制图相关命令，创建如图 11-107 所示的零件图。

绘制过程及内容如下。

（1）创建图纸模板。

（2）添加标题栏。

（3）创建正视图和剖视图。

（4）标注尺寸和其他注释。

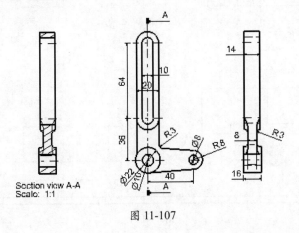

图 11-107

第 *12* 章 DMU 运动机构仿真

项目导读

在 CATIA 中，数字化样机（Digital Mock-Up，DMU）是对产品真实化的计算机模拟。数字化装配技术全面应用于产品开发全流程的方案设计、功能展示、设计定型和结构优化阶段的必要技术环节。本章将介绍 DMU 运动机构仿真模块的相关知识。

项目分解

知识点 1：DMU 运动机构仿真用户界面

知识点 2：创建接合

知识点 3：运动机构辅助工具

知识点 4：DMU 运动模拟与动画

12.1 DMU 运动机构仿真界面

CATIA 的数字样机提供了强大的可视化手段，除了虚拟现实和多种浏览功能，还集成了 DMU 漫游和截面透视等先进技术，具备各种功能性检测手段，如安装/拆除、机构运动、干涉检查、截面扫描等，还具有产品结构的配置和信息交流功能。

运动机构仿真是 DMU 的一个基础功能。运动机构仿真是指通过对机械运动机构进行分析，在三维环境中对机构模型添加运动约束，从而实现模型运动机构仿真。在 CATIA 运动机构仿真工作台中可以校验机构性能，通过干涉检查、间隙分析、传感器分析进行机构运动分析，通过生成运动零件的轨迹或扫掠体指导产品后期设计。

12.1.1 进入 DMU 运动机构仿真工作台

在菜单栏中执行"数字化装配"|"DMU 运动机构"命令，进入 DMU 运动机构仿真工作台。

CATIA 运动机构仿真工作台界面如图 12-1 所示。工作台界面中的运动机构仿真指令的应用及调用方法，与其他工作台完全相同，运动机构仿真的工具指令在图形区右侧的工具栏区域中。

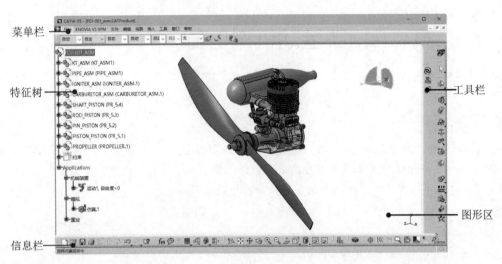

图 12-1

12.1.2 运动机构仿真结构树介绍

在运动机构仿真工作台中，运动机构仿真结构树是基于产品装配结构树来建立的，在产品装配结构树的底部出现了一个 Applications（应用程序）节点，即运动机构仿真的程序节点，如图 12-2 所示。

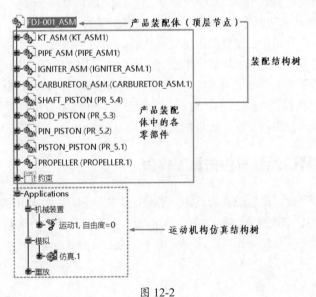

图 12-2

1. 机械装置

机械装置用于记录机械仿真运动，其中"机械装置 .1"为第一个运动机构。一个机械装置可以具有多个运动机构。在进行 DMU 运动机构仿真之前，需要建立运动机构仿真机械装置。

选择"插入"|"新机械装置"命令，系统在运动机构仿真结构树中自动生成"机械装置"节点，如图 12-3 所示。

2. 模拟

模拟节点记录了运动机构应用动力学进行仿真的信息，在模拟节点下双击"仿真 .1"子节点，可以通过打开的"运动模拟 - 机械装置 1"对话框进行手动模拟，也可以在"编辑模拟"对话框中播放动画模拟。

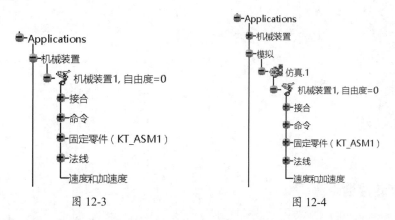

图 12-3   图 12-4

12.2 创建接合

CATIA 运动机构仿真工作台中的"接合"实际上是机构运动中的"连杆""运动副"和"电机驱动"定义的总称。也就是说，创建了运动接合，也就定义了运动连杆、运动副和和电机驱动。

在机构仿真中，可以认为机构是"连接在一起运动的连杆"的集合，是创建运动仿真的第一步。所谓"连杆"是指用户选择的模型几何体，必须选择所有的想让它运动的模型几何体。

为了组成一个能运动的机构，必须把两个相邻构件（包括机架、原动件、从动件）以一定方式联接起来，这种联接必须是可动联接，而不能是无相对运动的固接（如焊接或铆接），凡是使两个构件接触而又保持某些相对运动的可动联接即称为"运动副"。

CATIA 提供了多种运动接合工具，运动接合相关工具指令在"DMU 运动机构"工具栏中，也可以将接合指令的"运动接合点"工具栏单独拖曳出来，便于工具指令的调用，如图 12-5 所示。

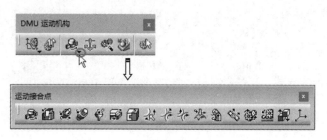

图 12-5

12.2.1 固定运动组件

在每个机构运动仿真时，总有一个零部件必须是固定的，机构运动是相对的，因此正确地指定机构的固定零件才能得到正确仿真的运动结果。

在"DMU 运动机构"工具栏中单击"固定零件"按钮，弹出"新固定零件"对话框。在图形区（或者运动机构仿真结构树）中选择要固定的零部件后，对话框则自动消失，可以在运动机构仿真结构树的"固定零件"节点下找到新增的固定零件子节点，如图 12-6 所示。

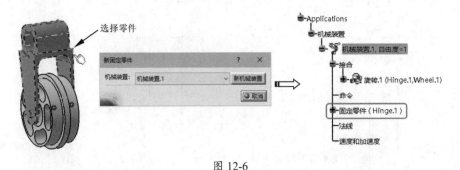

图 12-6

12.2.2　旋转接合

旋转接合也称"铰链式连接"或"旋转副"，可以实现两个连接件绕同一轴做相对的转动，如图 12-7 所示。旋转接合允许有一个绕 Z 轴转动的自由度，但两个连杆不能相互移动。旋转接合的原点可以位于 Z 轴的任何位置，旋转接合都能产生相同的运动，但推荐将旋转接合的原点放在模型的中间。创建旋转接合时需要指定两条相合轴线及两个轴向限制。

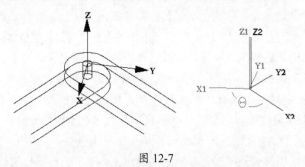

图 12-7

技术要点：

运动机构仿真工作台中的接合，实际上也是为零部件添加装配约束，但这个"装配约束"与装配工作台中的装配约束是不同的。添加装配工作台中的装配约束后，零部件的自由度是完全限制的，也就是不能相对产生运动（即缺少自由度的限制，也是不能运动的）。而添加运动机构仿真工作台中的装配约束（接合）后，是可以进行运动的。一般来讲，创建接合（只限制了4个自由度）后，还有两个自由度没有限制，因此可以做相应的运动。

动手操作——创建旋转接合的运动仿真

01 打开本例源文件 12-1.CATProduct，在菜单栏中执行"数字化装配"|"DMU 运动机构"命令，进入运动机构仿真设计工作台。打开的装配体结构树中，已经创建了机械装置节点，如图 12-8 所示。

图 12-8

02 单击"旋转接合"按钮，弹出"创建接合：旋转"对话框，如图 12-9 所示。

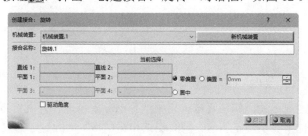

图 12-9

03 旋转接合需要两组约束进行配对——直线（轴）与直线（轴）、平面与平面。在图形区分别
选择两个装配零部件的轴线和平面进行约束配对，如图 12-10 所示。

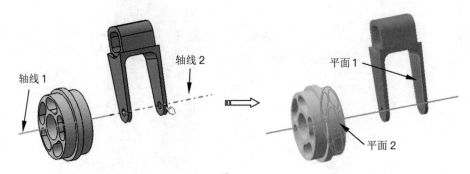

图 12-10

04 选中"偏置"单选按钮，在"偏置"文本框中输入 2mm（表示轮子与轮架之间需要有 2mm 的间隙），
如图 12-11 所示。

图 12-11

05 单击"确定"按钮，完成旋转接合的创建。在机构仿真结构树的"接合"节点下增加了"旋转.1"，在"约束"节点下增加了"相合.1"和"偏置.2"两个约束，如图 12-12 所示。

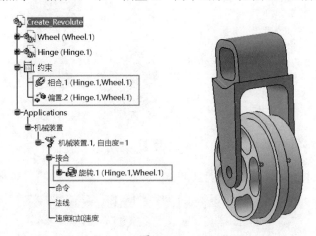

图 12-12

06 设置固定零件。在"DMU 运动机构"工具栏中单击"固定零件"按钮，弹出"新固定零件"对话框。在图形区或运动机构仿真结构树中选择 Hinge 零部件为固定零件，创建固定零件后会在图形区中该零部件上显示固定符号，同时在结构树中增加"固定"约束和"固定零件"节点，如图 12-13 所示。

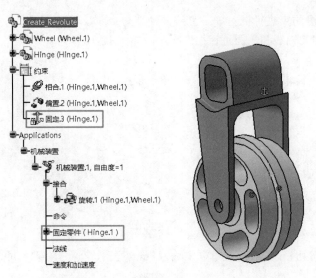

图 12-13

07 添加电机驱动。在运动机构仿真结构树中双击"接合"节点下的"旋转.1"子节点，弹出"编辑接合：旋转.1（旋转）"对话框。选中"驱动角度"复选框，在图形区将显示电机驱动的旋转方向箭头，如图 12-14 所示。

提示：

如果图中的旋转方向与所需旋转方向相反，可以单击箭头更改运动方向。

双击"旋转.1"子节点

旋转箭头

图 12-14

08 单击"确定"按钮，弹出"信息"对话框。提示可以模拟机械装置了，单击"确定"按钮完成，此时运动机构仿真结构树中"自由度=0"，并在"命令"节点下增加"命令.1"，如图 12-15 所示。

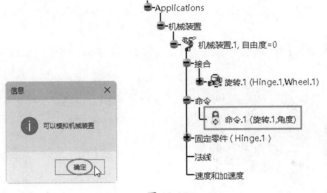

图 12-15

09 运动模拟。在"DMU 运动机构"工具栏中单击"使用命令进行模拟"按钮，弹出"运动模拟-机械装置.1"对话框。单击"更多"按钮，展开更多模拟选项。选中"按需要"单选按钮，设置步骤数后单击"向前播放"按钮▶，自动播放旋转运动动画，如图 12-16 所示。

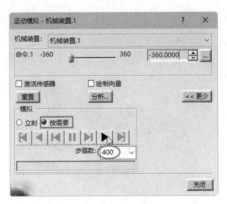

图 12-16

12.2.3 棱形接合

棱形接合也称"滑动副"，是两个相连杆件互相接触并保持相对滑动，如图 12-17 所示。滑动副允许沿 Z 轴方向移动，但两个连杆不能相互转动。滑动副的原点可以位于 Z 轴的任何位置，滑动副都能产生相同的运动，但推荐将滑动副的原点放在模型的中间。

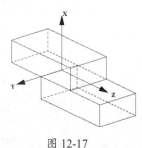

图 12-17

动手操作——创建棱形接合的运动仿真

01 打开本例源文件 12-2.CATProduct。在菜单栏中执行"数字化装配"|"DMU 运动机构"命令，进入运动机构仿真设计工作台。

02 在菜单栏中执行"插入"|"新机械装置"命令，在机构仿真结构树中创建机械装置节点，如图 12-18 所示。

03 单击"棱形接合"按钮，弹出"创建接合：棱形"对话框，如图 12-19 所示。

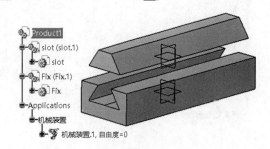

图 12-18

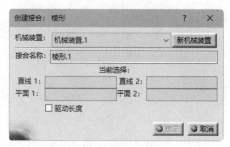

图 12-19

04 棱形接合也需要两个约束进行配对——直线（轴）与直线（轴）、平面与平面。在图形区分别选择两个装配零部件的模型边线和平面进行约束配对，如图 12-20 所示。

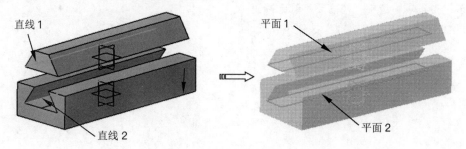

图 12-20

05 单击"确定"按钮，完成棱形接合的创建。在机构仿真结构树的"接合"节点下增加了"棱形.1"，在"约束"节点下增加了"相合.1"和"相合.2"两个约束，如图 12-21 所示。

06 设置固定零件。在"DMU 运动机构"工具栏中单击"固定零件"按钮，弹出"新固定零件"对话框。在图形区或运动机构仿真结构树中选择 Fix 零部件为固定零件，如图 12-22 所示。

07 添加运动副的线性位移运动驱动。在运动机构仿真结构树中双击"接合"节点下的"棱形.1"子节点，弹出"编辑接合：棱形.1（棱形）"对话框。选中"驱动长度"复选框，在图形区将显示线性运动的方向箭头，如图 12-23 所示。

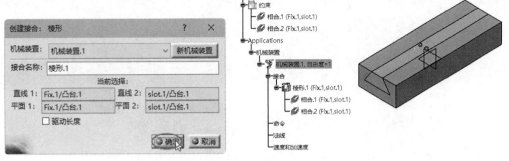

图 12-21

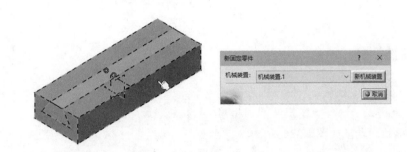

图 12-22

图 12-23

08 单击"确定"按钮，弹出"信息"对话框。提示可以模拟机械装置了，单击"确定"按钮完成，此时运动机构仿真结构树中"自由度 =0"，并在"命令"节点下增加"命令 .1"，如图 12-24 所示。

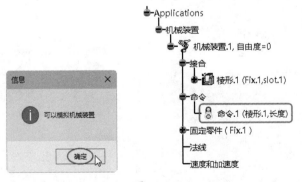

图 12-24

09 运动模拟。在"DMU 运动机构"工具栏中单击"使用命令进行模拟"按钮 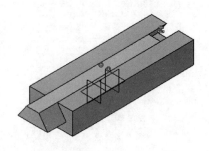，弹出"运动模拟 - 机械装置 .1"对话框，拖动滑块，可观察产品的直线运动，如图 12-25 所示。

图 12-25

12.2.4 圆柱接合

圆柱接合也称"柱面副"，柱面副连接实现了一个部件绕另一个部件（或机架）的相对转动，如钻床摇臂运动，如图 12-26 所示。

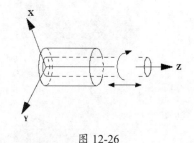

图 12-26

动手操作——创建圆柱接合的运动仿真

01 打开本例源文件 12-3.CATProduct，在菜单栏中执行"数字化装配"|"DMU 运动机构"命令，进入运动机构仿真设计工作台。

02 在菜单栏中执行"插入"|"新机械装置"命令，在机构仿真结构树中创建机械装置节点，如图 12-27 所示。

03 单击"圆柱接合"按钮 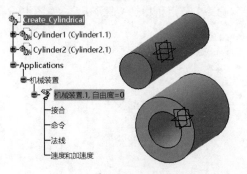，弹出"创建接合：圆柱面"对话框，如图 12-28 所示。

图 12-27

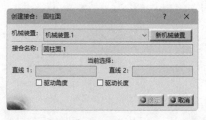

图 12-28

04 在图形区分别选择两个装配零部件的轴线进行约束配对，然后在"创建接合：圆柱面"对话框中选中"驱动角度"与"驱动长度"复选框，单击"确定"按钮，完成圆柱接合的创建，如图 12-29 所示。

提示：

可以在"创建接合：圆柱面"对话框中选中"驱动长度"复选框，也就是添加运动驱动，还可以在编辑接合时添加，其结果都相同。

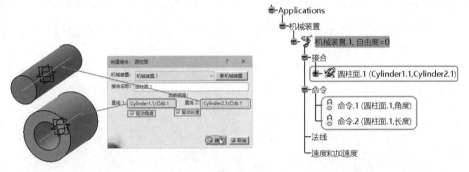

图 12-29

05 设置固定零件。在"DMU 运动机构"工具栏中单击"固定零件"按钮 ⚓，弹出"新固定零件"对话框。在图形区或运动机构仿真结构树中选择 Cylinder2 零部件为固定零件，如图 12-30 所示。

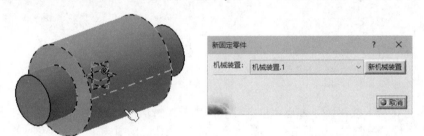

图 12-30

06 运动模拟。在"DMU 运动机构"工具栏中单击"使用命令进行模拟"按钮 🎛，弹出"运动模拟 - 机械装置 .1"对话框，有旋转运动与线性运动可以模拟，如图 12-31 所示。

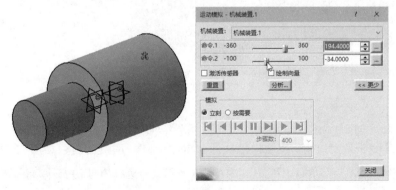

图 12-31

12.2.5　螺钉接合

螺钉接合也称"螺旋副"，螺旋副实现一个杆件绕另一个杆件（或机架）做相对的螺旋运动，如图 12-32 所示。螺旋副用于模拟螺母在螺栓上的运动，通过设置螺旋副比率可以实现螺旋副旋转一周，第二个连杆相对于第一个连杆沿 Z 轴所运动的距离。

动手操作——创建螺钉接合的运动仿真

01 打开本例源文件 12-4.CATProduct。在菜单栏中执行"数字化装配"|"DMU 运动机构"命令，进入运动机构仿真设计工作台。

02 在菜单栏中执行"插入"|"新机械装置"命令，在机构仿真结构树中创建机械装置节点，如图 12-33 所示。

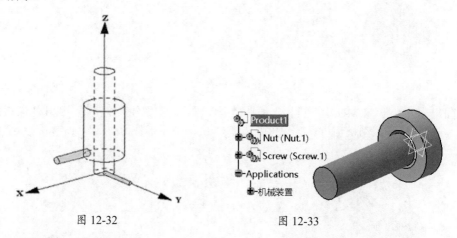

图 12-32　　　　　　　　　　　　　　　　图 12-33

03 单击"螺钉接合"按钮，弹出"创建接合：螺钉"对话框。在图形区分别选择两个装配零部件的轴线进行约束配对，然后在"创建接合：螺钉"对话框中选中"驱动角度"复选框，并设置"螺距"值为4，单击"确定"按钮，完成螺钉接合的创建，如图 12-34 所示。

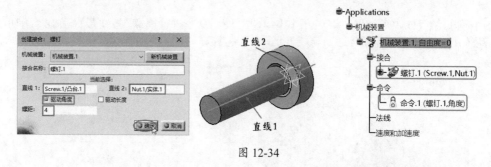

图 12-34

04 设置固定零件。在"DMU 运动机构"工具栏中单击"固定零件"按钮，弹出"新固定零件"对话框。在图形区或运动机构仿真结构树中选择 Nut 零部件为固定零件，如图 12-35 所示。

05 运动模拟。在"DMU 运动机构"工具栏中单击"使用命令进行模拟"按钮，弹出"运动模拟-机械装置 .1"对话框，拖动滑块可以模拟螺钉旋进螺母的动画，如图 12-36 所示。

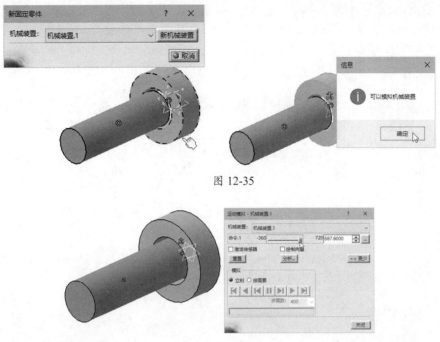

图 12-35

图 12-36

12.2.6 球面接合

球面接合也称"球面副",是指两个构件之间仅被一个公共点或一个公共球面约束的多自由度运动副。球面副可实现多方向的摆动与转动,又称为球铰,如球形万向节。创建时需要指定两个相合的点,对于高仿真模型来讲,即两零部件上相互配合的球孔与球头的球心。球面副实现一个杆件绕另一个杆件(或机架)做相对转动,只有一种形式——必须两个连杆相连,如图12-37所示。

动手操作——创建球面接合

01 打开本例源文件 12-5.CATProduct。在菜单栏中执行"数字化装配"|"DMU 运动机构"命令,进入运动机构仿真设计工作台。

02 在菜单栏中执行"插入"|"新机械装置"命令,在机构仿真结构树中创建机械装置节点,如图 12-38 所示。

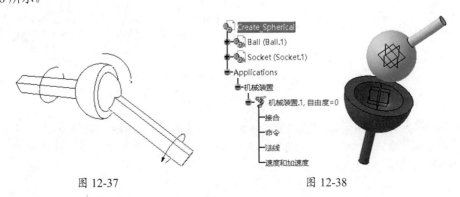

图 12-37   图 12-38

03 单击"球面接合"按钮👊，弹出"创建接合：球面"对话框。在图形区分别选择两个装配零部件的球面（选择球面即可自动选择球心点）进行约束配对，单击"确定"按钮，完成球面接合的创建，如图 12-39 所示。

图 12-39

04 此时，在运动仿真结构树中显示"自由度 =3"，表示目前此机械装置还不能被完全约束，因此需要创建其他类型接合并添加驱动命令，才能模拟球面副运动。

12.2.7 平面接合

平面接合也称"平面副"。平面副允许 3 个自由度，两个连杆在相互接触的平面上自由滑动，并可绕平面的法向做自由转动。平面副的原点可以位于三维空间的任何位置，平面副都能产生相同的运动，但推荐将平面副的原点放在平面副接触面中间。平面副可以实现两个杆件之间以平面相接触运动，如图 12-40 所示。

动手操作——创建平面接合

01 打开本例源文件 12-6.CATProduct，在菜单栏中执行"数字化装配"|"DMU 运动机构"命令，进入运动机构仿真设计工作台。

02 在菜单栏中执行"插入"|"新机械装置"命令，在机构仿真结构树中创建机械装置节点，如图 12-41 所示。

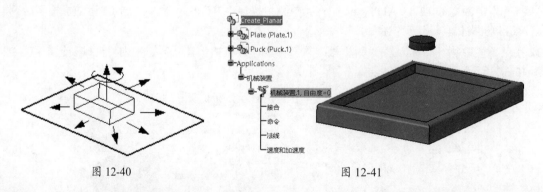

图 12-40

图 12-41

03 单击"平面接合"按钮🖨，弹出"创建接合：平面"对话框。在图形区分别选择两个装配零部件中需要平面接触的两个平面表面进行约束配对，单击"确定"按钮，完成平面接合的创建，如图 12-42 所示。

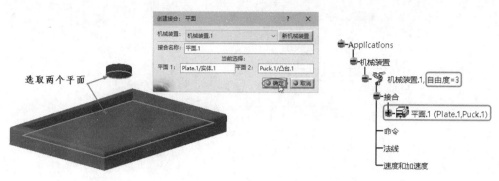

图 12-42

04 同样，在运动仿真结构树中显示"自由度 =3"，表示目前平面副的机械装置也是需要添加其他接合的驱动命令，才能模拟运动。

12.2.8 刚性接合

刚性接合是指两个零部件在初始位置不变的情况下进行刚性连接，刚性连接的零部件不再具有运动趋势，彼此之间完全固定，"刚性接合"命令不提供驱动命令。

动手操作——创建刚性接合

01 打开本例源文件 12-7.CATProduct，在菜单栏中执行"数字化装配"|"DMU 运动机构"命令，进入运动机构仿真设计工作台。

02 在菜单栏中执行"插入"|"新机械装置"命令，在机构仿真结构树中创建机械装置节点，如图 12-43 所示。

03 在"DMU 运动机构"工具栏中单击"刚性接合"按钮![icon]，弹出"创建接合：刚性"对话框。在图形区选择零件 1 和零件 2 刚性接合的对象，最后单击"确定"按钮，完成刚性接合的创建，如图 12-44 所示。

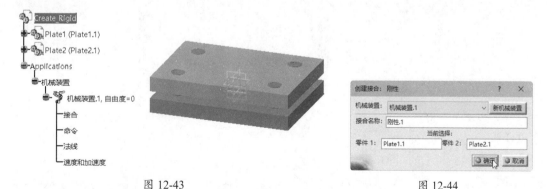

图 12-43　　　　　　　　　　　　　　　　　图 12-44

04 在"接合"节点下增加"刚性 .1"，在"约束"节点下增加"固联 .1"，而且显示"自由度 =0"，说明创建刚性接合的两个零部件实现了完全固定，如图 12-45 所示。

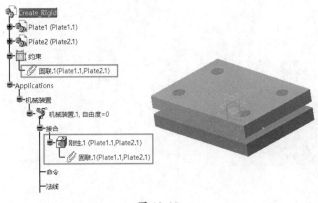

图 12-45

12.2.9 点、线及面的运动接合

在 CATIA 中提供了基于点、曲线及曲面驱动的运动副，具体介绍如下。

1. 点曲线接合

点曲线接合是指两个零部件通过以点和曲线的接合方式来创建曲线运动副。创建时需要指定一个零部件中的曲线（直线、曲线或草图均可）和另外一个零部件中的点。

动手操作——创建点曲线接合

01 打开本例源文件 12-8.CATProduct。

02 在菜单栏中执行"插入"|"新机械装置"命令，在机构仿真结构树中创建机械装置节点，如图 12-46 所示。

03 在"DMU 运动机构"工具栏中单击"点曲线接合"按钮 ，弹出"创建接合：点曲线"对话框，在图形区选中曲线 1 和点 1（笔尖），如图 12-47 所示。

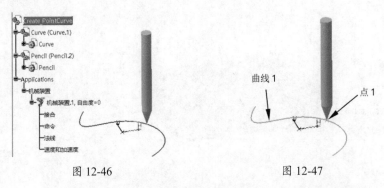

图 12-46   图 12-47

04 在对话框中选中"驱动长度"复选框，单击"确定"按钮，完成点曲线接合创建，如图 12-48 所示。

提示：

在运动机构仿真结构树中显示"自由度=3"，而其本身只有一个"驱动长度"指令，故点曲线接合不能单独驱动，只能配合其他接合来建立运动机构。

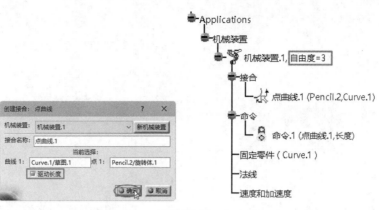

图 12-48

2. 滑动曲线接合

滑动曲线接合是指两个零部件通过一组相切曲线来实现相互滑动运动，这一组相切曲线必须分别属于两个零部件，相切的两曲线可以是直线与直线，也可以是直线与曲线。

滑动曲线接合不能独立模拟运动，需要与其他接合配合使用。

动手操作——创建滑动曲线接合的运动仿真

01 打开本例源文件12-9.CATProduct，文件中已经创建了机械装置，并创建了旋转接合与棱形接合，如图 12-49 所示。

02 在"DMU 运动机构"工具栏中单击"滑动曲线接合"按钮 ，弹出"创建接合：滑动曲线"对话框。在图形区分别选中圆弧曲线和直线，单击"确定"按钮，完成滑动曲线接合创建，如图 12-50 所示。

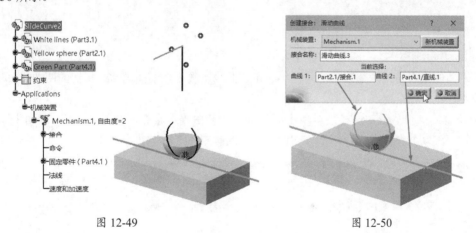

图 12-49   图 12-50

03 施加驱动命令。在运动机构仿真结构树的"接合"节点下双击"旋转 .1"子节点，弹出"编辑接合：旋转 .1（旋转）"对话框，选中"驱动角度"复选框，在图形区显示旋转驱动方向箭头，如图 12-51 所示。

提示：

如果驱动方向与预设的旋转方向相反，可以单击箭头更改运动方向。

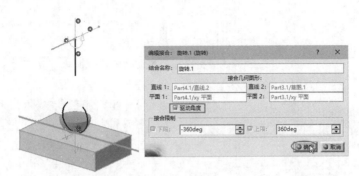

图 12-51

04 单击"确定"按钮，弹出"信息"对话框，提示可以模拟机械装置。单击"确定"按钮，完成驱动命令的添加，如图 12-52 所示。

05 此时运动机构仿真结构树中"自由度 =0"，并在"命令"节点下增加"命令 .1"。

06 运动模拟。单击"使用命令进行模拟"按钮，弹出"运动模拟 -Mechanism.1"对话框，拖动滑块模拟滑动运动，如图 12-53 所示。

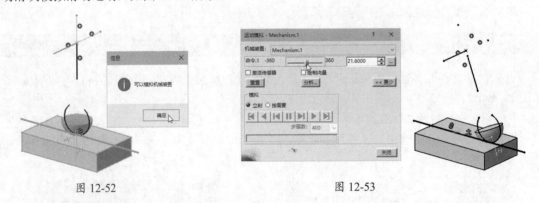

图 12-52   图 12-53

3. 滚动曲线接合

滚动曲线接合是指两个零部件通过一组相切曲线实现相互滚动运动。相切的两曲线可以是直线与曲线，也可以是曲线与曲线。

滚动曲线接合与滑动曲线接合所不同的是，滑动曲线接合的两个零部件中，一个固定另一个滑动。而滚动曲线接合中，两个零部件均可以同时相互滚动运动。

动手操作——创建滚动曲线接合的运动仿真

01 打开本例源文件 12-10.CATProduct，文件中已经创建了机械装置，并创建了旋转接合，如图 12-54 所示。

02 单击"滚动曲线接合"按钮，弹出"创建接合：滚动曲线"对话框。在图形区分别选中轴承外圈上的圆曲线和滚子上的圆曲线，选中"驱动长度"复选框，单击"确定"按钮，完成第一个滚动曲线接合的创建，如图 12-55 所示。

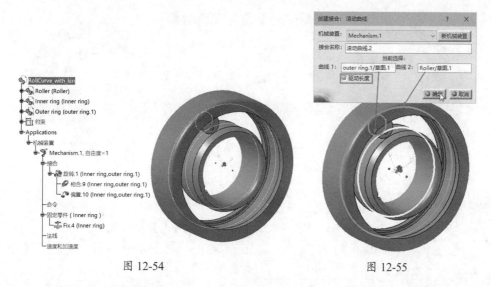

图 12-54　　　　　　　　　　　　　　图 12-55

03 单击"滚动曲线接合"按钮，弹出"创建接合：滚动曲线"对话框。在图形区分别选中滚子上的圆曲线和轴承内圈上的圆曲线，单击"确定"按钮，完成第二个滚动曲线接合的创建，如图 12-56 所示。

提示：

在第二个接合中，不能选中"驱动长度"复选框，也就是不能添加滚动驱动，因为内圈已经被固定，与滚子之间不能形成滚动运动。

04 此时运动机构仿真结构树中"自由度 =0"，并在"命令"节点下增加"命令 .1"，此驱动命令是创建第一次滚动曲线接合时所自动创建的命令，如图 12-57 所示。

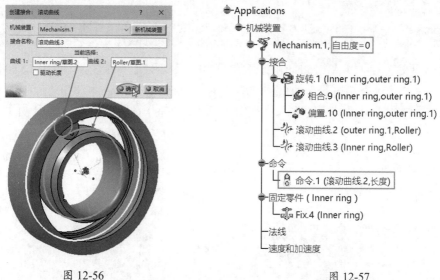

图 12-56　　　　　　　　　　　　　　图 12-57

05 运动模拟。单击"使用命令进行模拟"按钮，弹出"运动模拟 -Mechanism.1"对话框，拖动滑块模拟滚动运动，如图 12-58 所示。

图 12-58

技术要点：

如果觉得驱动长度的距离不够，可以在"运动模拟-Mechanism.1"对话框的驱动长度文本框的后面单击 按钮，随后在弹出的"滑块：命令.1"对话框中设置"最大值"即可，如图12-59所示。

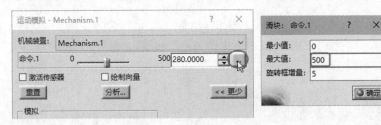

图 12-59

4. 点曲面接合

点曲面接合可以使一个点在曲面上随着曲面的形状做自由运动，点和曲面必须分属于两个零部件。

动手操作——创建点曲面接合

01 打开本例源文件 12-11.CATProduct，打开的文件中已经创建了机械装置，如图 12-60 所示。

02 单击"点曲面接合"按钮 ，弹出"创建接合：点曲面"对话框。在图形区中依次选择曲面模型和点（笔尖上的点），单击"确定"按钮，完成点曲面接合创建，如图 12-61 所示。

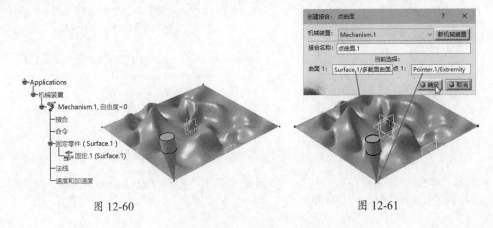

图 12-60　　　　　　　　　　　　　　　　　图 12-61

03 在"接合"节点下增加"点曲面.1",如图 12-62 所示。由于在运动机构仿真结构树中显示"自由度 =5",故点曲面接合不能单独模拟,只能配合其他运动接合来建立能够模拟的运动机构。

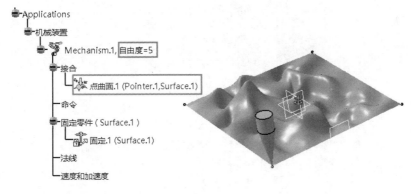

图 12-62

12.2.10 通用接合

通用接合用于不以传动过程为重点的运动机构创建过程中的简化结构,以此减少操作过程。通用接合可以传递旋转运动(旋转接合也能传递旋转,但要求两个零部件的轴线必须在同轴上),但通用接合没有轴线必须在同轴的限制,能够向其他方向传递。

动手操作——创建通用接合的运动仿真

01 打开本例源文件 12-12.CATProduct,打开的文件中已经创建了机械装置、两个接合及固定零件,如图 12-63 所示。

02 单击"通用接合"按钮 ,弹出"创建接合:U 形接合"对话框,在图形区中依次选择两个轴零件上的轴线,如图 12-64 所示。

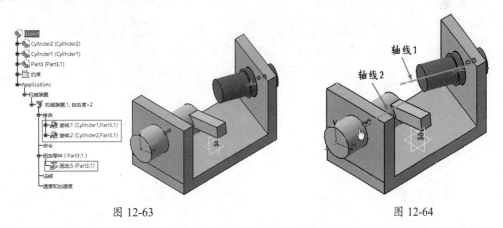

图 12-63   图 12-64

03 在对话框中选中"垂直于旋转 2"单选按钮,单击"确定"按钮完成通用接合的创建,如图 12-65 所示。

图 12-65

04 添加驱动命令。在运动机构仿真结构树中双击"旋转.2"节点，显示"编辑接合：旋转.2（旋转）"对话框，选中"驱动角度"复选框，单击"确定"按钮，再弹出"信息"对话框，最后单击"确定"按钮，完成驱动命令的添加，如图 12-66 所示。

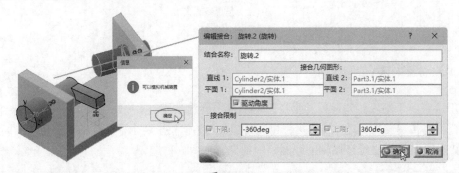

图 12-66

05 此时运动机构仿真结构树中显示"自由度 =0"，并在"命令"节点下增加"命令.1"。

06 单击"使用命令进行模拟"按钮，弹出"运动模拟 - 机械装置.1"对话框。拖动滑块模拟旋转运动，如图 12-67 所示。

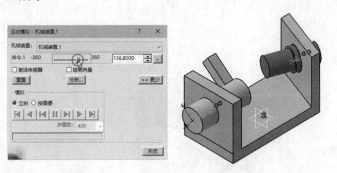

图 12-67

12.2.11 CV 接合

CV 接合是创建同步关联与 3 个部件中的轴线相交的旋转运动副。

动手操作——创建 CV 接合的运动仿真

01 打开本例源文件 12-13.CATProduct，打开的文件中已经创建了机械装置、3 个接合及固定零件，如图 12-68 所示。

02 单击"CV 接合"按钮 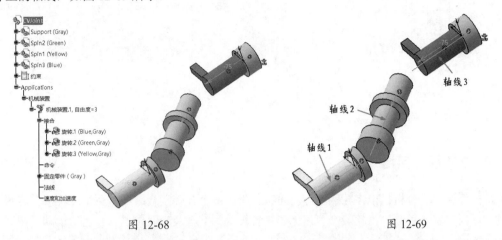，弹出"创建接合：CV 接合"对话框，在图形区中依次选择 3 个轴零件上的轴线，如图 12-69 所示。

图 12-68   图 12-69

03 在该对话框中单击"确定"按钮完成 CV 接合的创建，如图 12-70 所示。

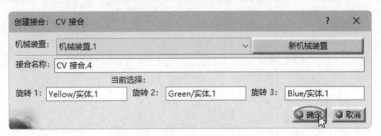

图 12-70

04 添加驱动命令。在运动机构仿真结构树中双击"旋转.1"节点，显示"编辑接合：旋转.1（旋转）"对话框，选中"驱动角度"复选框，单击"确定"按钮，再弹出"信息"对话框，最后单击"确定"按钮，完成驱动命令的添加，如图 12-71 所示。

图 12-71

05 此时运动机构仿真结构树中显示"自由度 =0"，并在"命令"节点下增加"命令.1"，如图 12-72 所示。

06 单击"使用命令进行模拟"按钮 ，弹出"运动模拟 - 机械装置.1"对话框。拖动滑块可模拟出第一个零部件与第三个零部件的同步旋转运动，如图 12-73 所示。

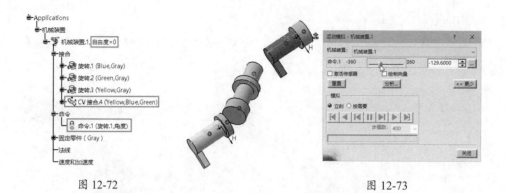

图 12-72   图 12-73

12.2.12 齿轮接合

齿轮接合用于分析模拟齿轮运动。齿轮接合是由两个旋转接合组成，两个旋转接合需要用一定的比率对其进行关联。齿轮接合可以创建平行轴、相交轴及交叉轴的各种齿轮运动机构。

动手操作——创建齿轮接合的运动仿真

01 打开本例源文件 12-14.CATProduct，打开的文件中已经创建了机械装置、两个旋转接合及固定零件，如图 12-74 所示。

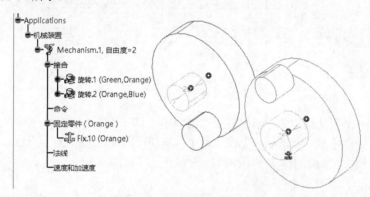

图 12-74

02 单击"齿轮接合"按钮，弹出"创建接合：齿轮"对话框。在运动仿真结构树中依次选择两个旋转接合作为齿轮接合关联部件，选中"相反"单选按钮，选中"旋转接合 1 的驱动角度"复选框，最后单击"确定"按钮完成齿轮接合的创建，如图 12-75 所示。

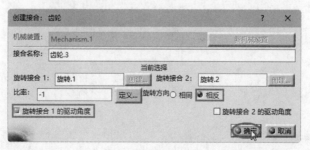

图 12-75

03 随后弹出"信息"对话框，提示"可以模拟机械装置"，最后单击"确定"按钮，完成驱动命令的添加，如图 12-76 所示。

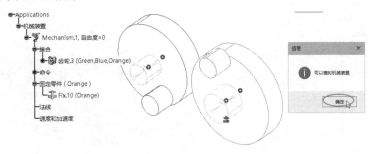

图 12-76

04 此时运动机构仿真结构树中显示"自由度 =0"，并在"命令"节点下增加"命令 .1"。

05 单击"使用命令进行模拟"按钮，弹出"运动模拟 -Mechanism.1"对话框，拖动滑块可模拟出第一个零部件与第三个零部件的同步旋转运动，如图 12-77 所示。

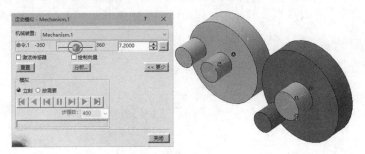

图 12-77

12.2.13　架子接合（齿轮齿条接合）

　　架子接合（齿轮齿条接合）用于将一个旋转接合和一个棱形接合以一定的比率进行关联。创建时需要指定一个旋转接合和棱形接合。

动手操作——创建架子接合的运动仿真

01 打开本例源文件 12-15.CATProduct，打开的文件中已经创建了机械装置、3 个接合及固定零件，如图 12-78 所示。

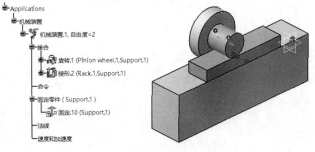

图 12-78

02 单击"架子接合"按钮 <img_1 />，弹出"创建接合：架子"对话框。在机构仿真结构树中依次选择棱形接合与旋转接合作为架子接合的关联部件，如图 12-79 所示。

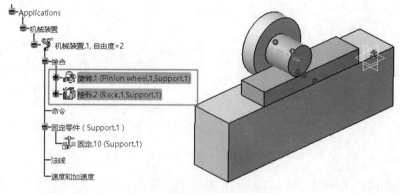

图 12-79

03 单击"定义"按钮，弹出"定义齿条比率"对话框。在图形区中选择齿轮模型的圆柱边，系统自动采集齿轮模型的半径值信息并计算出相应的齿条比率，单击"确定"按钮，如图 12-80 所示。

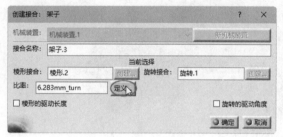

图 12-80

04 在"创建接合：架子"对话框中选中"棱形的驱动长度"复选框，最后单击"确定"按钮，随后弹出"信息"对话框，提示"可以模拟机械装置"，单击"确定"按钮，完成架子接合的创建和驱动命令的添加，如图 12-81 所示。

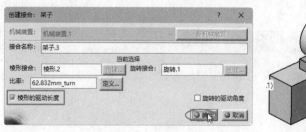

图 12-81

05 此时运动机构仿真结构树中显示"自由度 =0"，并在"命令"节点下增加"命令 .1"。

06 单击"使用命令进行模拟"按钮 ，弹出"运动模拟 - 机械装置 .1"对话框。拖动滑块可模拟出齿轮与齿条的机构运动，如图 12-82 所示。

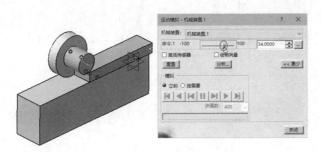

图 12-82

12.2.14 电缆接合

电缆接合以虚拟的形式将两个滑动接合进行连接,使两者之间的运动具有关联性(类似滑轮运动)。当其中一个滑动接合移动时,另一个滑动接合可以根据某种比例往特定方向同步运动,创建时需要指定两个棱形运动副。

动手操作——创建电缆接合的运动仿真

01 打开本例源文件 12-16.CATProduct,打开的文件中已经创建了机械装置、两个棱形接合与固定零件,如图 12-83 所示。

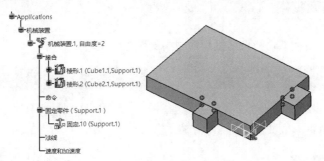

图 12-83

02 单击"电缆接合"按钮,弹出"创建接合:电缆"对话框。在机构仿真结构树中依次选择棱形接合与旋转接合作为电缆接合的关联部件。

03 在"创建接合:电缆"对话框中选中"棱形 1 的驱动长度"复选框,最后单击"确定"按钮,弹出"信息"对话框,提示"可以模拟机械装置",再单击"确定"按钮,完成电缆接合的创建和驱动命令的添加,如图 12-84 所示。

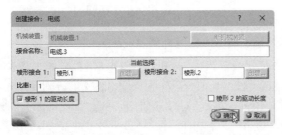
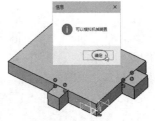

图 12-84

04 此时运动机构仿真结构树中显示"自由度 =0"，并在"命令"节点下增加"命令 .1"。

05 单击"使用命令进行模拟"按钮🔲，弹出"运动模拟 - 机械装置 .1"对话框。拖动滑块模拟电缆接合机构的运动，如图 12-85 所示。

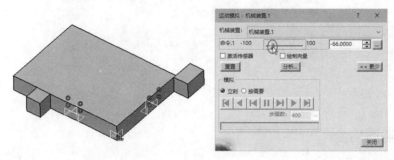

图 12-85

12.3 运动机构辅助工具

利用机构运动的辅助工具可以实现机构中装配约束的转换、速度和加速度的计算、分析机械装置的相关信息等。

12.3.1 装配约束转换

利用"装配约束转换"功能可将机构模型中的装配约束转换为机构仿真的运动接合。

动手操作——创建装配约束转换

01 打开本例源文件 12-17.CATProduct，系统自动进入运动机构仿真设计工作台，装配约束在装配结构树"约束"节点中可见，如图 12-86 所示。

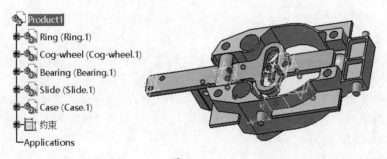

图 12-86

02 在菜单栏中执行"插入"|"新机械装置"命令，创建机械装置。

03 在"DMU 运动机构"工具栏中单击"装配约束转换"按钮🔲，弹出"转配件约束转换"对话框。

04 该对话框总显示"未解的对"值为 5/5，表示当前可以转换的配对约束有 5 对。单击"更多"按钮，展开更多选项。在图形区的装配体中高亮显示的是当前的第一对（配对约束）装配零部件，如图 12-87 所示。

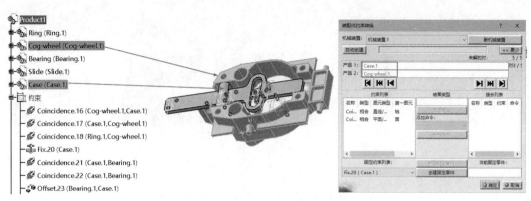

图 12-87

05 单击"前进"按钮 ▶│，可以继续查看其余可转换接合的配对零部件。在约束列表中选中两个零部件，再单击"创建接合"按钮即可将装配约束自动转换为运动接合。当然，如果系统提供的配对信息无误，可以直接单击"自动创建"按钮，可以一次性完成 5 对装配约束的自动转换，如图 12-88 所示。

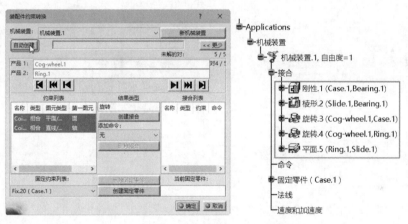

图 12-88

06 单击"转配件约束转换"对话框的"确定"按钮，完成装配约束的转换。

12.3.2　测量速度和加速度

"速度和加速度"工具用于测量机构中某一点相对于参考零部件的速度和加速度。为了验证仿真机构的运动规律，改善机构设计方案，仿真时测量速度和加速度是非常有必要的。在CATIA 中，线性速度和加速度的计算是基于参考机构的一个点来测定的，而角速度和角加速度则是基于机构本身的点来测定的。

动手操作——测量速度和加速度

01 打开本例源文件 12-18.CATProduct，在运动机构仿真结构树中已经创建了相关的机械装置、运动接合、驱动命令等，如图 12-89 所示。

图 12-89

02 在"DMU 运动机构"工具栏中单击"速度和加速度"按钮，弹出"速度和加速度"对话框，"参考产品"选项与"点选择"选项无选择，如图 12-90 所示。

03 激活"参考产品"文本框，在图形区中选择 Main_Frame（主框架）零部件，激活"点选择"文本框后再选择Eccentric_Shaft(偏心轴)零部件上的参考点(也可以在装配结构树中选择"点.1")，如图 12-91 所示。

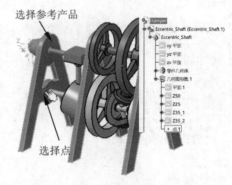

选择参考产品

选择点

图 12-90　　　　　　　　　　　　　图 12-91

04 保留其余选项默认设置，单击"确定"按钮，在运动机构仿真结构树的"速度和加速度"节点下增加"速度和加速度.1"，如图 12-92 所示。

05 在"模拟"工具栏中单击"使用法则曲线进行模拟"按钮，弹出"运动模拟 -Mechanism.1"对话框。选中"激活传感器"复选框，如图 12-93 所示。

图 12-92　　　　　　　　　　　　　图 12-93

06 随后弹出"传感器"对话框，在"选择集"选项卡中仅选中"速度和加速度.1\X_点.1""速

度和加速度 .1\Y_ 点 .1" "速度和加速度 .1\Z_ 点 .1" 3 个传感器进行观察，如图 12-94 所示。

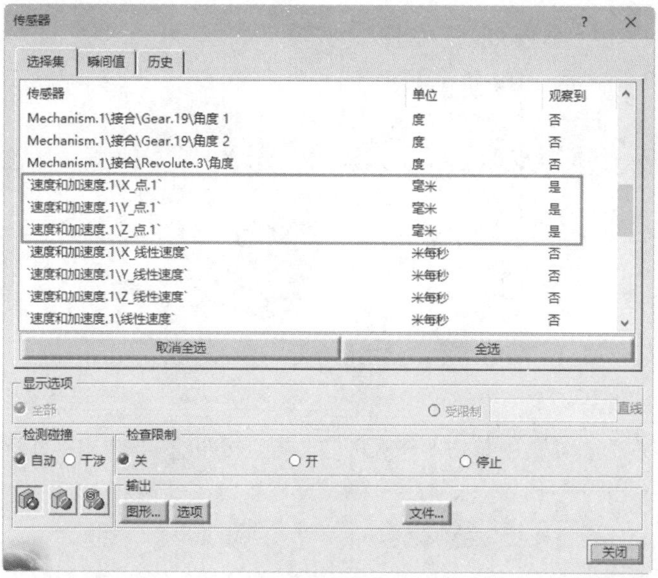

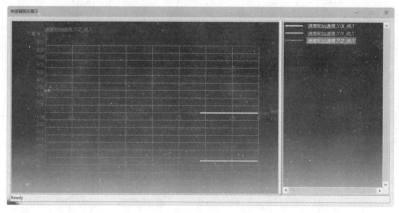

图 12-94

07 在"运动模拟 -Mechanism.1"对话框中单击"向前播放"按钮▶，然后在"传感器"对话框中单击"图形"按钮，弹出"传感器图形展示"对话框，显示以时间为横坐标的参考点运动规律曲线，如图 12-95 所示。

图 12-95

08 模拟完成后，关闭"传感器图形显示"对话框、"传感器"对话框和"运动模拟 -Mechanism.1"对话框。

12.3.3 分析机械装置

"分析机械装置"用于分析机构的可行性，包括运动副和零件自由度、运动接合的可视化、法则曲线等。

动手操作——分析机械装置

01 打开本例源文件 12-19.CATProduct，如图 12-96 所示。

图 12-96

02 在"DMU 运动机构"工具栏中单击"分析机械装置"按钮 ，弹出"分析机械装置"对话框，如图 12-97 所示。

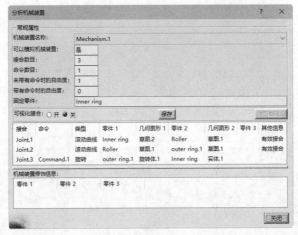

图 12-97

03 在"分析机械装置"对话框的"可视化接合"选项区中选中"开"单选按钮，再选择 Joint.3 接合，可以查看该接合的装配约束转换信息，如图 12-98 所示。

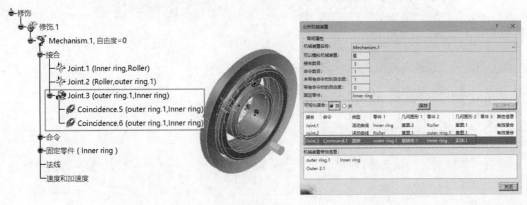

图 12-98

12.4 DMU 运动模拟与动画

在 DMU 运动机构工作台中提供了两种运动模拟方式——使用命令进行模拟和使用法则曲线进行模拟。在前面的运动接合的应用案例中，均细致地介绍了这两种模拟方式的操作方法，这里不再赘述。完成了机构运动模拟，还可以实现机构运动的仿真动画制作。

DMU 运动动画相关命令集中在"DMU 一般动画"工具栏中，如图 12-99 所示。下面介绍常用的"模拟"工具和"编译模拟"工具。

图 12-99

12.4.1 模拟

"模拟"可以分别实现"使用命令模拟"和"使用法则曲线模拟"。

动手操作——动画模拟

01 打开本例源文件 12-20.CATProduct，如图 12-100 所示。

02 在"DMU 一般动画"工具栏中单击"模拟"按钮，弹出"选择"对话框，选择 Mechanism.1 作为要模拟的机械装置，单击"确定"按钮，如图 12-101 所示。

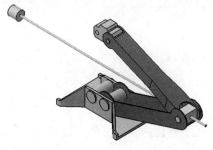

图 12-100

图 12-101

03 弹出"运动模拟 -Mechanism.1"对话框和"编辑模拟"对话框，如图 12-102 所示。

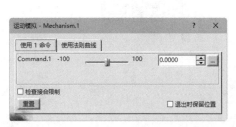

图 12-102

提示：

"运动模拟-Mechanism.1"对话框提供了"使用命令"和"使用法则曲线"两种方式，与单独使用命令和使用法则曲线相同。不同之处在于，使用命令中增加"退出时保留位置"复选框，可选择在关闭对话框时将机构保持在模拟停止时的位置；使用法则曲线有"法则曲线"按钮，单击该按钮可以显示驱动命令运动函数曲线。

04 在"编辑模拟"对话框选中"自动插入"复选框，即在模拟过程中将自动记录运动图片。

05 在"运动模拟-Mechanism.1"对话框的"使用法则曲线"选项卡中，单击"向前播放"按钮▶和"向后播放"按钮◀可进行机构运动模拟，如图 12-103 所示。

06 如果在"编辑模拟"对话框中单击"更改循环模式"按钮 ⤴ ，可以播放循环动画。

图 12-103

07 最后关闭对话框，完成机构动画模拟，并在 Applications 节点下生成"模拟.1"子节点。

12.4.2　编译模拟

"编译模拟"是将已有的运动模拟重新播放后生成单独的视频文件，该视频文件将自动转为特征树中的一个节点，方便编辑。

动手操作——编译模拟

01 打开本例源文件 12-21.CATProduct，如图 12-104 所示。

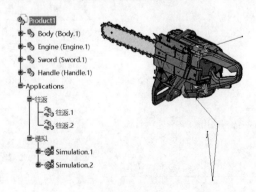

图 12-104

02 单击"DMU 一般动画"工具栏中的"编译模拟"按钮 ![icon]，弹出"编译模拟"对话框。单击"确定"按钮，生成动画重放后在运动机构仿真结构树中增加"重放"节点，如图 12-105 所示。

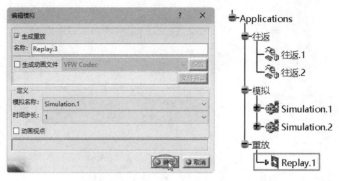

图 12-105

03 再次单击"编译模拟"按钮 ![icon]，打开"编译模拟"对话框。选中"生成动画文件"复选框，单击"文件名"按钮，将动画文件（AVI 格式）保存在自定义的路径文件夹中。最后单击"确定"按钮，自动生成动画文件并关闭对话框，如图 12-106 所示，可用播放器软件单独打开动画文件。

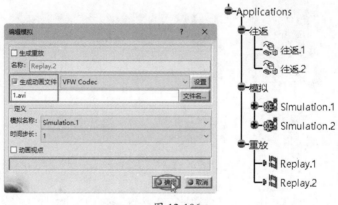

图 12-106

12.5　实战案例——凸轮机构运动仿真设计

下面以凸轮机构的运动仿真为例，详解 CATIA 运动机构仿真的创建方法和过程，凸轮机构装配模型如图 12-107 所示。

1. 创建新机械装置

01 打开本例源文件 tulunjigou.CATProduct，打开的模型已经在运动机构仿真工作台中显示，如图 12-108 所示。

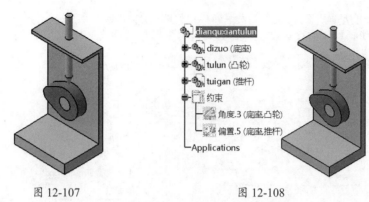

图 12-107   图 12-108

02 在菜单栏中执行"插入"|"新机械装置"命令，创建新机械装置。

03 单击"DMU 运动机构"工具栏中的"固定零件"按钮，弹出"新固定零件"对话框，在图形区中选择底座零件为固定零件，如图 12-109 所示。

图 12-109

2. 定义旋转接合

01 在"DMU 运动机构"工具栏中单击"旋转接合"按钮，弹出"创建接合：旋转"对话框，如图 12-110 所示。

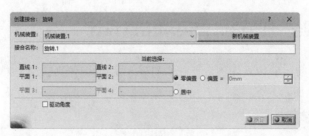

图 12-110

02 旋转接合需要两组约束进行配对，首先确定第一组配对约束。在图形区中分别选择凸轮零部件的外圆面（轴线被自动选中）和底座零部件中间的圆柱面进行直线 1 和直线 2 的约束配对，如图 12-111 所示。

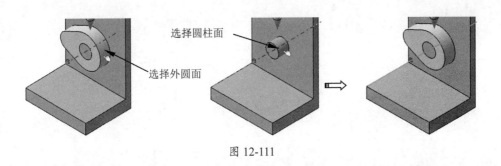

图 12-111

提示:

为了便于选择凸轮中的凸台圆柱面, 在"创建接合: 旋转"对话框不关闭的情况下, 右击凸轮并在弹出的快捷菜单中选择"隐藏/显示"选项, 将其暂时隐藏。待选择了凸台圆柱面后, 再到装配结构树中右击"凸台.1"几何体并选择快捷菜单中的"隐藏/显示"选项, 恢复凸轮的显示, 如图12-112所示。

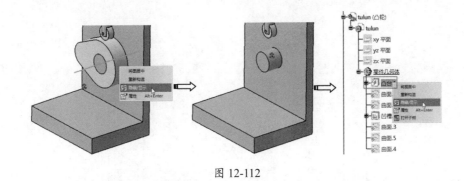

图 12-112

03 选择底座凸台的圆柱端面和凸台端面进行约束配对, 如图 12-113 所示。

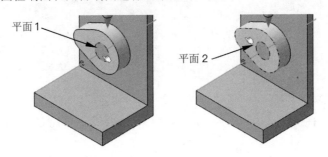

图 12-113

04 在"创建接合: 旋转"对话框中选中"旋转角度"复选框添加驱动命令, 最后单击"确定"按钮, 完成旋转接合的创建。在机构仿真结构树的"接合"节点下增加了"旋转.1（凸轮底座）"节点, 如图 12-114 所示。

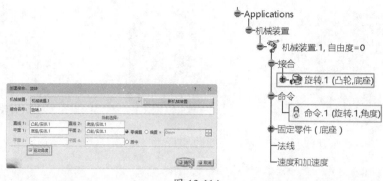

图 12-114

3. 定义点曲线接合

01 在装配结构树中显示凸轮几何体中的"草图 .1"和推杆几何体中的"点"，如图 12-115 所示。

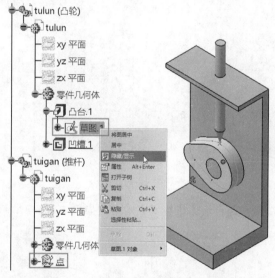

图 12-115

02 在"DMU 运动机构"工具栏中单击"点曲线接合"按钮 ，弹出"创建接合：点曲线"对话框。

03 在图形区中选择凸轮上的草图曲线作为曲线 1 参考，再选择推杆上的点作为点 1 参考，如图 12-116 所示。

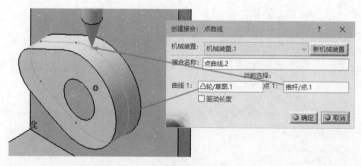

图 12-116

04 在对话框中单击"确定"按钮，完成点曲线接合的创建，如图 12-117 所示。

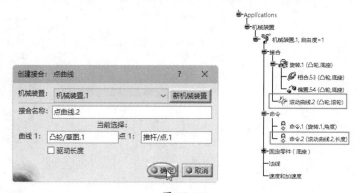

图 12-117

4. 定义棱形接合

01 单击"棱形接合"按钮 ，弹出"创建接合：棱形"对话框。

02 棱形接合也需要两个约束进行配对——直线（轴）与直线（轴）、平面与平面。在图形区中选择推杆的圆柱面（自动选择其轴线）和底座零部件上的孔圆柱面（自动选择其轴线）进行直线约束配对，如图 12-118 所示。

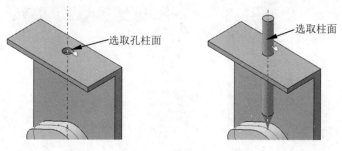

图 12-118

03 在装配结构树中分别选择推杆零部件的 yz 平面和底座零部件的 zx 平面进行约束配对，如图 12-119 所示。

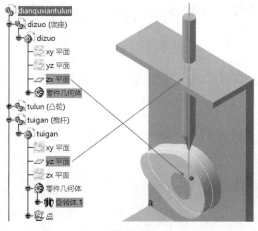

图 12-119

04 单击"确定"按钮，完成棱形接合的创建，如图 12-120 所示。

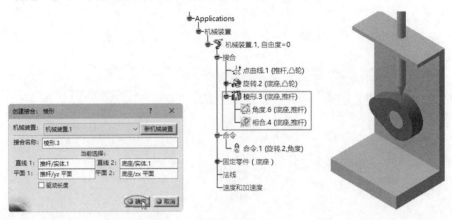

图 12-120

05 单击"使用命令进行模拟"按钮🖲，弹出"运动模拟 - 机械装置 .1"对话框。选中"按需要"单选按钮，然后输入"步骤数"值为 1000，单击"向前播放"按钮▶，播放运动模拟动画，如图 12-121 所示。

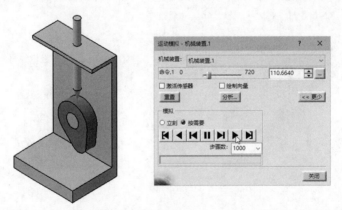

图 12-121

12.6 习题

习题一

通过使用 CATIA 运动机构仿真命令，创建如图 12-122 所示的活塞机构模型的运动机构仿真。操作内容如下。

（1）创建运动接合。

（2）创建使用命令进行模拟。

（3）创建使用法则曲线模拟。

（4）创建 DMU 运动动画。

图 12-122

习题二

通过使用 CATIA 运动机构仿真命令，创建如图 12-123 所示的齿轮齿条传动的运动机构仿真。操作内容如下。

（1）创建运动接合。

（2）创建使用法则曲线模拟。

（3）创建 DMU 运动动画。

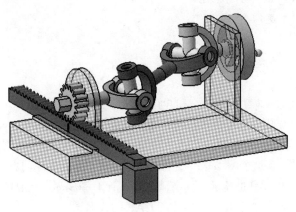

图 12-123

第 *13* 章 结构有限元分析

项目导读

新颖的创意和细致的结构设计是良好工程设计的前提，深入的工程分析则能提前预测工程设计的性能和瑕疵所在，所以工程设计中的一项重要工作是计算零部件和装配件的强度、刚度及其动态特性，从而得出所设计的产品是否满足工程需求，常用的分析方法是有限元法（Finite Element Method）。

本章将主要介绍 CATIA 的高级网格化工具与基本结构分析模块，在机械结构设计中的分析应用。

项目分解

知识点 1：CATIA 有限元分析概述

知识点 2：结构分析案例

13.1 CATIA 有限元分析概述

有限元分析的基本概念是用比较简单的问题代替复杂问题后再求解。有限元法的基本思路可以归结为："化整为零，积零为整"。它将求解域看成是由有限个称为"单元"的互连子域组成，对每一个单元设定一个合适的近似解，然后推导出求解这个总域的满足条件（如结构的平衡条件），从而得到问题的解。这个解不是准确解而是近似解，因为实际问题被较简单的问题所代替。由于大多数实际问题难以得到准确解，而有限元不仅计算精度高，而且能够适应各种复杂形状，因而成为行之有效的工程分析手段，甚至成为 CAE 的代名词。

13.1.1 有限元法概述

有限元法（Finite Element Method，FEM）是随着计算机的发展而迅速发展起来的一种现代计算方法，是一种求解关于场问题的一系列偏微分方程的数值方法。

在机械工程中，有限元法已经作为一种常用的方法被广泛使用。凡是计算零部件的应力、变形和进行动态响应计算及稳定性分析等都可用有限元法。如齿轮、轴、滚动轴承及箱体的应力、变形计算和动态响应计算，分析滑动轴承中的润滑问题，焊接中残余应力及金属成型中的变形分析等。

有限元法的计算步骤归纳为以下 3 个基本步骤：网格划分、单元分析和整体分析。

1. 网格划分

有限元法的基本做法是用有限个单元体的集合来代替原有的连续体。因此，首先要对弹性体进行必要的简化，再将弹性体划分为有限个单元组成的离散体，单元之间通过节点相连接。由节点、节点连线和单元构成的集合称为"网格"。

通常把三维实体划分成四面体单元（4 节点）或六面体单元（8 节点）的实体网格，如图 13-1 所示。平面划分成三角形单元或四边形单元的面网格，如图 13-2 所示。

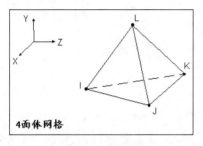
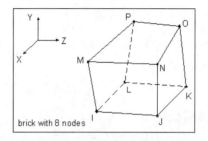

四面体 4 节点单元　　　　　　　　　　六面体 8 节点单元

图 13-1

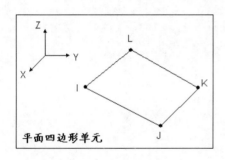
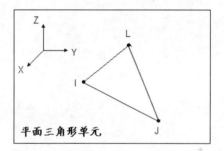

图 13-2

2. 单元分析

对于弹性力学问题，单元分析就是建立各个单元的节点位移和节点力之间的关系式。

由于将单元的节点位移作为基本变量进行单元分析，首先要为单元内部的位移确定一个近似表达式，然后计算单元的应变、应力，再建立单元中节点力与节点位移的关系式。

以平面三角形 3 节点单元为例，如图 13-3 所示，单元有 3 个节点 I、J、M，每个节点有两个位移 u、v 和两个节点力 U、V。

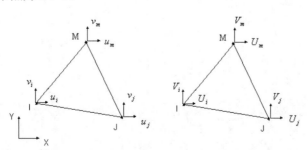

图 13-3

单元的所有节点位移、节点力，可以表示为节点位移向量（vector）。

$$\{\delta\}^e = \begin{Bmatrix} u_i \\ v_i \\ u_j \\ v_j \\ u_m \\ v_m \end{Bmatrix} \qquad \{F\}^e = \begin{Bmatrix} U_i \\ V_i \\ U_j \\ V_j \\ U_m \\ V_m \end{Bmatrix}$$

节点位移 　　　　　　　　　节点力

单元的节点位移和节点力之间的关系用张量（tensor）表示。

$$\{F\}^e = [K]^e \{\delta\}^e$$

3. 整体分析

对由各个单元组成的整体进行分析，建立节点外载荷与节点位移的关系，以解出节点位移，这个过程称为"整体分析"。同样以弹性力学的平面问题为例，如图 13-4 所示，在边界节点 i 上受到集中力 P_x^i, P_y^i 作用。节点 i 是 3 个单元的接合点，因此要把这 3 个单元在同一节点上的节点力汇集在一起建立平衡方程。

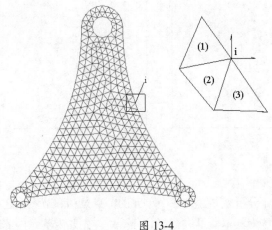

图 13-4

i 节点的节点力：

$$U_i^{(1)} + U_i^{(2)} + U_i^{(3)} = \sum_e U_i^{(e)}$$

$$V_i^{(1)} + V_i^{(2)} + V_i^{(3)} = \sum_e V_i^{(e)}$$

i 节点的平衡方程：

$$\left.\begin{aligned} \sum_e U_i^{(e)} = P_x^i \\ \sum_e V_i^{(e)} = P_y^i \end{aligned}\right\}$$

4. 等效应力（也称为 von Mises 应力）

由材料力学可知，反映应力状态的微元体上剪应力等于零的平面，定义为主平面。主平面的正应力定义为主应力。受力构件内任意一点，均存在 3 个互相垂直的主平面。3 个主应力用 $\sigma1$、$\sigma2$ 和 $\sigma3$ 表示，且按代数值排列即 $\sigma1>\sigma2>\sigma3$。von Mises 应力可以表示为：

$$\sigma=\sqrt{0.5[\ (\sigma1\text{-}\sigma2)^2+(\sigma2\text{-}\sigma3)^2+(\sigma3\text{-}\sigma1)^2]}$$

在 Simulation 中，主应力被记为 P1、P2 和 P3，如图 13-5 所示。在大多数情况下，使用 von Mises 应力作为应力度量。因为 von Mises 应力可以很好地描述许多工程材料的结构安全弹塑性性质。P1 应力通常是拉应力，用来评估脆性材料零件的应力结果。对于脆性材料，P1 应力较 Von Mises 应力更恰当地评估其安全性。P3 应力通常用来评估压应力或接触压力。

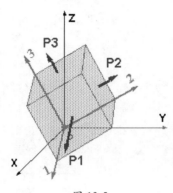

图 13-5

Simulation 程序使用 von Mises 屈服准则计算不同点处的安全系数，该标准规定当等效应力达到材料的屈服力时，材料开始屈服。程序通过在任意点处将屈服力除以 von Mises 应力而计算该处的安全系数。

安全系数值的解释。

- 某位置的安全系数小于 1.0，表示此位置的材料已屈服，设计不安全。
- 某位置的安全系数等于 1.0，表示此位置的材料刚开始屈服。
- 某位置的安全系数大于 1.0，表示此位置的材料没有屈服。

5. 在机械工程领域内可用有限元法解决的问题

（1）包括杆、梁、板、壳、三维块体、二维平面、管道等各种单元的各种复杂结构的静力分析。

（2）各种复杂结构的动力分析，包括频率、振型和动力响应计算。

（3）整机（如水压机、汽车、发电机、泵、机床）的静、动力分析。

（4）工程结构和机械零部件的弹塑性应力分析及大变形分析。

（5）工程结构和机械零件的热弹性蠕变、粘弹性、粘塑性分析。

（6）大型工程机械轴承油膜计算等。

13.1.2　CATIA 有限元分析模块简介

在机械设计中，一个重要的步骤就是校核结构的强度，以便改进设计，有时还需要了解结构的一些动态特性，例如频率特性、振型等，这些都离不开工程分析，CATIA 的工程分析模块提供了一个强大、实用而且易用的工程分析环境。

CATIA 有限元分析流程如下。

- 模型简化处理。
- 指定材料。
- 网格划分（包括简易网格划分与高级网格划分）。
- 定义约束。
- 定义载荷。
- 求解运算。
- 结果显示。

CATIA 有限元分析模块包括高级网格化工具模块和基本结构分析模块。在结构有限元分析流程中仅涉及基本结构分析模块，当面对的模型是曲面或比较复杂的零件，可以进入高级网格划分模块中进行网格精细划分。

1. 高级网格划分模块

在菜单栏中选择"开始"|"分析与模拟"|"高级网格化工具"命令，进入高级网格划分的工作环境中，如图 13-6 所示。

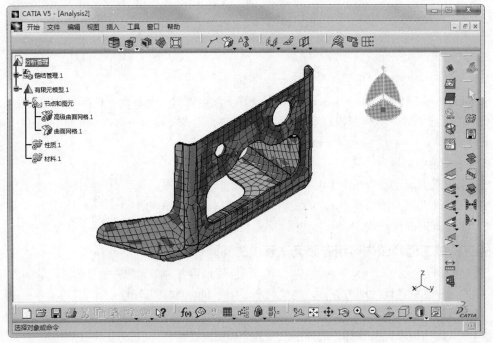

图 13-6

2. 基本结构分析模块

如果是结构相对简单的零件，可以直接进入基本结构分析模块中进行有限元分析。在菜单栏中选择"开始"|"分析和模拟"|"基本结构分析"命令，进入基本结构分析工作界面中，如图 13-7 所示。

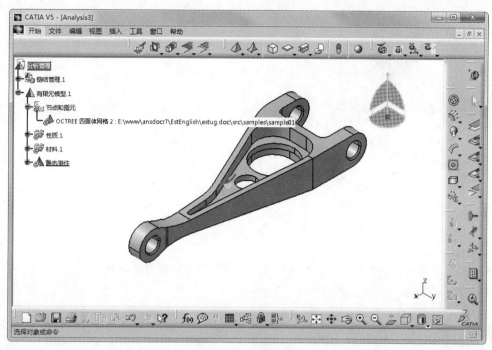

图 13-7

13.1.3 CATIA 分析类型

在 CATIA 的有限元分析模块中，系统提供了 3 种有限元分析类型：静态分析、频率分析和自由频率分析。其中，频率分析和自由频率分析合称为"动态分析"。

1. 静态分析

主要用于分析零部件在一定约束和载荷作用下的静力学应力应变。当载荷作用于物体表面上时，物体发生变形，载荷的作用将传到整个物体上。外部载荷会引起内力和反作用力，使物体进入平衡状态，图 13-8 所示为某托架零件的静态应力分析效果。

静态分析有两个假设。

- 静态假设。所有载荷被缓慢且逐渐应用，直到它们达到其完全量值。在达到完全量值后，载荷保持不变（不随时间变化）。
- 线性假设。载荷和所引起的反应力之间的关系是线性的。例如，如果将载荷加倍，模型的反应（位移、应变及应力）也将加倍。

2. 频率分析

频率分析用于分析模型的频率特性和模态。

每个结构都有以特定频率振动的趋势，这一频率也称作"自然频率"或"共振频率"。每个自然频率都与模型以该频率振动时趋向于呈现的特定形状相关，称为"模式形状"。

当结构被频率与其自然频率一致的动态载荷正常刺激时，会承受较大的位移和应力。这种现象就称为"共振"。对于无阻尼的系统，共振在理论上会导致无穷的运动，但阻尼会限制结构因共振载荷而产生的反应。图 13-9 所示为某轴装配体的频率分析。

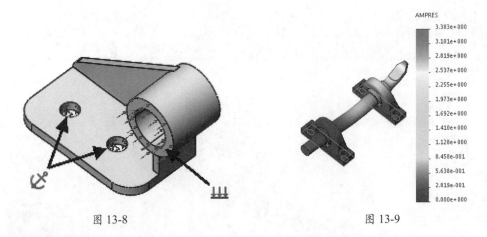

图 13-8   图 13-9

3. 自由频率分析

自由频率分析和频率分析都属于动态分析。自由频率分析类型中对物体没有任何约束，而频率分析中需要在物体上施加一定的约束。

13.2　结构分析案例

在接下来的有限元分析流程中，我们以在基本结构分析模块中进行结构分析的几个案例为主线，逐一介绍结构分析的相关功能指令。鉴于篇幅的限制，各分析工具指令就不作介绍了。

13.2.1　传动装置装配体静态分析

图 13-10 所示的传动装置装配体上包含了 6 个零部件：基座、皮带轮、传动轴、法兰和两个螺栓。基座上的两个螺栓孔是预留给虚拟螺栓 Virtual Bolt Tightening 的，传动轴端右侧过盈安装皮带轮。

整个装配体各部件的材料如下。

- 基座和螺栓的材料为 iron（碳钢）；
- 皮带轮的材料为 Steel（钢）；
- 传动轴的材料为 Bronze（青铜）。

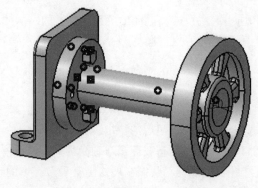

图 13-10

1. 准备模型

01 打开本例练习装配体文件 13-1.CATProduct。

02 在菜单栏中选择"开始"|"分析与模拟"|"基本结构分析"命令，弹出"新分析情况"对话框。

03 选择"静态分析"类型后单击"确定"按钮，进入基本结构分析工作环境，如图 13-11 所示。

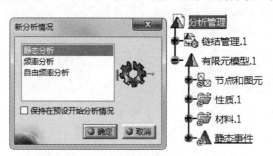

图 13-11

04 从图 13-12 可以看出，已在传动装置装配体中定义了一系列约束，在接下来的创建分析连接特性过程中，我们可以利用这些约束，也可以重新创建连接关系，然后利用连接关系创建连接特性。

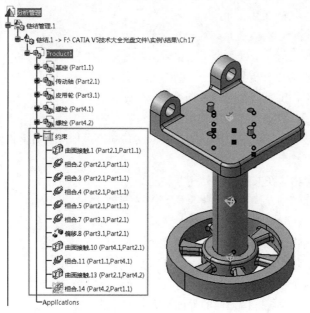

图 13-12

2. 设置材料

在本例源文件的装配体模型中，已经对各个部件设置了材料属性。在装配结构树中的"有限元模型 .1"|"材料 .1"节点下双击"材料 .1""材料 .2""材料 .3""材料 .4""材料 .5"材质球，可以查看材料设置情况。

3. 创建分析连接和连接性质

分析连接不能直接用于有限元分析，分析连接的创建是为定义连接特性做准备，零件之间的连接关系通常可分为如下两种。

- 装配体中建立的约束关系。
- 利用"分析依附"工具栏中的工具所建立的连接关系。

零件之间的连接关系只能说明在装配体中存在的位置关系，必须将这些连接关系转换为有限元所能接受的连接性质，才能进行结构分析。"分析依附"工具栏如图13-13所示。"连接性质"工具栏如图13-14所示。

图 13-13

图 13-14

"分析依附"工具栏中各工具命令的含义如下。

- 一般分析连接：允许点、边、表面和机械特征之间的连接。
- 点分析连接：允许连接曲面并选择一个包含点的开放体。
- 单一零件内点分析连接：允许连接一个表面并选择一个包含点的开放体。
- 线分析连接：允许表面连接和选择包含线条的一个开放体。
- 单一零件内线分析连接：允许连接一个表面并选择一个包含线的开放体。
- 曲面分析连接：允许连接表面。
- 单一零件内曲面分析连接：允许连接一个表面。
- 点至点分析连接：允许连接两个子网格。
- 点分析界面：创建点分析界面，此功能仅适用于装配结构分析产品。

"连接性质"工具栏中各工具命令的含义如下。

- Find Interactions：找出相互连接关系。
- 滑动连接：在正常方向上将物体固定在它们的共同界面处，同时允许它们在切线方向上相对于彼此滑动。
- 接触连接：防止物体在共同界面处相互穿透。
- 系紧连接：在它们的共同界面处将身体紧固在一起。
- 系紧弹簧连接：在两个面之间创建弹性连接。
- 压配连接：防止物体在共同界面处相互穿透。
- 螺栓锁紧连接：防止物体在共同界面处相互穿透。
- 刚性连接：在两个物体之间创建一个连接，这两个物体在它们的公共边界处被加固并固定在一起，并且表现得好像它们的界面是无限刚性的。
- 光顺连接：在两个主体之间创建一个连接，这两个主体在它们的公共边界处固定在一起，并且其行为大致就像它们的界面是柔软的一样。
- 虚拟螺栓锁紧连接：考虑螺栓拧紧组件中的预张力，其中不包括螺栓。
- 虚拟弹簧螺栓锁紧连接：指定已组装系统中的实体之间的边界交互。
- 用户定义距离连接：指定远程连接中包含的元素类型及其关联属性。
- 点焊连接：使用分析焊点连接在两个实体之间创建连接。
- 缝焊连接：使用分析缝焊连接在两个实体之间创建连接。
- 曲面焊接连接：使用分析曲面焊接连接在两个实体之间创建连接。

- 节点至节点连接 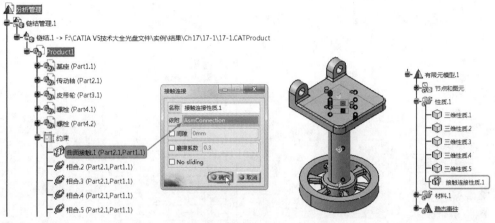：使用点到点分析连接在两个实体之间创建连接。
- 节点接口性质 ：使用点接口连接在两个实体之间创建连接。

（1）首先创建基座与传动轴之间的接触连接属性。

01 在"连接性质"工具栏中单击"接触连接"按钮 ，弹出"接触连接"对话框。

02 在装配结构树中的"链结管理.1"|"链结.1"|"Product1"|"约束"层级子节点下选择"曲面接触.1（Part2.1，Part1.1）"约束作为依附对象，单击"确定"按钮完成接触连接的定义，如图13-15所示。

图 13-15

（2）在基座、法兰与螺栓之间创建接触连接。

提示：

螺栓与底座之间的连接特性定义，不仅需要通过螺栓连接来限定两者之间的轴向绑定，还需要定义螺栓与法兰面之间的接触连接来限定螺栓与轴端法兰轴向不能滑动，螺栓外圆面与法兰孔面之间的接触特性来限定两者之间圆周方向不会滑动；而这两个接触特性的定义需要用到约束或者连接关系，在装配件设计过程中，没有定义螺栓外圆面与法兰孔面之间的接触约束（只定义了轴线重合），这样就需要先利用"一般分析连接"创建二者之间的通用连接。

01 暂时隐藏基座部件。在"分析依附"工具栏中单击"一般分析连接"按钮 ，选择一个螺栓的外圆面作为第一个部件，再选择法兰孔内圆面作为第二部件，单击"确定"按钮完成分析连接的创建，如图13-16所示。同理对另一个螺栓与法兰孔进行分析连接创建。

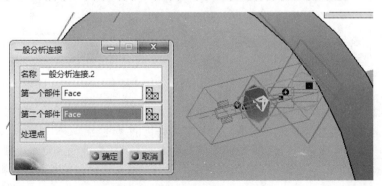

图 13-16

操作技巧：

创建分析连接过程中，"第一个部件"选择的是螺栓外圆面，"第二个部件"选择的是螺栓与孔配合的孔内圆面。如果法兰孔的内圆面不好选择，可以右击执行"隐藏/显示"命令，将螺栓暂时隐藏。

02 单击"接触连接"按钮 ，弹出"接触连接"对话框。选择刚才创建的一般分析连接作为依附对象，单击"确定"按钮完成接触连接的创建。同理，再选择另一个一般分析连接作为依附对象来创建接触连接，结果如图 13-17 所示。

03 依次选择装配结构树中"约束"节点下的"曲面接触.10"和"曲面接触.13"两个约束分别创建两个接触连接，如图 13-18 所示。

图 13-17   图 13-18

04 单击"螺栓锁紧连接"按钮 ，弹出"螺栓锁紧连接性质"对话框。选择"相合.14"约束作为依附对象，输入"锁紧力"值为 300N，创建第一个螺栓锁紧连接。同理，再选择"相合.11"作为依附对象来创建第二个螺栓锁紧连接，如图 13-19 所示。

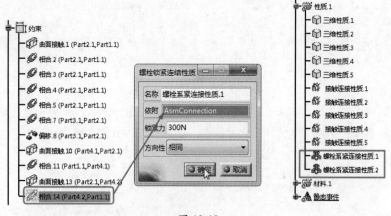

图 13-19

05 还有两个螺栓孔，用法兰与底座之间的虚拟螺栓紧定连接定义。单击"螺栓锁紧连接"按钮 ，弹出"螺栓锁紧连接性质"对话框。在装配结构树的"约束"节点下选择"相合.3"约束作为依附对象，输入"锁紧力"值为 300N，单击"确定"按钮完成第 3 个螺栓锁紧连接的创建，如图 13-20 所示。同理，再选择"相合.4"约束作为依附对象，创建第 4 个螺栓锁紧连接，如图 13-21 所示。

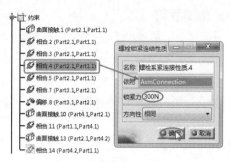

图 13-20　　　　　　　　　　　　　　　　图 13-21

（3）创建传动轴和皮带轮之间过盈连接。

在"连接性质"工具栏中单击"压配连接"按钮，弹出"压配连结性质"对话框。在装配结构树中的"约束"节点下选择"相合 .7"约束作为依附对象，输入"重叠"为 0.3mm，单击"确定"按钮创建压配连接，如图 13-22 所示。

图 13-22

4. 约束定义

约束与载荷称为"边界条件"，通过约束限定左侧基座的 6 个自由度。

01 在"抑制"工具栏中单击"滑动曲面"按钮，弹出"曲面滑块"对话框。

02 选择基座上的两个孔圆面作为依附对象，创建曲面滑块抑制，如图 13-23 所示。

03 单击"用户定义抑制"按钮，弹出"用户定义抑制"对话框，选择基座底部面作为依附对象，仅选中"抑制平移 2"复选框（意思是抑制 Y 方向的平移自由度），单击"确定"按钮完成自由度的抑制操作，如图 13-24 所示。

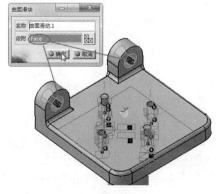
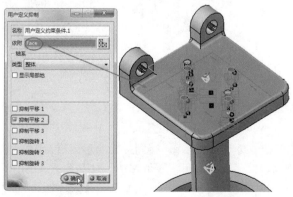

图 13-23　　　　　　　　　　　　　　　　图 13-24

5. 施加载荷

所有载荷全部添加于皮带轮零件，其承受扭矩和轴向力。

01 在"负载"工具栏中单击"均布力"按钮旁的三角形 ▾，展开"力量"工具栏。单击"力矩"按钮 ⬚，弹出"力矩"对话框。

02 选择皮带轮外圆面作为依附对象，在"惯性向量"选项组的"Z"文本框中输入 300Nxm，单击"确定"按钮完成力矩的添加，如图 13-25 所示。

03 单击"均布力"按钮 ⬚，弹出"均布力"对话框。选择皮带轮外圆面作为依附对象，设置 Y 方向的力为 -200N，设置 Z 方向的力为 -300N，单击"确定"按钮完成均布力的添加，如图 13-26 所示。

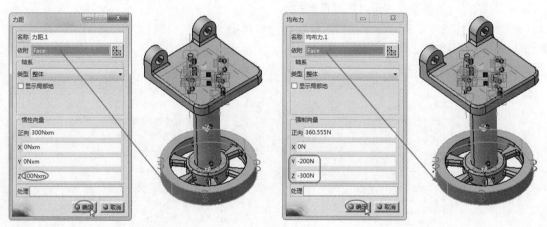

图 13-25　　　　　　　　　　　　　图 13-26

6. 运行结算器并查看分析结果

01 单击"计算"工具栏中的"计算"按钮 ▦，弹出"计算"对话框。再单击"确定"按钮，系统开始运算并分析，如图 13-27 所示。

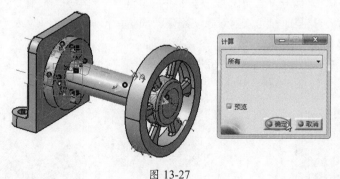

图 13-27

02 经过一段时间的分析计算后，得到装配体的静态分析结果。可以单击"影响"工具栏中的"变形""Von Mises 应力"和"位移"工具等得到结果云图，帮助设计师获得精准的分析数据。

03 单击"变形"按钮 ⬚，得到应力变形分析云图。在"有限元模型 .1"|"静态事件"|"静态事件解法 .1"节点下双击"Von Mises 应力文字 .1"，弹出"图像编辑"对话框。以"文字"形式来表达云图，可以很明显地看出整个装配体的应变主要集中在皮带轮与传动轴的接触位置，如图 13-28 所示。

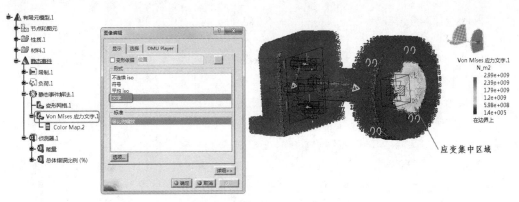

图 13-28

04 单击"Von Mises 应力"按钮 🔥，得到装配体的应力分别云图，如图 13-29 所示。同样可以看出应力也是集中在皮带轮与传动轴的接触位置。

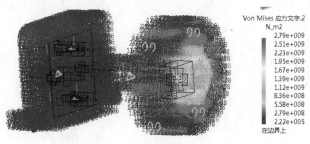

图 13-29

05 单击"位移"按钮 🔥，可以得到装配体中哪个部件产生了位移，结果显示基座上的一个螺栓脱离了螺孔，如图 13-30 所示。

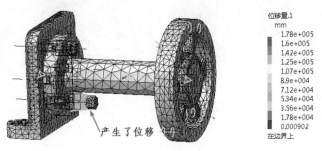

图 13-30

06 至此，完成了传动装置装配体的静态分析，最后保存结果文件。

13.2.2 曲柄连杆零件静态分析

线性静力学分析用于确定由静态（稳态）载荷引起的结构或构件中的位移、应力、应变和力。这些负载可以是：

- 外部施加的力量和压力。
- 稳态惯性力（重力和离心）。

- 强制（非零）位移。
- 温度（热应变）。

本例讨论设置和执行线性静态分析。完成本例后，应该了解线性静态分析的基础知识，并能够为线性静态解决方案准备模型。

要执行线性静态分析的模型如图 13-31 所示，是工程机械中常见的轴承的曲柄连杆结构件杆身部分，其用途是将燃气作用在活塞顶上的压力转换为曲轴旋转运动而对外输出动力。工作的最高温度为 2500℃，材料为球磨铸铁 QT400。在 CATIA 材料库中将采用材料库中相对应的材料。

发动机连杆上连活塞销，下连曲轴。工作时，曲轴高速转动，活塞高速直线运动。连杆工作时，主要承受两种周期性变化的外力作用，一是经活塞顶传来的燃气爆发力，对连杆起压缩作用；二是活塞连杆组高速运动产生的惯性力，对连杆起拉伸作用，这两种力都在上止点附近发生。

连杆失效主要是拉、压疲劳断裂所致，所以通常分析连杆仅受最大拉力以及仅受最大压力两种危险工况下的应力和变形情况。具体分析时，最大拉力取决于惯性力，所以取最大转速时对应的离心惯性力加载。最大压力则根据燃气压力和惯性离心力的作用取标定工况或者最大扭矩工况。

曲柄连杆机构示意图如图 13-32 所示。

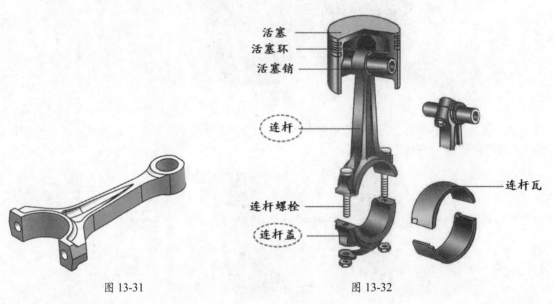

图 13-31　　　　　　　　　　　　　　　　　图 13-32

01 打开本例练习源文件 13-2.CATPart。

02 在菜单栏中选择"开始"|"分析与模拟"|"基本结构分析"命令，弹出"新分析情况"对话框，如图 13-33 所示。选择"静态分析"类型后单击"确定"按钮，进入基本结构分析工作环境中。

03 在装配结构树中的"有限元模型 .1"|"节点和图元"节点下双击"OCTREE 四面体网格 .1"，然后在弹出的"OCTREE 四面体网格"对话框中修改 Size 为 5mm，单击"确定"按钮完成网格的参数设定，如图 13-34 所示。

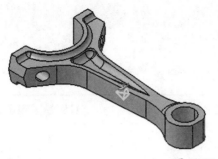

图 13-33

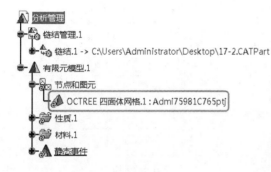

图 13-34

操作技巧：

网格边长值越小，模型分析的精度就越高，但会相应地增长分析时间。

04 在"模型管理者"工具栏中单击"User Material（用户材料）"按钮，弹出"库"对话框。在"Metal（钢）"选项卡中双击 Iron 材料，可以从弹出的"属性"对话框中按照国标金属材料的参数进行修改，如图 13-35 所示。

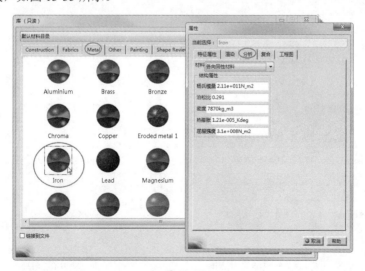

图 13-35

提示:

表13-1中列出了CATIA材料库中的部分金属名称与我国常用金属牌号的对应关系。

表 13-1　CATIA 材料库金属牌号对应国内常用金属牌号

CATIA 材料库金属牌号	金属名称	对应的国内金属牌号
AISI_STEEL_1008-HR	淬硬优质参素结构钢	08
AISI_STEEL_4340	优质合金结构钢	40CrNiMoA
AISI_310_ss	耐热钢（不锈钢）	2Cr25Ni20；0Cr25Ni20
AISI_410_ss	耐热钢（不锈钢）	1Cr13；1Cr13Mo
Aluminum_2014	铝合金	2A14（新）LD10（旧）
Aluminum_6061	铝合金	6061
Brass	黄铜	
Bronze	青铜	
Iron_ Malleable	可锻铸铁	KTH350-10
Iron_ Nodular	球墨铸铁	QT400-18、QT400-15
Iron_40	40 号碳钢（结构钢）	40
Iron_60	60 号碳钢（结构钢）	60
Steel-Rolled	轧钢	Q235A、Q235B、Q235C、Q235D
Steel	钢	
S/Steel_PH15-5	钼合金钢	
Titanium_ Alloy	钛合金	TC1
Tungsten	钨	YT15
Aluminum_5086	Al-Mg 系铝合金	
Copper_C10100	铜	
Iron_Cast_G25；ron_Cast_G60	铸铁	HT250；QT600-3
Magnesium_ Cast	镁合金铸铁	
AISI_SS_304-Annealed	304 不锈钢	0Cr19Ni9N
Titanium-Annealed	退火钛合金	TA2
AISI_ Steel_ Maraging	马氏体实效钢	16MnCr5
AISI_Steel_1005		05F
Inconel_718-Aged	沉淀硬化不锈钢	0Cr15Ni7Mo2Al

续表

CATIA 材料库金属牌号	金属名称	对应的国内金属牌号
Titanium_Ti-6Al-4V	钛合金	TC4
Copper_C10100	铜	
ron_Cast_G40	铸钢	

05 单击"应用材料"按钮，将选择的金属材料应用到曲柄连杆杆身上。在"性质.1"节点下双击"三维性质.1"，打开"3D 性质"对话框。选中"用户定义材料"复选框，然后选择"材料.1"节点下的"用户材料.1"，单击"确定"按钮完成材料的转换，此步骤非常关键，如图 13-36 所示。

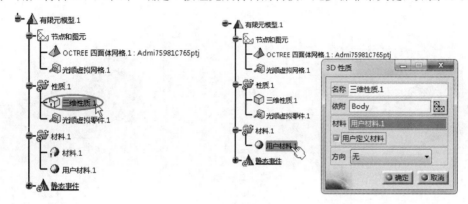

图 13-36

06 首先添加夹紧约束类型（因为曲柄连杆杆身与轴承是夹紧约束装配关系，连杆绕轴承旋转）。在"抑制"工具栏中单击"夹持"按钮![按钮]，弹出"夹持"对话框。选择两个端面作为依附对象，单击"确定"按钮完成约束的添加，如图 13-37 所示。

图 13-37

07 在"抑制"工具栏中单击"用户定义抑制"按钮![按钮]，选择半圆面作为依附对象，取消选中"抑制旋转 3"复选框，选中其余复选框，单击"确定"按钮完成用户定义的约束，如图 13-38 所示。

08 将零部件设为编辑部件，进入零件设计工作台，利用"参考元素"工具栏中的"直线"工具，创建一条轴线，如图 13-39 所示。

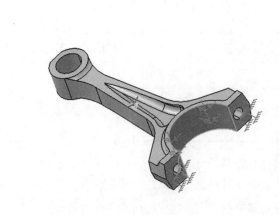

图 13-38

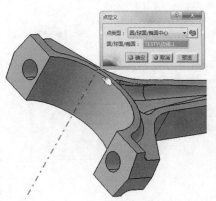

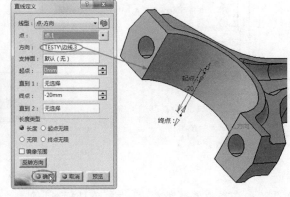

图 13-39

09 激活顶层节点"分析管理"，返回基本结构分析环境。在"负载"工具栏中单击"加速度"按钮旁的三角形 ，在展开的"本地运载"工具栏中单击"旋转"按钮 ，弹出"旋转力"对话框。选择整个零件作为依附对象，选择轴线作为旋转轴，输入"角速度"值为 5000turn_mn，单击"确定"按钮完成旋转力的添加，如图 13-40 所示。

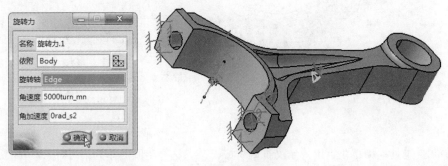

图 13-40

10 在连杆小头内孔建立柔性虚件。单击"虚拟零件"工具栏中的"光顺虚拟元件"按钮 ，弹出"平滑虚拟零件"对话框。

11 选择小头的内孔圆面作为依附对象，单击"确定"按钮完成虚拟零件的创建，如图 13-41 所示。

图 13-41

12 利用刚定义的柔性虚件增加活塞组的离心拉力。单击"均布力"按钮 ，弹出"均布力"对话框。在装配结构树中选择"性质 .1"节点下的"光顺虚拟零件 .1"作为依附对象，输入"正向"为 30000N，单击"确定"按钮完成均布力的添加，如图 13-42 所示。

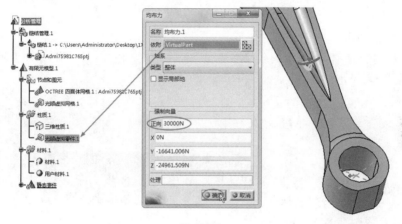

图 13-42

13 单击"计算"工具栏中的"计算"按钮 ，弹出"计算"对话框。再单击"确定"按钮，系统开始运算并分析，如图 13-43 所示。经过一段时间的分析计算后，得到装配体的静态分析结果。

图 13-43

14 单击"变形"按钮 ，得到应力变形分析云图。可以很明显地看出整个零件的应力变形还是比较大的，如图 13-44 所示。

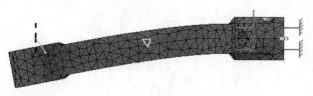

图 13-44

15 单击"Von Mises 应力"按钮 ，得到装配体的应力分别云图，如图 13-45 所示，可以看出应力最大的位置在连杆大头区域。

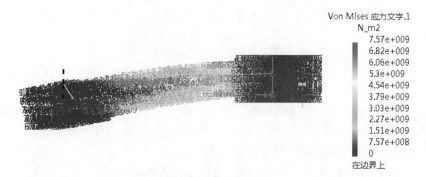

图 13-45

16 单击"位移"按钮 ，可以得到连杆零件哪个部件产生了位移，结果显示左侧连杆产生的位移量最大，如图 13-46 所示。

图 13-46

17 至此，完成了曲柄连杆零件的静态分析，最后保存结果文件。

13.3 习题

对如图 13-47 所示的汽车发动机连杆做静态分析。

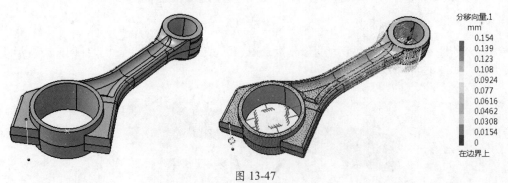

图 13-47

第 3 部分

第 *14* 章 机械零件设计实战

 项目导读

本章介绍依据机械四大类零件的工程图来完成零件模型的创建过程，让读者融会贯通机械零件设计工程图的识图方法和零件设计工作台中的建模工具。常见的四大类机械零件包括支架类零件、箱体类零件、盘盖类零件和轴套类零件。

项目分解

知识点 1：支架类零件设计
知识点 2：箱体类零件设计
知识点 3：盘盖类零件设计
知识点 4：轴套类零件设计

14.1 案例一：支架类零件设计

常见的支架类零件如拨叉、摇杆、轴承支座、摇臂、支架等，如图 14-1 所示。支架类零件的形状较为复杂，一般具有肋、板、杆、筒、座、凸台、凹坑等结构。随着零件的作用及安装到机器上的位置不同，而具有各种形式的结构。而且不像前两类零件那样有规则，但多数支架类零件都具有工作部分、固定部分和连接部分。该类零件的毛坯多为铸件或锻件，其工作部分和固定部分需要切削加工，连接部分常不需要切削加工。

图 14-1

叉架类零件的常用视图表达方法如下。

（1）零件一般水平放置，选择零件形状特征明显的方向作为主视图的投影方向。

（2）叉架类零件的结构形状较为复杂，除主视图外，一般还需要两个以上的基本视图才能将零件的主要结构表达清楚。

（3）常用局部视图、局部剖视图表达零件上的凹坑、凸台等。筋板、杆体常用断面图表示其断面形状。当零件的主要部分不在同一平面上时，可以采用斜视图或旋转剖视图表达。

本例要创建的轴承支座零件工程图和模型效果如图 14-2 所示。

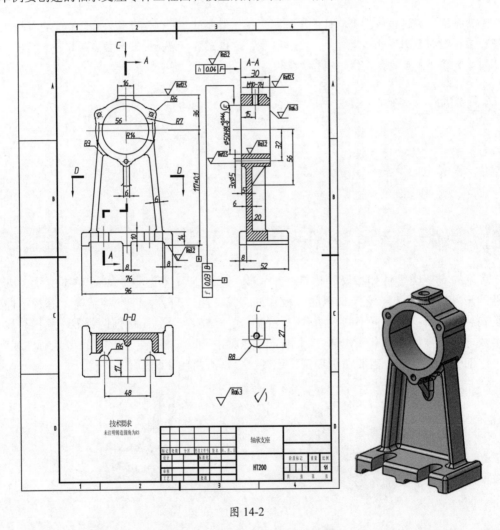

图 14-2

轴承支座零件的建模顺序是从底座开始创建，上部的轴套和注油孔结构起定位作用，所以要先于中间的支撑结构进行创建，以特征叠加的方式来完成建模，CATIA 的一般建模流程如下。

14.1.1 底座设计

通过图 14-2 中的 D-D 视图（同时接合其他视图中的标准尺寸）来绘制底座的截面轮廓，以此创建凸台特征作为底座的主体，然后再减去底部的槽。

01 启动 CATIA，在菜单栏中执行"开始"|"机械设计"|"零件设计"命令，进入零件设计工作台。

02 在右侧工具栏中单击"草图"按钮 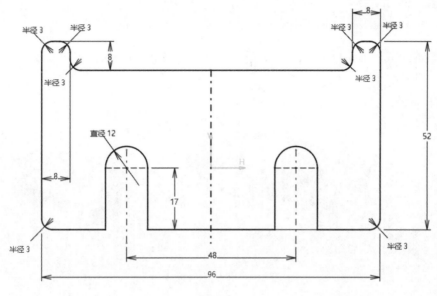，在特征树中选择 xy 平面后进入草图工作台。

03 利用草图工作台中的相关绘图和草图编辑命令，绘制底座截面轮廓，如图 14-3 所示，绘制完成后退出草图工作台。

图 14-3

04 在"基于草图的特征"工具栏中单击"凸台"按钮 ，弹出"定义凸台"对话框。设置拉伸"长度"为 14mm，激活"选择"文本框，然后选择上一步绘制的草图作为轮廓，单击"确定"按钮完成"凸台 .1"（底座主体）特征的创建，如图 14-4 所示。

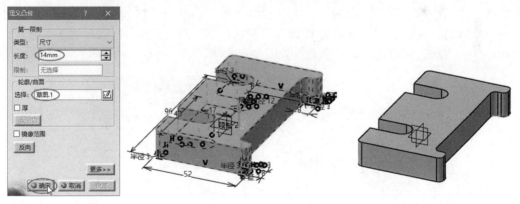

图 14-4

05 在"基于草图的特征"工具栏中单击"凹槽"按钮 ，弹出"定义凹槽"对话框。单击"轮廓 / 曲面"选项组中的"草图"按钮 ，然后选择凸台特征的前端面作为草图平面并进入草图工作台，如图 14-5 所示。

06 利用草图绘制命令绘制截面轮廓，如图 14-6 所示，完成后退出草图工作台。

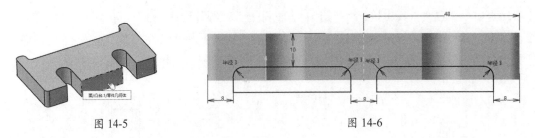

图 14-5　　　　　　　　　　　　　　　　图 14-6

07 返回"定义凹槽"对话框，设置"深度"为 60mm，最后单击"确定"按钮完成底部凹槽特征的创建，如图 14-7 所示。

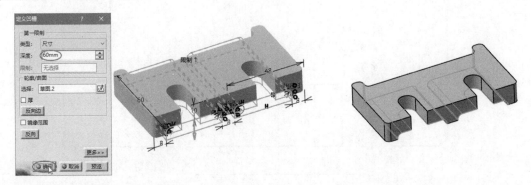

图 14-7

14.1.2　创建轴套和注油孔

轴套结构属于凸台。注油孔利用"孔"工具创建，因为该孔为螺纹孔，用"凹槽"或"旋转凹槽"命令创建不能反映出螺纹孔特点。

01 新建一个草图平面。在"参考图元"工具栏中单击"平面"按钮 ⬛，选择底座（凸台 .1）前端面作为偏置参照，在弹出的"平面定义"对话框中单击"反向"按钮并输入"偏置"为 49mm，单击"确定"后完成平面的创建，如图 14-8 所示。

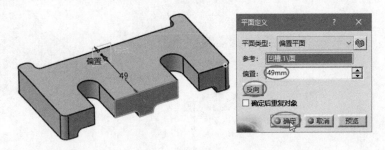

图 14-8

02 在右侧的工具栏中单击"草图"按钮 ⬛，选择刚创建的平面作为草图平面，并自动进入草图工作台，然后绘制如图 14-9 所示的截面轮廓。

03 退出草图工作台后单击"凸台"按钮 ⬛，在弹出的"定义凸台"对话框中设置拉伸"长度"值为 30mm，单击"反向"按钮改变拉伸方向，最后单击"确定"按钮完成"凸台 .2"特征的创建，如图 14-10 所示。

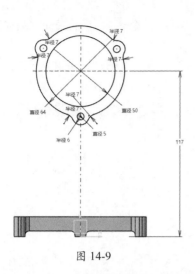

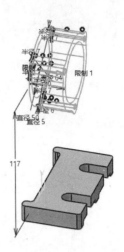

图 14-9　　　　　　　　　　　　　　　　图 14-10

04 新建一个平面，用于顶部的注油孔设计。单击"平面"按钮，弹出"平面定义"对话框。在特征树中选择 xy 平面作为参考，输入"偏置"为 153mm，单击"确定"按钮完成新平面的创建，如图 14-11 所示。

05 在右工具栏中单击"草图"按钮，选择上一步创建的平面作为草图平面，进入草图工作台绘制注油孔结构的截面轮廓，如图 14-12 所示。

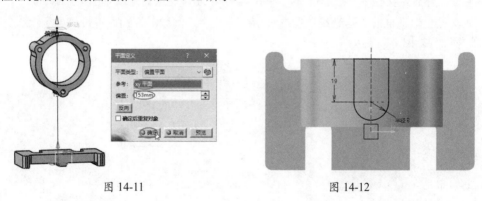

图 14-11　　　　　　　　　　　　　　　图 14-12

06 退出草图工作台后单击"凸台"按钮，弹出"定义凸台"对话框。设置拉伸类型为"直到曲面"，选择"凸台 .2"特征的上表面作为限制参照，最后单击"确定"按钮完成"凸台 .3"特征的创建，如图 14-13 所示。

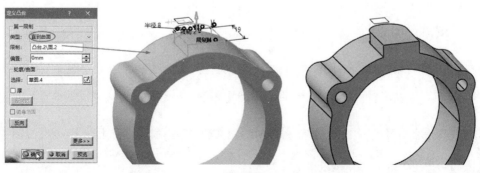

图 14-13

07 在"基于草图的特征"工具栏中单击"孔"按钮，然后选择"凸台.3"特征的顶面作为放置面，随后弹出"定义孔"对话框，如图 14-14 所示。

08 在"定义孔"对话框的"扩展"选项卡中选择"直到下一个"选项，设置孔"直径"值为 10mm，再单击"定位草图"选项组中的"草图"按钮，如图 14-15 所示。

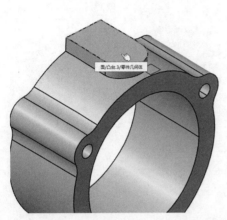

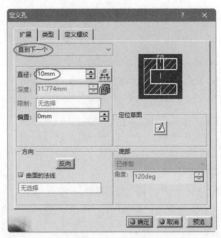

图 14-14　　　　　　　　　　　图 14-15

09 进入草图工作台定义孔中心点的位置，如图 14-16 所示，完成后退出草图工作台。

10 在"定义孔"对话框的"定义螺纹"选项卡中设置螺纹参数，设置后单击"确定"按钮，创建螺纹孔特征，如图 14-17 所示。

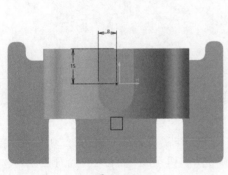

图 14-16　　　　　　　　　　　图 14-17

14.1.3　支撑部分设计

连接轴套结构和底座成为中间部分的支撑，可以利用"凸台""凹槽"和"加强肋"工具来创建。

01 单击"草图"按钮，选择底座后端面作为草图平面，进入草图工作台绘制截面轮廓，如图 14-18 所示。

02 退出草图工作台后再单击"凸台"按钮，弹出"定义凸台"对话框。选择上一步绘制的截面轮廓，然后输入拉伸"长度"值为 20mm，单击"反向"按钮改变拉伸方向，最后单击"确定"按钮完成"凸台.4"特征的创建，如图 14-19 所示。

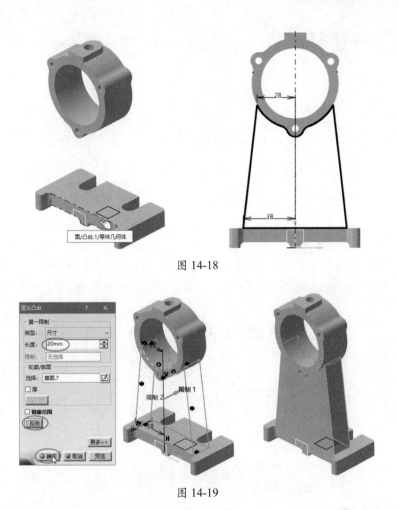

图 14-18

图 14-19

03 单击"草图"按钮 ，选择"凸台.4"特征的前端面作为草图平面，进入草图工作台绘制截面轮廓，如图 14-20 所示，完成后退出草图工作台。

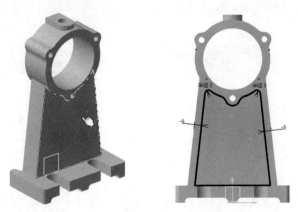

图 14-20

04 单击"凹槽"按钮 ，选择上一步绘制的截面轮廓进行拉伸切除，在弹出的"定义凹槽"对话框中设置"深度"为 15mm，单击"确定"按钮完成凹槽特征的创建，如图 14-21 所示。

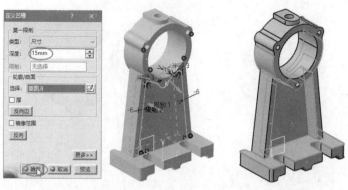

图 14-21

05 创建加强肋（也称"加强筋"）。在"基于草图的特征"工具栏中单击"加强肋"按钮 ✎（需要单击"实体混合"按钮右下角的三角形才显示），弹出"定义加强肋"对话框。单击对话框"轮廓"选项组中的"草图"按钮 ⬚，选择 yz 平面后进入草图工作台，绘制如图 14-22 所示的截面轮廓（一条斜线）。

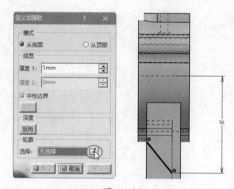

图 14-22

06 退出草图工作台，返回"定义加强肋"对话框，设置"厚度 1"值为 6mm，其余选项保持默认，单击"确定"按钮完成加强肋特征的创建，如图 14-23 所示。

图 14-23

07 单击"修饰特征"工具栏中的"倒圆角"按钮 ⬚，对整体完成的实体特征进行圆角处理，圆角半径均为 3mm，结果如图 14-24 所示。至此，完成了轴承支架零件的建模设计。

技术要点：

倒圆角时注意圆边的选择顺序，否则不能正确倒圆角，这里分5次进行倒圆角操作。

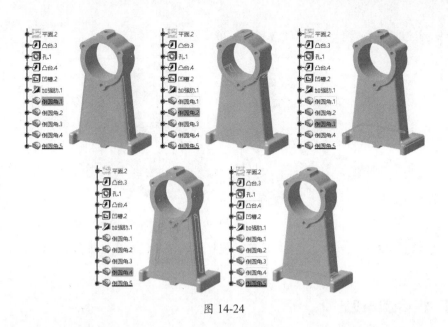

图 14-24

14.2 案例二：箱体类零件设计

图 14-25 所示的涡轮减速器箱体与其他诸如阀体、泵体、阀座等均属于箱体类零件，且大多为铸件，一般起支承、容纳、定位和密封等作用，内外形状较为复杂。

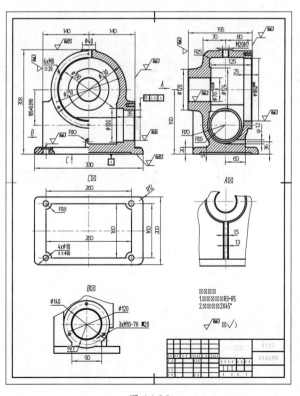

图 14-25

本例要创建的涡轮减速器箱体零件如图 14-26 所示。

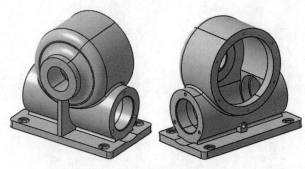

图 14-26

涡轮减速器箱体零件结构包括箱体底座、蜗杆箱、涡轮箱及其他细节等，CATIA 的一般建模流程如下。

14.2.1　箱体底座设计

箱体底座可用"凸台"工具和"凹槽"工具创建，底座上的 4 个沉头孔用"孔"工具创建，操作步骤如下。

01 启动 CATIA，在菜单栏中执行"开始"|"机械设计"|"零件设计"命令，进入零件设计工作台。

02 单击"草图"按钮，选择 xy 平面后进入草图工作台，利用草图绘制命令和编辑命令绘制如图 14-27 所示的截面轮廓。

03 退出草图工作台后单击"凸台"按钮，弹出"定义凸台"对话框。选择上一步绘制的草图，设置拉伸"长度"值为 20mm，单击"确定"按钮完成凸台 .1 特征的创建，如图 14-28 所示。

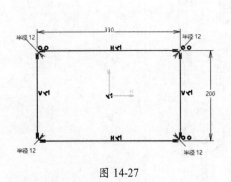

图 14-27

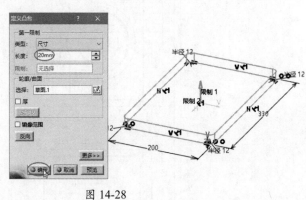

图 14-28

04 单击"草图"按钮，选择 xy 平面后进入草图工作台绘制如图 14-29 所示的截面轮廓，完成后退出草图工作台。

05 单击"凹槽"按钮，弹出"定义凹槽"对话框。选择上一步绘制的截面轮廓，设置拉伸"深度"值为 5mm，单击"反向"按钮和"确定"按钮完成凹槽 .1 特征的创建，如图 14-30 所示。

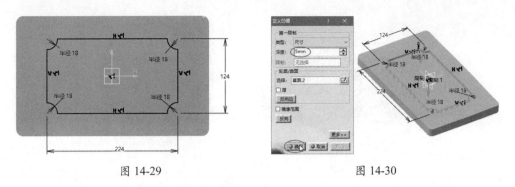

图 14-29　　　　　　　　　　　　　　　　图 14-30

06 单击"倒圆角"按钮，选择凹槽的边创建圆角特征，圆角"半径"值为3mm，结果如图14-31所示。

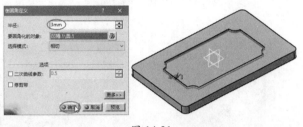

图 14-31

底座上的沉头孔和倒圆角可以在最后创建。

14.2.2　蜗杆箱设计

蜗杆箱是安装蜗杆部件的支撑部件，整体为圆柱形状，两端有安装定位孔。由于内部有凹槽，不宜用"凸台"命令来创建主体，可以使用"旋转体"命令和"凹槽"命令来创建，操作步骤如下。

01 单击"草图"按钮 ⬚，在特征树中选择 zx 平面后进入草图工作台绘制如图 14-32 所示的截面轮廓（虚线用"轴"命令来绘制），完成后退出草图工作台。

02 在"基于草图的特征"工具栏中单击"旋转体"按钮 ⬚，系统自带识别旋转截面和旋转轴，单击"定义旋转体"对话框中的"确定"按钮，完成旋转体 .1 特征的创建，如图 14-33 所示。

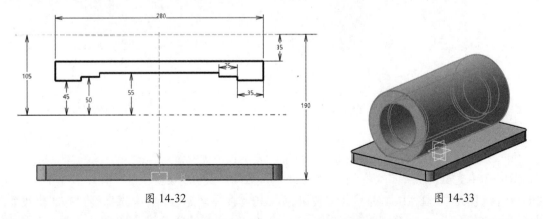

图 14-32　　　　　　　　　　　　　　　　图 14-33

03 单击"草图"按钮 ⬚，选择旋转体 .1 特征的一个端面作为草图平面，进入草图工作台绘制截面轮廓，如图 14-34 所示。

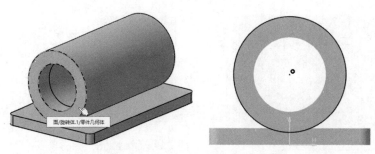

图 14-34

04 单击"凹槽"按钮🔲，选择上一步绘制的圆来创建凹槽 .2 特征，如图 14-35 所示。

05 在"变换特征"工具栏中单击"镜像"按钮🔌，将凹槽特征 .2 特征镜像到 yz 平面的另一侧，如图 14-36 所示。

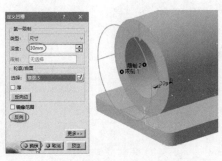

图 14-35

图 14-36

06 单击"孔"按钮🔘，选择旋转体 .1 特征的端面作为孔放置面，弹出"定义孔"对话框。单击"定位草图"选项组中的"草图"按钮📐，对孔中心点进行重定位，如图 14-37 所示。

07 在"定义螺纹"选项组中设置螺纹孔参数，最后单击"确定"按钮完成螺纹孔的创建，如图 14-38 所示。

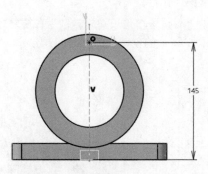

图 14-37

图 14-38

08 在"参考图元"工具栏中单击"点"按钮 ▪，在弹出的"点定义"对话框中选择"圆 / 球面 / 椭圆中心"点类型，然后选择旋转体 .2 特征的圆形边缘，自动创建参考点，如图 14-39 所示。

09 在"参考图元"工具栏中单击"直线"按钮╱，弹出"直线定义"对话框。选择"点和方向"线型，然后选择参考点（上一步绘制的参考点）和参考方向（选择旋转体 .2 特征的端面），单击"确定"按钮完成参考直线的创建，如图 14-40 所示。

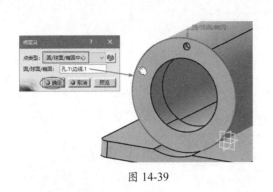

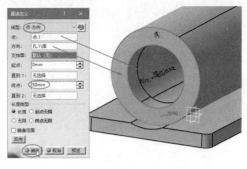

图 14-39   图 14-40

10 在"变换特征"工具栏中单击"圆形阵列"按钮 ，将上一步创建的螺纹孔圆形阵列，阵列成员数为3，结果如图 14-41 所示。

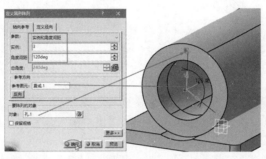

图 14-41

11 在特征树中右击"圆形阵列 .1"特征，选择快捷菜单中的"圆形阵列 .1 对象"|"分解"选项，删除与源对象的关联关系，得到独立的两个孔特征，如图 14-42 所示。最后同时将该端面上的 3 个螺纹孔镜像到 yz 平面的另一侧。

12 单击"倒角"按钮 ，选择旋转体 .2 特征的边缘创建 2×2 倒角特征，如图 14-43 所示。

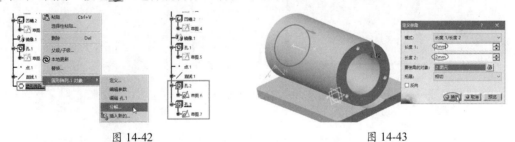

图 14-42   图 14-43

14.2.3 涡轮箱设计

涡轮箱的设计与蜗杆箱的设计流程相同，也是利用"旋转体"命令来创建箱体主体，然后创建孔特征和圆角特征。

01 单击"草图"按钮 ，选择 yz 平面作为草图平面，进入草图工作台绘制旋转截面轮廓，如图 14-44 所示。

02 单击"旋转体"按钮 ，系统自动识别截面和旋转轴，单击"定义旋转体"对话框中的"确定"

按钮，完成旋转体.2特征的创建，如图14-45所示。

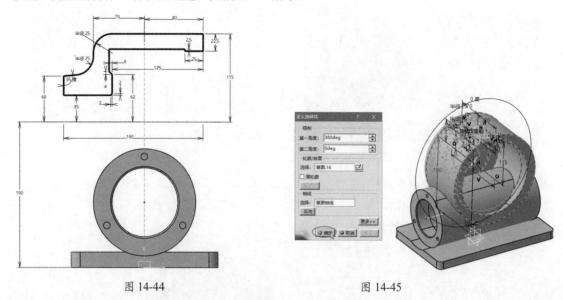

图 14-44   图 14-45

03 单击"旋转槽"按钮[图]，在弹出的"定义旋转槽"对话框中单击"草图"按钮[图]，选择 yz 平面进入草图工作台绘制如图14-46所示的草图，退出草图工作台后单击"定义旋转槽"对话框中的"确定"按钮，完成旋转槽.1的创建。

技术要点：

绘制这个草图时，可以将上一个旋转体特征中所绘制的草图显示出来做投影。

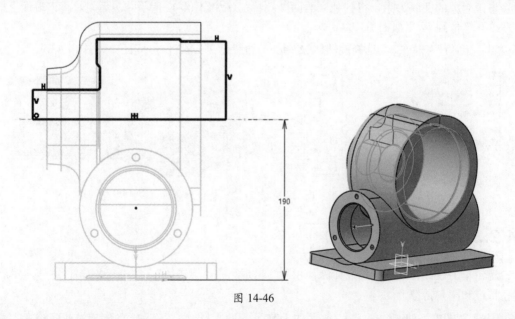

图 14-46

04 单击"草图"按钮[图]，选择旋转槽.1特征的端面作为草图平面，进入草图工作台绘制截面轮廓，如图14-47所示。

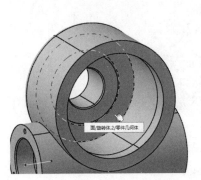
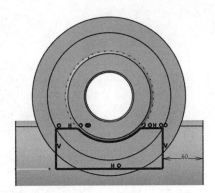

图 14-47

05 单击"凹槽"按钮，系统自动识别截面轮廓，单击"确定"按钮完成凹槽 .3 特征的创建，如图 14-48 所示。

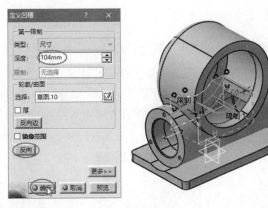

图 14-48

06 将草图 3 显示，单击"草图"按钮，选择 zx 平面作为草图平面，进入草图工作台绘制截面轮廓，如图 14-49 所示。

07 单击"旋转槽"按钮，系统自动识别截面轮廓和旋转轴，单击"确定"按钮完成旋转槽 .2 特征的创建，如图 14-50 所示。

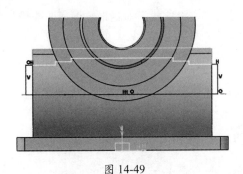
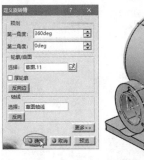
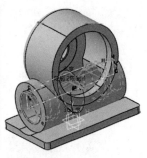

图 14-49

图 14-50

08 按照前面创建 M10 螺纹孔的方法，在涡轮箱端面上创建 6 个 M8 的螺纹孔，结果如图 14-51 所示。

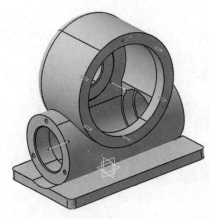

图 14-51

14.2.4 其他细节设计

其他细节设计包括加强肋、圆角和底座上的固定孔。

01 在"基于草图的特征"工具栏中单击"加强肋"按钮 🔩，弹出"定义加强肋"对话框。在"轮廓"选项组单击"草图"按钮 📝，再选择yz平面进入草图工作台绘制加强肋截面轮廓，如图 14-52 所示。

02 退出草图工作台返回"定义加强肋"对话框中设置"厚度 1"为 13mm，最后单击"确定"按钮完成加强肋特征的创建，如图 14-53 所示。

图 14-52   图 14-53

03 在"修饰特征"工具栏中单击"拔模"按钮 🔩，弹出"定义拔模"对话框。选择要拔模的面（即选择加强肋的两个侧面）和中性图元（即选择加强肋的前端面），设置拔模"角度"值为5deg，最后单击"确定"按钮完成拔模特征的创建，如图 14-54 所示。

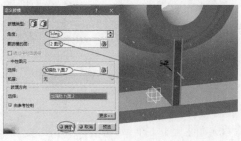

图 14-54

04 在"参考图元"工具栏中单击"平面"按钮 ，弹出"平面定义"对话框。选择 zx 平面作为偏置参考，输入"偏置"为 60mm，单击"确定"按钮完成平面的创建，如图 14-55 所示。

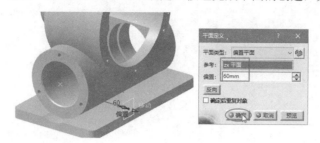

图 14-55

05 在右侧工具栏中单击"草图"按钮 ，选择上一步创建的平面作为草图平面，进入草图工作台绘制截面轮廓，如图 14-56 所示，完成后退出草图工作台。

06 单击"凸台"按钮 ，弹出"定义凸台"对话框。在该对话框中设置凸台拉伸类型为"直到曲面"，并选择蜗杆箱的外圆面作为拉伸限制参考，最后单击"确定"按钮完成凸台 .2 特征的创建，如图 14-57 所示。

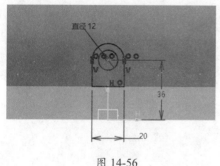

图 14-56

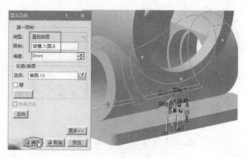

图 14-57

07 单击"凹槽"按钮 弹出"定义凹槽"对话框，单击"轮廓 / 曲面"选项组中的"草图"按钮 ，选择凸台 .2 特征的外端面作为草图平面，在草图工作台中绘制圆形（利用"投影 3D 图元"工具投影孔轮廓），如图 14-58 所示。

08 退出草图工作台后在"定义凹槽"对话框中选择"直到平面"类型，并选择 zx 平面作为拉伸限制参照，单击"确定"按钮完成凹槽的创建，如图 14-59 所示。

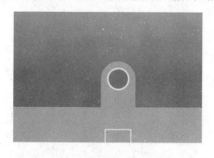

图 14-58

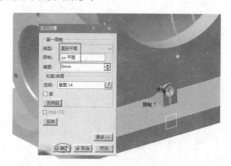

图 14-59

09 单击"倒圆角"按钮 ，选择涡轮箱和蜗杆箱之间的交线，即蜗杆箱与底座之间的交线来创建"半径"值为5mm的圆角特征，如图14-60所示。

图 14-60

10 在底座上创建沉头孔。在"基于草图的特征"工具栏中单击"孔"按钮，选择底座上表面来放置孔，随后弹出"定义孔"对话框。单击"定位草图"选项组中的"草图"按钮，如图14-61所示。

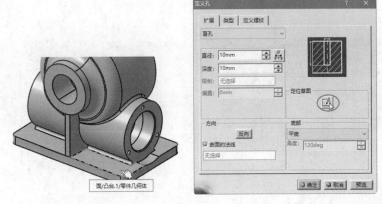

图 14-61

11 进入草图工作台后对孔中心点进行重新定位，如图14-62所示，定位完成后退出草图工作台。

12 返回"定义孔"对话框，在"扩展"选项卡中选择"直到最后"选项，设置"直径"为18mm，如图14-63所示。

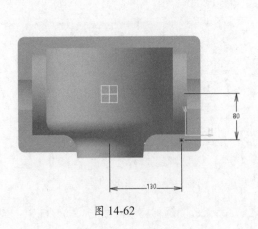

图 14-62

图 14-63

13 在"定义孔"对话框的"类型"选项卡中选择"沉头孔"类型，修改沉头孔的"直径"值为30mm、"深度"值为4mm，单击"确定"按钮完成沉头孔的创建，如图14-64所示。

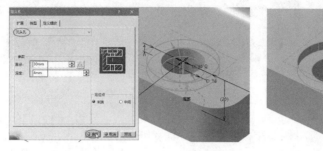

图 14-64

14 在"变换特征"工具栏中单击"镜像"按钮 ，选择沉头孔后弹出"定义镜像"对话框。选择 yz 平面后单击"确定"按钮完成沉头孔的镜像，如图14-65所示。

15 在特征树中右击"镜像 .4"沉头孔特征，再选择快捷菜单中的"镜像 .4 对象"|"分解"选项，解除其与第一个沉头孔的关联关系。同理，再将两个沉头孔镜像到 zx 平面的另一侧，如图14-66所示。

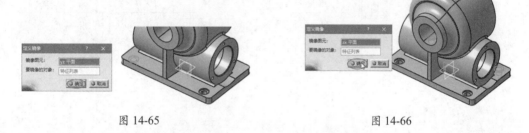

图 14-65　　　　　　　　　　　　　　图 14-66

16 至此，完成了涡轮减速器箱体的整体设计，效果如图14-67所示。

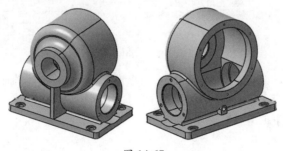

图 14-67

14.3 案例三：盘盖类零件设计

盘盖类零件主要起连接、支承、轴向定位、防尘和密封等作用。常见的盘盖类零件如各种端盖（衬盖、泵盖及油封盖）、齿轮、带轮、飞轮、轴承环等，如图14-68所示。主体部分常由回转体组成，通常有键槽、轮辐、均布孔等结构，并且常有一端面与部件中的其他零件接合。

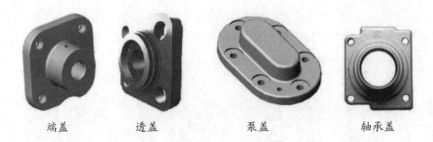

端盖　　　　　　透盖　　　　　　泵盖　　　　　　轴承盖

图 14-68

本例要创建的油缸端盖零件图和模型效果如图 14-69 所示。

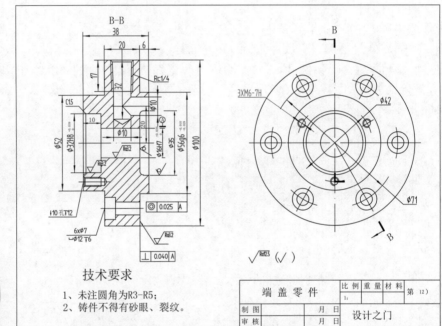

图 14-69

油缸端盖零件的创建分主体创建和孔创建，CATIA 的一般建模流程如下。

14.3.1　油缸端盖主体设计

油缸端盖零件的主体其实就是一个回转体，在绘制截面时要学会看图纸，如图 14-67 所示中的 B-B 剖面图是折叠剖，不是从中间剖开的全剖视图，所以绘制截面时要参照中心线以上的部分图形进行绘制。

01 启动 CATIA，在菜单栏中执行"开始"|"机械设计"|"零件设计"命令，进入零件设计工作台。

02 在"基于草图的特征"工具栏中单击"旋转体"按钮，弹出"定义旋转体"对话框。在"轮廓 / 曲面"选项组中单击"草图"按钮，选择 yz 平面后进入草图工作台绘制旋转截面轮廓（在水平轴上要绘制中心线），如图 14-70 所示。

03 退出草图工作台后在"定义旋转体"对话框中单击"确定"按钮，完成油缸端盖零件的主体创建，如图 14-71 所示。

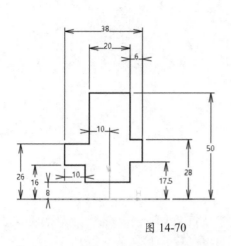

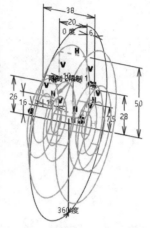

图 14-70   图 14-71

14.3.2 创建螺纹孔和沉头孔

由于旋转体的两端都有圆形凸台，为了便于操作的清晰叙述，将圆形凸台分成上凸台和下凸台，如图 14-72 所示。

1. 在上凸台一侧创建沉头孔

01 在"基于草图的特征"工具栏中单击"孔"按钮 ⚙，选择上凸台一侧的台阶面来放置孔，随后弹出"定义孔"对话框。单击"定位草图"选项组中的"草图"按钮 ⬚，如图 14-73 所示。

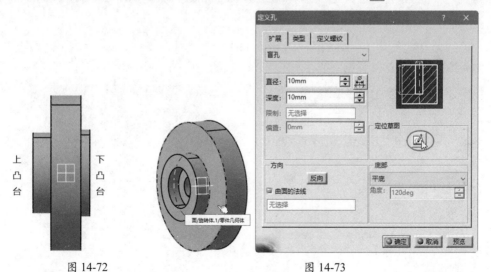

图 14-72   图 14-73

02 进入草图工作台后对孔中心点进行重新定位，如图 14-74 所示，定位完成后退出草图工作台。

03 返回"定义孔"对话框的"扩展"选项卡中选择"直到最后"选项，设置"直径"为 7mm，如图 14-75 所示。

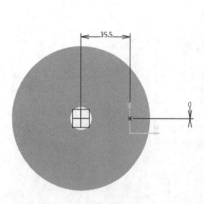

图 14-74   图 14-75

04 在"定义孔"对话框的"类型"选项卡中选择"沉头孔"类型，然后在图形区中找到沉头孔的尺寸，双击沉头孔的深度尺寸（5mm），然后将其修改为6mm，如图14-76所示。

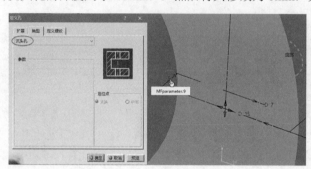

图 14-76

05 双击沉头孔的直径尺寸（D15 的直径为15mm），将其修改为12mm，如图 14-77 所示。修改完成后单击"定义孔"对话框中的"确定"按钮，完成沉头孔的创建，如图 14-78 所示。

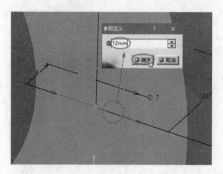

图 14-77   图 14-78

06 在"变换特征"工具栏中单击"圆形阵列"按钮 ，弹出"定义圆形阵列"对话框。设置"实例"值为6，"角度间距"值为60，在"参考图元"文本框中右击，选择快捷菜单中的"Y轴"选项，选择"要阵列的对象"为上一步创建的孔特征，最后单击"确定"按钮完成沉头孔的圆形阵列，如图14-79所示。

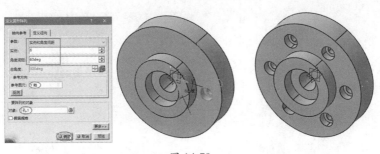

图 14-79

2. 在上凸台端面创建 3 个螺纹孔

01 单击"孔"按钮█，选择上凸台的端面作为孔放置面，弹出"定义孔"对话框。单击"定位草图"选项组中的"草图"按钮█，对孔中心点进行重定位，如图 14-80 所示。

02 在"定义螺纹"选项组中设置螺纹孔参数，最后单击"确定"按钮完成螺纹孔的创建，如图 14-81 所示。

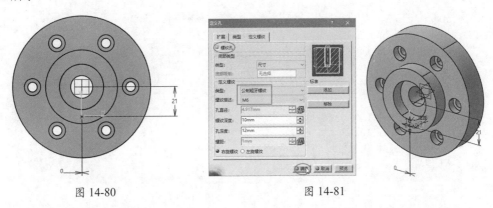

图 14-80   图 14-81

03 在"变换特征"工具栏中单击"圆形阵列"按钮█，将上一步创建的螺纹孔进行圆形阵列，"实例"值为 3，结果如图 14-82 所示。

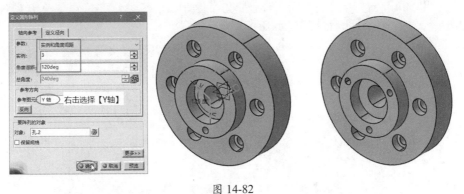

图 14-82

3. 在主体的圆形侧面上创建螺纹孔

01 单击"孔"按钮█，选择主体上方的圆形侧面为孔放置面，弹出"定义孔"对话框。单击"定位草图"选项组中的"草图"按钮█，如图 14-83 所示。

02 对孔中心点进行重定位，如图 14-84 所示。

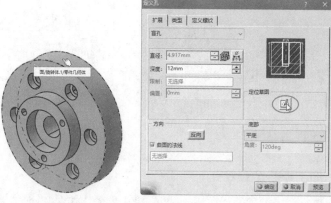

图 14-83

03 在"定义螺纹"选项组中设置螺纹孔参数，最后单击"确定"按钮完成螺纹孔的创建，如图 14-85 所示。

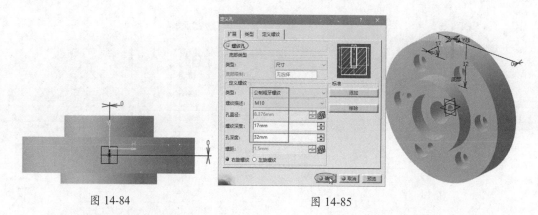

图 14-84   图 14-85

4. 在下凸台一侧创建普通孔

01 单击"孔"按钮 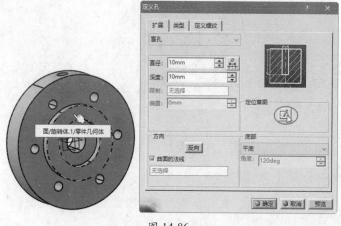，选择下凸台的端面来放置孔，随后弹出"定义孔"对话框。单击"定位草图"选项组中的"草图"按钮，如图 14-86 所示。

图 14-86

02 进入草图工作台后对孔中心点进行重新定位,如图 14-87 所示,定位完成后退出草图工作台。

03 返回"定义孔"对话框,在"扩展"选项卡中选择"盲孔"选项,设置"直径"为10mm、"深度"为16mm,如图 14-88 所示。

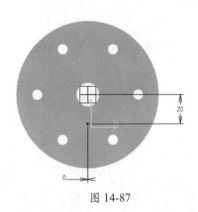

图 14-87

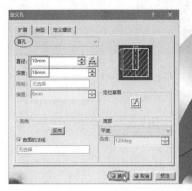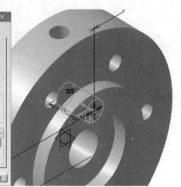

图 14-88

04 利用"倒角"命令和"倒圆角",参照零件图纸在上凸台一侧对中间的大孔边缘和圆弧面上的螺纹孔边缘进行倒角(边长 1.5mm×1.5mm)处理,再在下凸台一侧对孔内侧边缘进行倒圆角处理,圆角半径为 3mm。

05 至此,完成了油缸端盖零件的设计,效果如图 14-89 所示。

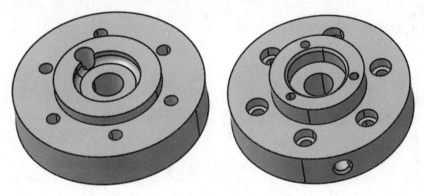

图 14-89

14.4　案例四:轴套类零件设计

　　轴套类零件的主体为回转体,且经常是由若干个同轴回转体组合而成的,径向尺寸小,轴向尺寸大,即为细长类回转结构,且零件上常有倒角、倒圆、螺纹、螺纹退刀槽、砂轮越程槽、键槽、小孔等结构。

　　轴套类零件可细分为轴类和套类,轴类零件一般为实心结构,如齿轮轴、铣刀头刀轴等;套类零件则为空心结构,如滚珠丝杠用螺母、模具导柱的导套等,如图 14-90 所示为常见的轴套类零件。

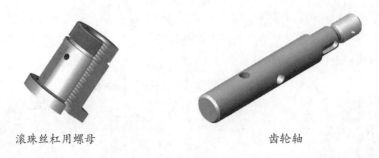

滚珠丝杠用螺母   齿轮轴

图 14-90

本例要创建的齿轮轴零件工程图如图 14-91 所示。

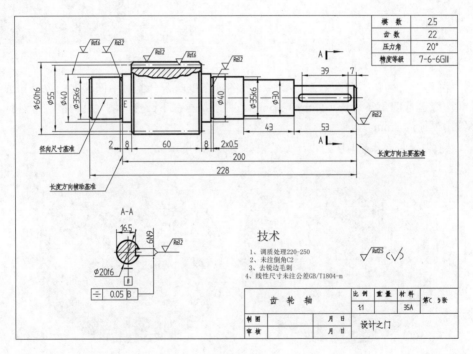

图 14-91

齿轮轴零件模型效果图如图 14-92 所示。

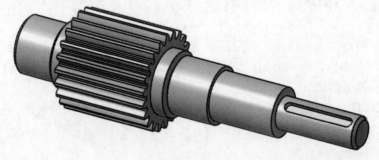

图 14-92

齿轮轴零件的创建分主体设计和齿设计，CATIA 的一般建模流程如下。

14.4.1 零件主体设计

齿轮轴零件的主体就是回转体，用"旋转体"命令创建，然后其上有 U 形键槽，可用"凹槽"命令创建。

01 启动 CATIA，在菜单栏中执行"开始"|"机械设计"|"零件设计"命令，进入零件设计工作台。

02 在"基于草图的特征"工具栏中单击"旋转体"按钮，弹出"定义旋转体"对话框。在"轮廓/曲面"选项组中单击"草图"按钮，选择 yz 平面后进入草图工作台，绘制旋转截面轮廓（在水平轴上要绘制中心线），如图 14-93 所示。

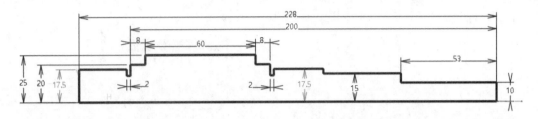

图 14-93

03 退出草图工作台后在"定义旋转体"对话框中单击"确定"按钮，完成油缸端盖零件的主体创建，如图 14-94 所示。

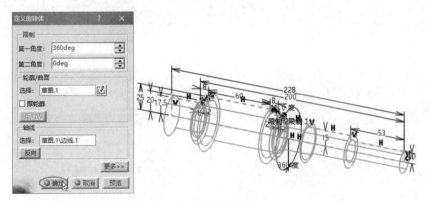

图 14-94

04 在"参考图元"工具栏中单击"平面"按钮，创建"偏置"值为 20mm 的新平面，如图 14-95 所示。

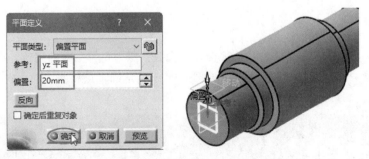

图 14-95

05 单击"草图"按钮，选择新平面后进入草
图工作台，绘制截面轮廓，如图 14-96 所示。

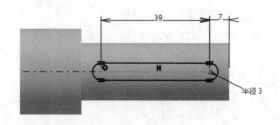

图 14-96

06 单击"凹槽"按钮，弹出"定义凹槽"对话框。设置凹槽"深度"值为 13.5mm，单击"确
定"按钮完成凹槽特征（键槽）的创建，如图 14-97 所示。

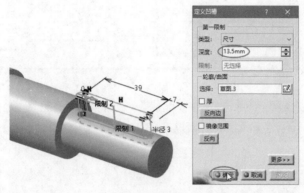

图 14-97

07 在"修饰特征"工具栏中单击"倒角"按钮，设置"长度 1"值为 2mm，选择轴的两端创
建倒角特征，如图 14-98 所示。

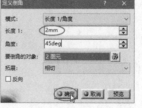

图 14-98

14.4.2 齿设计

齿设计在于齿轮的齿根圆、齿顶圆、模数、齿数、压力角等参数的确定。在 CATIA 中绘制
齿的截面曲线，一种是通过方程式来定义曲线，另一种是确定点和曲线的方式来绘制截面，这
里采用后一种。

技术要点：

有网站提供了免费的CATIA齿轮设计工具，网址https：//www.greenxf.com/soft/279049.html，该工具简便易
学，操作也很简单。

01 在"参考图元"工具栏中单击"平面"按钮 ⬭，在弹出的"平面定义"对话框中选择"通过平面曲线"类型，然后选择轴最大外圆截面的边来创建新平面，如图 14-99 所示。

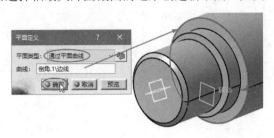

图 14-99

02 单击"草图"按钮 ⬭，选择上一步创建的新平面进入草图工作台，首先绘制 6 个点，每个点都要双击编辑其 V、H 的坐标值，如图 14-100 所示。

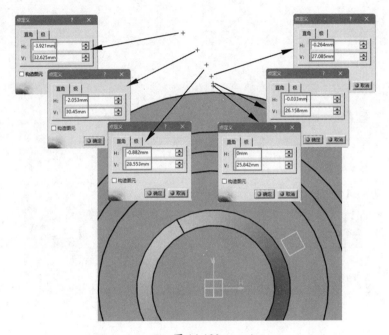

图 14-100

03 通过创建的 6 个点来绘制样条线。绘制一条直线，该直线与样条线相切，然后在轴边缘（投影 3D 图元）和直线上绘制圆角曲线，如图 14-101 所示。

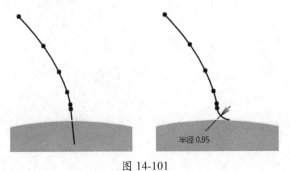

图 14-101

04 绘制齿根圆，创建齿根圆和样条曲线的交点，再将交点旋转复制，过旋转复制后的交点和圆心绘制连线，最后将样条曲线镜像至圆心连线的另一侧，如图 14-102 所示。

05 绘制齿顶圆后修剪图元，得到如图 14-103 所示的齿形截面。注意，需要将前面绘制的 6 个点全部转换成构造点，绘制完成后退出草图工作台。

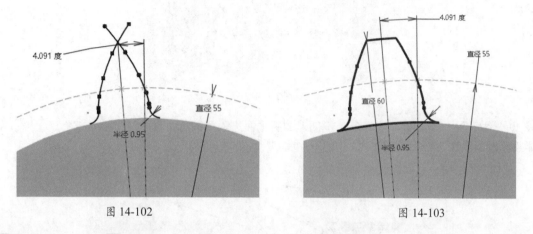

图 14-102   图 14-103

06 单击"凸台"按钮，选择上一步创建的截面创建"长度"值为 60mm 的凸台，如图 14-104 所示。

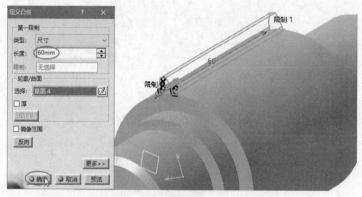

图 14-104

07 在"变换特征"工具栏中单击"圆形阵列"按钮，将上一步创建的凸台（齿形）进行圆形阵列，"实例"值为 22，"参考图元"为 Y 轴，结果如图 14-105 所示。

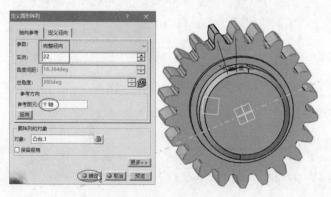

图 14-105

08 至此，完成了齿轮轴零件的建模设计，结果如图 14-106 所示。

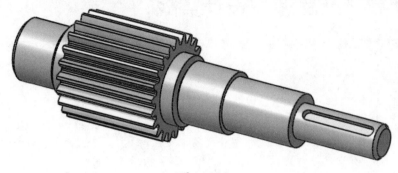

图 14-106

第 *15* 章 产品造型设计实战

 项目导读

本章将讲述工业小产品作为原型进行实体建模、曲面造型过程的拆解和分析的方法，主要运用了"创成式外形设计"平台中的曲线和曲面造型工具来构建外观形状。

项目分解

知识点 1：帽子造型设计

知识点 2：台灯造型设计

知识点 3：雨伞造型设计

15.1 案例一：帽子造型设计

帽子的造型如图 15-1 所示，主要由帽体、帽顶、帽檐等 3 部分组成。帽子的整个造型设计工作将在创成式造型设计工作台中完成。

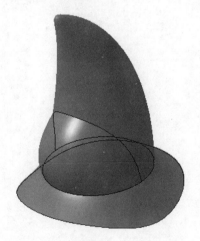

图 15-1

15.1.1 创建帽顶曲面

帽顶曲面主要是通过"多截面曲面"工具来创建的，操作步骤如下。

01 新建零件文件，并在菜单栏中执行"开始"|"形状"|"创成式外形设计"命令，进入创成式外形设计工作台。

02 单击"草图"按钮，选择 yz 平面进入草图工作台，绘制图 15-2 所示的草图 1。

03 单击"草图"按钮 ![icon]，选择 xy 平面进入草图工作台，绘制图 15-3 所示的草图 2（绘制圆）。

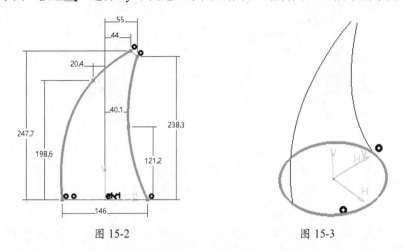

图 15-2　　　　　　　　　　　图 15-3

04 单击"曲面"工具栏中的"拉伸"按钮 ![icon]，弹出"拉伸曲面定义"对话框。选择草图 1 作为拉伸截面，设置"尺寸"值为 10mm，单击"确定"按钮，完成拉伸曲面 .1 的创建，如图 15-4 所示。

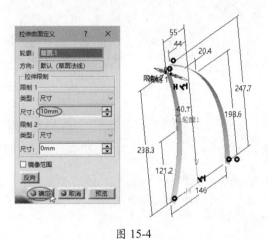

图 15-4

05 单击"参考元素"工具栏中的"平面"按钮 ![icon]，弹出"平面定义"对话框。在"平面类型"下拉列表中选择"通过三个点"选项，选择拉伸曲面 1 上的三个顶点来创建平面 1，如图 15-5 所示。

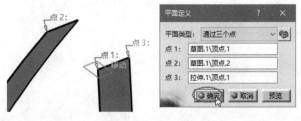

图 15-5

06 单击"草图"按钮 ![icon]，选择平面 1 作为草图平面进入草图工作台，绘制如图 15-6 所示的草图 3（绘制圆）。

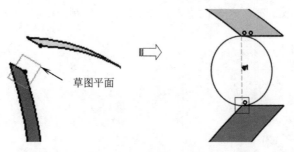

图 15-6

07 单击"操作"工具栏中的"接合"按钮 ![icon]，弹出"接合定义"对话框。选择拉伸曲面 1 的边线作为要接合的元素，单击"确定"按钮，完成接合 1 的创建操作（目的是提取曲面边线），如图 15-7 所示。

08 同理，按此操作选择另一拉伸曲面的边线进行接合操作，提取曲面边线（创建接合 2），如图 15-8 所示。

图 15-7 图 15-8

09 单击"曲面"工具栏中的"多截面曲面"按钮 ![icon]，弹出"多截面曲面定义"对话框，选择草图 2 和草图 3 作为截面轮廓，再选择两条接合曲线作为引导线，单击"确定"按钮，完成多截面曲面的创建，如图 15-9 所示。

10 单击"曲面"工具栏中的"填充"按钮 ![icon]，弹出"填充曲面定义"对话框，选择上一步创建的曲面作为支持面，单击"确定"按钮，完成填充曲面的创建，如图 15-10 所示。

图 15-9 图 15-10

15.1.2　创建帽体曲面

帽体部分的曲面创建方法与帽子顶曲面的创建方法完全相同，操作步骤如下。

01 单击"草图"按钮，选择 yz 平面作为草图平面进入草图工作台，绘制如图 15-11 所示的草图 4。

02 单击"曲面"工具栏中的"拉伸"按钮，弹出"拉伸曲面定义"对话框。选择上一步绘制的草图作为拉伸截面，设置"尺寸"值为 100mm，选中"镜像范围"复选框，单击"确定"按钮，完成拉伸曲面 2 的创建，如图 15-12 所示。

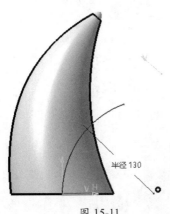

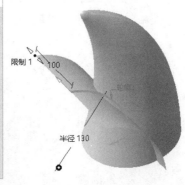

图 15-11　　　　　　　　　　　　　　　　图 15-12

03 单击"操作"工具栏中的"分割"按钮，弹出"定义分割"对话框。选择多截面曲面作为要切除的元素，然后选择拉伸曲面 .2 作为切除元素，单击"确定"按钮，完成曲面的分割操作，如图 15-13 所示。

提示：

注意：切除后的保留部分是否是需要的部分，如果不是，需要单击"另一侧"按钮切换保留部分。

图 15-13

04 单击"操作"工具栏中的"接合"按钮，弹出"接合定义"对话框。选择曲面分割的边线作为要接合的元素，单击"确定"按钮，完成切割曲面的边线提取操作（创建接合 .3），如图 15-14 所示。

05 单击"草图"按钮，选择 yz 平面进入草图工作台，绘制如图 15-15 所示的草图 .5（样条曲线）。

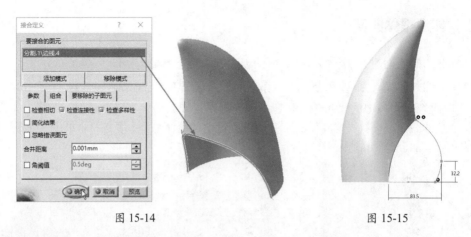

图 15-14　　　　　　　　　　　　　　　图 15-15

06 单击"草图"按钮 ⬚，选择 xy 平面进入草图工作台，绘制如图 15-16 所示的草图 .6（与草图 2 中的圆弧直径相同）。

圆弧

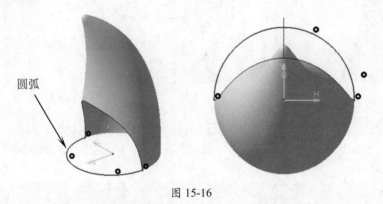

图 15-16

07 单击"曲面"工具栏中的"多截面曲面"按钮 ⬚，弹出"多截面曲面定义"对话框。选择草图 6 和接合 3 作为截面轮廓，选择草图 .5 作为引导线，单击"确定"按钮，完成多截面曲面 2 的创建，如图 15-17 所示。

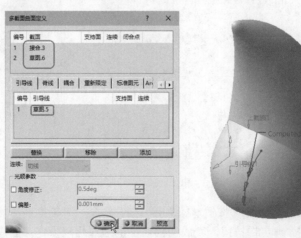

图 15-17

15.1.3　创建帽檐曲面

帽檐曲面是通过使用"拉伸""分割""接合""多截面曲面"等工具来完成的，操作步骤如下。

01 单击"草图"按钮，选择 xy 平面进入草图工作台，绘制如图 15-18 所示的草图 .7。

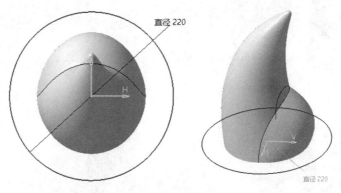

图 15-18

02 单击"曲面"工具栏中的"拉伸"按钮，弹出"拉伸曲面定义"对话框。选择上一步绘制的草图作为拉伸截面，设置"尺寸"为 50mm，选中"镜像范围"复选框，单击"确定"按钮，完成拉伸曲面 .3 的创建，如图 15-19 所示。

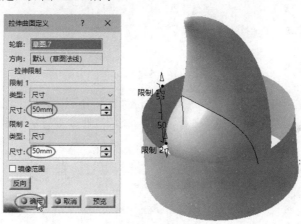

图 15-19

03 单击"参考元素"工具栏中的"平面"按钮，弹出"平面定义"对话框。在"平面类型"下拉列表中选择"偏置平面"选项，选择 yz 平面作为参考，在"偏置"文本框输入 110mm，单击"确定"按钮，完成平面 .2 的创建，如图 15-20 所示。

04 选择上一步创建平面 .2，单击"草图"按钮，进入草图工作台，绘制如图 15-21 所示的草图 .8（绘制样条曲线）。

05 单击"曲面"工具栏中的"拉伸"按钮，弹出"拉伸曲面定义"对话框。选择上一步绘制的草图作为拉伸截面，设置拉伸深度一侧的"尺寸"为 250mm，另一侧的"尺寸"为 10mm，单击"确定"按钮，完成拉伸曲面 4 的创建，如图 15-22 所示。

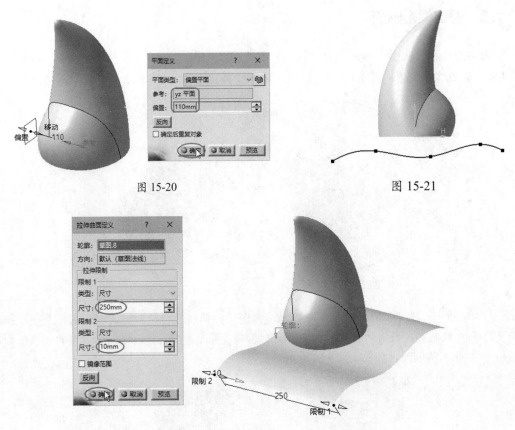

图 15-20

图 15-21

图 15-22

06 单击"操作"工具栏中的"分割"按钮，弹出"定义分割"对话框。选择要切除的元素为拉伸.3，选择切除元素为拉伸.4，单击"确定"按钮，完成拉伸.3 的分割操作（创建分割.2 特征），如图 15-23 所示。

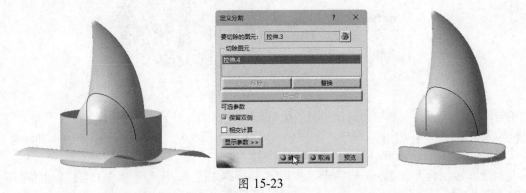

图 15-23

07 单击"操作"工具栏中的"接合"按钮，弹出"接合定义"对话框。选择分割.2 特征上的边线，单击"确定"按钮，完成接合.4 的创建，如图 15-24 所示。

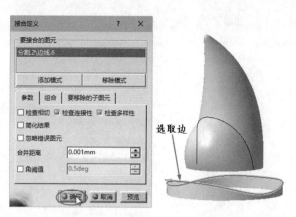

图 15-24

08 单击"操作"工具栏中的"接合"按钮🖳，弹出"接合定义"对话框，选择如图 15-25 所示曲面边线，单击"确定"按钮，完成接合 .5 的创建。

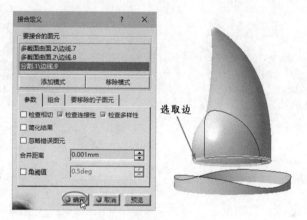

图 15-25

09 单击"曲面"工具栏中的"多截面曲面"按钮🔗，弹出"多截面曲面定义"对话框。选择接合 .4 曲线与接合 .5 曲线，单击"确定"按钮，完成多截面曲面 .3 的创建，如图 15-26 所示。创建多截面曲面 .3 后将切割 .2 隐藏。

图 15-26

10 单击"包络体"工具栏中的"厚曲面"按钮 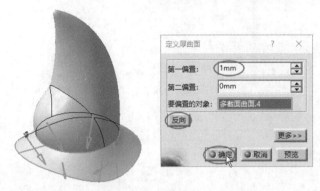，弹出"定义厚曲面"对话框。选择帽顶曲面，设置"第一偏置"值为1mm，单击"确定"按钮，完成曲面加厚处理，如图15-27所示。

图 15-27

技术要点：

创成式外形设计工作台中的"包络体"，其实就是空心的曲面模型。外观看起来与实心的、有质量的实体模型相同。将曲面转换成包络体后，可以导入其他三维造型软件中进行再次设计、编辑等操作，例如常见的三维产品造型软件Rhino、3dsMax、C4D、Alias等。

11 同理，依次选择其他曲面进行包络体加厚，最终帽子的造型设计结果，如图15-28所示。

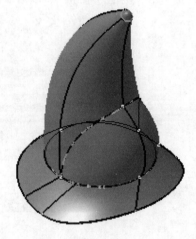

图 15-28

15.2 案例二：台灯造型设计

台灯造型如图15-29所示，主要由灯台、灯柱、灯罩及装饰等组成。

15.2.1 灯台和灯柱造型设计

灯台和灯柱部分的造型较为简单，属于实体建模，可用零件设计工作台中的特征创建工具来完成。

01 新建零件文件，在菜单栏中执行"开始"|"机械设计"|"零件设计"，进入"零件设计"工作台。

02 单击"草图"按钮，选择yz平面进入草图工作台，利用草绘工具绘制如图15-30所示的草图.1。

03 单击"基于草图的特征"工具栏中的"旋转体"按钮，选择旋转截面，弹出"定义旋转体"对话框。选择上一步绘制的草图作为旋转槽截面，单击"确定"按钮，完成旋转体.1的创建，如图15-31所示。

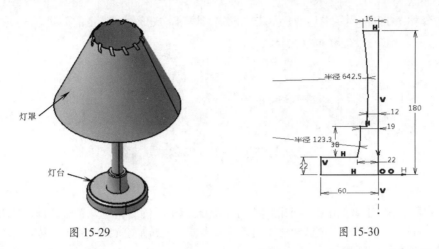

图 15-29 图 15-30

04 单击"草图"按钮，选择 yz 平面进入草图工作台，利用草绘工具绘制如图 15-32 所示的草图 .2。

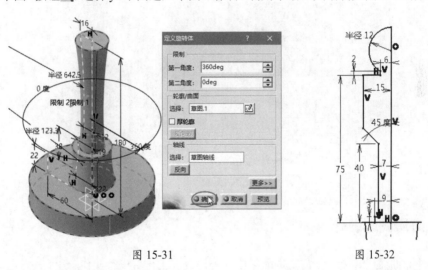

图 15-31 图 15-32

05 单击"基于草图的特征"工具栏中的"旋转体"按钮，弹出"定义旋转体"对话框。选择草图 .2 作为旋转截面，单击"确定"按钮，完成旋转体 .2 的创建，如图 15-33 所示。

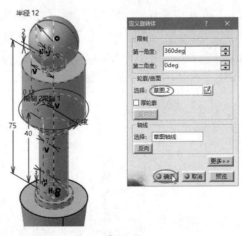

图 15-33

06 单击"修饰特征"工具栏中的"倒角"按钮，弹出"定义倒角"对话框。激活"要倒角的对象"

文本框，选择如图 15-34 所示的边线，单击“确定”按钮，完成倒角特征的创建。

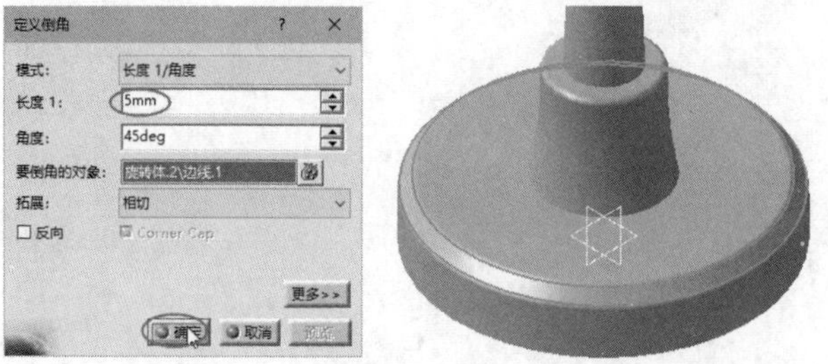

图 15-34

07 单击“修饰特征”工具栏中的“倒圆角”按钮，弹出“倒圆角定义”对话框。在 Radius 文本框中输入 2mm，然后激活“要圆角化的对象”文本框，选择如图 15-35 所示的边，单击“确定”按钮，完成圆角特征的创建。

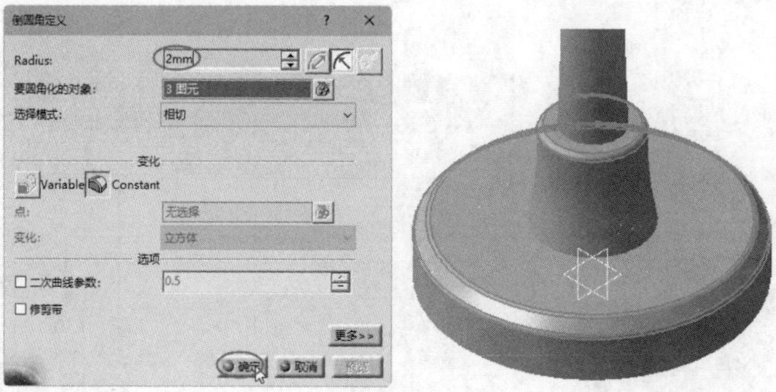

图 15-35

15.2.2 灯罩曲面设计

灯罩的外形曲面比较复杂，需要进入创成式外形设计工作台进行操作。

01 在菜单栏中执行“开始”|“形状”|“创成式外形设计”命令，进入创成式外形设计工作台。

02 单击“草图”按钮，选择 yz 平面进入草图工作台，利用草绘工具绘制如图 15-36 所示的草图 3。

03 单击“曲面”工具栏中的“旋转”按钮，弹出“旋转曲面定义”对话框。选择上一步创建草图作为轮廓，设置旋转角度后单击“确定”按钮，完成旋转曲面 .1 的创建，如图 15-37 所示。

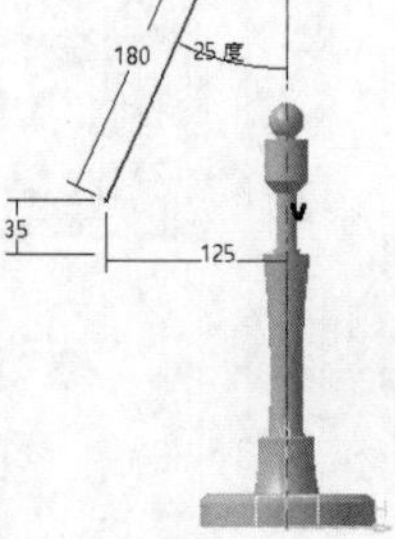

图 15-36

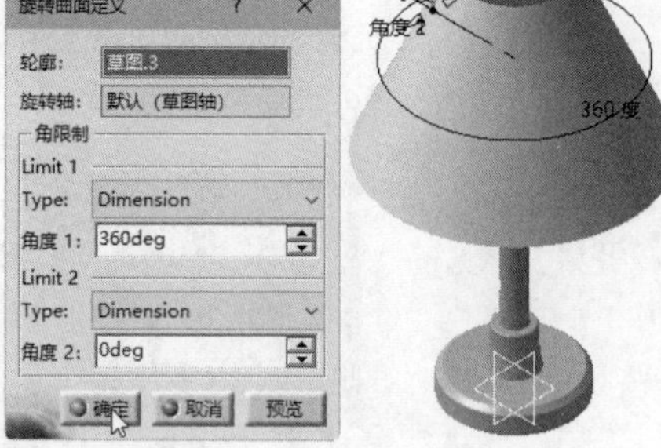

图 15-37

04 单击"草图"按钮，选择 zx 平面进入草图工作台。利用草绘工具绘制如图 15-38 所示的草图 4（绘制长轴直径为 16mm、短轴直径为 3mm 的椭圆）。

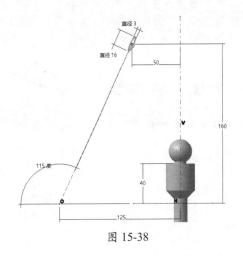

图 15-38

05 单击"曲面"工具栏中的"拉伸"按钮，弹出"拉伸曲面定义"对话框。选择上一步绘制的草图 .4 作为拉伸截面，设置"尺寸"值为 15mm，选中"镜像范围"复选框，单击"确定"按钮，完成拉伸曲面 .1 的创建，如图 15-39 所示。

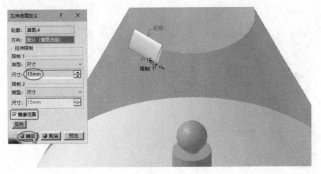

图 15-39

06 单击"草图"按钮，选择 yz 平面进入草图工作台，利用草绘工具绘制如图 15-40 所示的草图。

07 单击"曲面"工具栏中的"拉伸"按钮，弹出"拉伸曲面定义"对话框。选择上一步绘制的草图作为拉伸截面，设置"尺寸"值为 80mm，单击"确定"按钮，完成拉伸曲面 2 的创建，如图 15-41 所示。

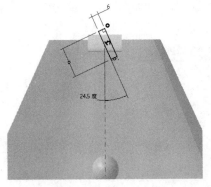

图 15-40

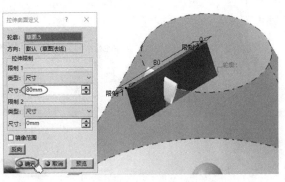

图 15-41

08 单击"操作"工具栏中的"分割"按钮 ，弹出"定义分割"对话框。选择要切除的元素（拉伸1）和切除元素（拉伸2），单击"确定"按钮，完成分割操作，如图 15-42 所示。

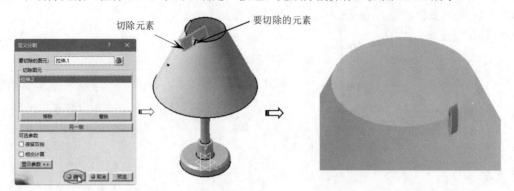

图 15-42

09 选择分割 .1 特征作为阵列对象，单击"变换特征"工具栏中的"圆形阵列"按钮 ，弹出"定义圆形阵列"对话框。在"轴向参考"选项卡中设置阵列参数，选择旋转曲面的边线作为阵列方向参考，单击"确定"按钮，完成圆形阵列 .1 特征，如图 15-43 所示。

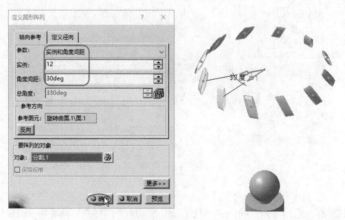

图 15-43

10 在菜单栏中执行"开始"|"机械设计"|"零件设计"命令，进入零件设计工作台。

11 单击"基于曲面的特征"工具栏中的"厚曲面"按钮 ，弹出"定义厚曲面"对话框。选择旋转曲面后在"偏置"文本框中输入 1mm，其余选项保存默认，最后单击"确定"按钮，创建厚曲面特征，如图 15-44 所示。

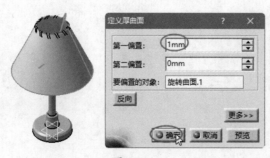

图 15-44

12 单击"草图"按钮，选择 yz 平面进入草图工作台，利用草绘工具绘制如图 15-45 所示的草图 6。

13 单击"草图"按钮，选择 zx 平面进入草图工作台，利用草绘工具绘制如图 15-46 所示的草图 7。

图 15-45

图 15-46

14 单击"基于草图的特征"工具栏中的"肋"按钮，弹出"定义肋"对话框。选择轮廓和中心曲线后单击"确定"按钮，完成肋特征的创建，如图 15-47 所示。

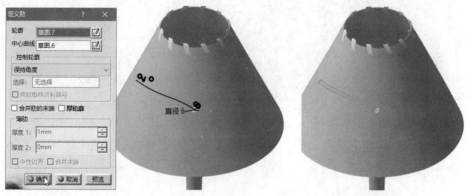

图 15-47

15 单击"变换特征"工具栏中的"圆形阵列"按钮，弹出"定义圆形阵列"对话框。选择上一步创建的肋特征，然后在"轴向参考"选项卡中设置阵列参数，选择灯罩旋转体表面作为阵列方向，单击"确定"按钮，完成圆周阵列 2 特征的创建，如图 15-48 所示。

16 至此，完成了台灯造型设计。

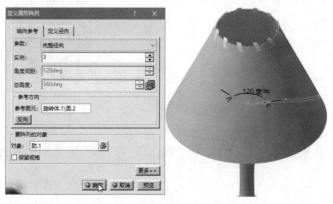

图 15-48

17 至此，完成了台灯造型设计，最后将模型文件保存。

15.3 案例三：雨伞造型设计

雨伞模型如图 15-49 所示，主要由伞面和伞柄（骨架）组成。

15.3.1 伞面造型设计

伞面部分的曲面主要利用了创成式外形设计工作台中的相关命令来完成设计，主体是一个回转曲面，操作步骤如下。

01 新建零件文件，执行"开始"|"形状"|"创成式外形设计"命令，进入创成式外形设计工作台。

02 单击"草图"按钮，选择 yz 平面进入草图工作台，利用草图工具绘制如图 15-50 所示的草图.1。

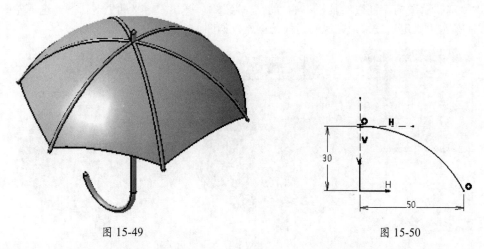

图 15-49　　　　　　　　　　　　　　　　　图 15-50

03 单击"曲面"工具栏中的"旋转"按钮，弹出"旋转曲面定义"对话框。选择上一步创建的草图，设置旋转角度后单击"确定"按钮，完成旋转曲面的创建，如图 15-51 所示。

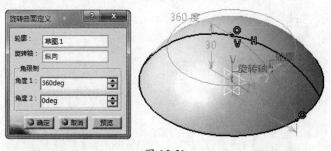

图 15-51

04 单击"草图"按钮，选择 xy 平面进入草图工作台，利用草图工具绘制如图 15-52 所示的草图.2。

05 单击"草图"按钮，选择 yz 平面进入草图工作台，利用草图工具绘制如图 15-53 所示的草图.3。

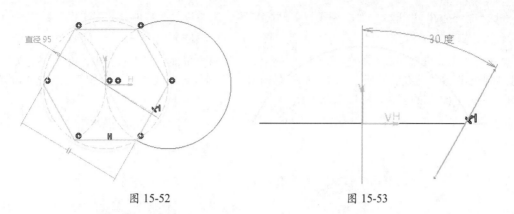

图 15-52　　　　　　　　　　　　　　　图 15-53

06 单击"曲面"工具栏中的"扫掠"按钮，弹出"扫掠曲面定义"对话框。在"轮廓类型"中单击"显式"按钮，在"子类型"下拉列表中选择"使用参考曲面"选项，选择如图 15-54 所示的轮廓（草图 .3）和引导曲线（草图 .2），单击"确定"按钮，完成扫掠曲面的创建。

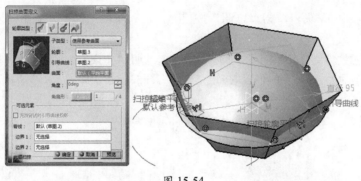

图 15-54

07 单击"操作"工具栏中的"分割"按钮，弹出"定义分割"对话框。选择分割曲面（旋转曲面）和切除元素（扫掠曲面），单击"确定"按钮，完成分割操作，如图 15-55 所示。

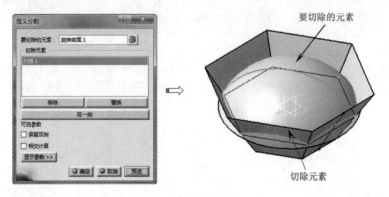

图 15-55

15.3.2　伞柄骨架设计

伞柄骨架是实体特征，构建它并不复杂，可以在零件设计工作台中进行设计，操作步骤如下。

01 在菜单栏中执行"开始"|"机械设计"|"零件设计"，进入"零件设计"工作台。

02 单击"草图"按钮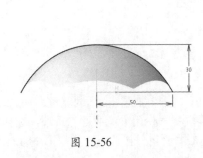，选择 zx 平面进入草图工作台，绘制如图 15-56 所示的草图 .4。

03 单击"参考元素"工具栏中的"平面"按钮，弹出"平面定义"对话框。在"平面类型"下拉列表中选择"曲线的法线"选项，选择草图 .4 中的曲线与曲线端点作为参考，单击"确定"按钮，完成平面 .1 的创建，如图 15-57 所示。

图 15-56

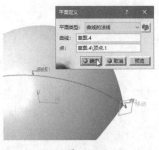

图 15-57

04 选择上一步绘制的平面，单击"草图"按钮，进入草图工作台，利用草图工具绘制如图 15-58 所示的草图 .5。

05 单击"基于草图的特征"工具栏中的"肋"按钮，弹出"定义肋"对话框。选择轮廓（草图 .5）和中心曲线（草图 .4），单击"确定"按钮完成肋特征的创建，如图 15-59 所示。

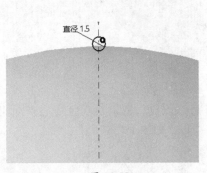

图 15-58

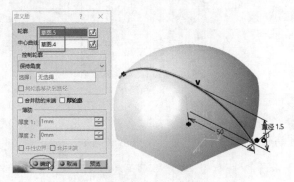

图 15-59

06 单击"修饰特征"工具栏中的"倒圆角"按钮，弹出"倒圆角定义"对话框。输入 Radius 为 0.75mm，激活"要圆角化的对象"文本框，选择肋特征的两端边线作为要圆角化的对象，单击"确定"按钮，完成圆角特征的创建，如图 15-60 所示。

图 15-60

07 单击"变换特征"工具栏中的"圆形阵列"按钮 ⚙，弹出"定义圆形阵列"对话框。选择肋特征和圆角特征作为要阵列的对象，然后在"轴向参考"选项卡中设置阵列参数，选择 Z 轴（右击"参考图元"文本框）作为参考方向，最后单击"确定"按钮，完成圆形阵列特征的创建，如图 15-61 所示。

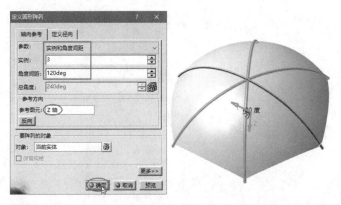

图 15-61

08 单击"基于曲面的特征"工具栏中的"厚曲面"按钮 📚，弹出"定义厚曲面"对话框。选择伞面曲面作为要偏置的对象，输入"第一偏置"为 0.2mm，单击"确定"按钮，完成厚曲面的创建，如图 15-62 所示。

图 15-62

09 单击"草图"按钮 ✏，选择 yz 平面进入草图工作台，绘制如图 15-63 所示的草图 .6。

10 单击"平面"按钮 ✏，弹出"平面定义"对话框，在"平面类型"下拉列表中选择"曲线的法线"选项，选择草图 .6 中的曲线和曲线端点作为参考，单击"确定"按钮，完成平面 .2 的创建，如图 15-64 所示。

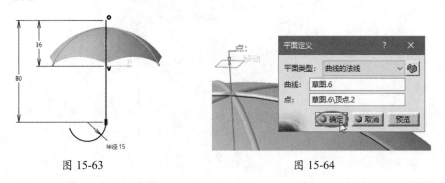

图 15-63　　　　　　　　　　　　图 15-64

11 单击"草图"按钮✍，选择平面 .2 作为草图平面进入草图工作台，利用草图工具在伞面的中心绘制如图 15-65 所示的草图 .7。

12 单击"基于草图的特征"工具栏中的"肋"按钮✍，弹出"定义肋"对话框。选择轮廓（草图 .7）和中心曲线（草图 .6），单击"确定"按钮，完成肋特征的创建，如图 15-66 所示。

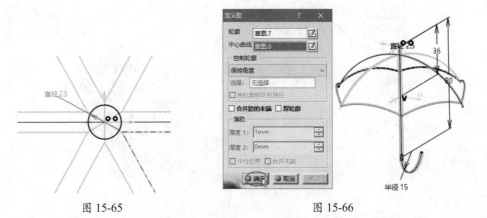

图 15-65   图 15-66

13 单击"修饰特征"工具栏中的"倒圆角"按钮🔘，弹出"倒圆角定义"对话框。输入 Radius 为 1.25mm，选择肋特征两个端面的边线作为要圆角化的对象，单击"确定"按钮，完成圆角特征的创建，如图 15-67 所示。

图 15-67

至此，完成了雨伞的造型设计，如图 15-68 所示。

图 15-68